21世纪高等职业教育计算机系列规划教材

Internet应用

杨　莉　主　编

王　毅　副主编

程书红　翁代云　邓长春　参　编

曹　毅　主　审

電子工業出版社

Publishing House of Electronics Industry

北京 • BEIJING

内 容 简 介

本书为网络初学者编写，从最基本的如何将计算机接入网络开始讲起，逐步介绍了网页浏览器、电子邮件、网络搜索引擎、电子公告板和论坛、网络即时通信、网络电话、下载软件、图像浏览器、Adobe Reader 浏览器、共享网络、网络安全等互联网基础知识，同时还介绍了 SOHO 一族网上求职、网上银行、网上营业厅、网上购物、网上听音乐、网上视频等时尚的网络生活方式以及当今备受网民青睐的个人主页、个人博客的制作。力求在最短的时间内，以最简单的方式帮助您轻轻松松学会网上冲浪。

本书内容丰富，即使您对网络一无所知，也可以顺利学习本书。本书将成为您学习上网知识的最佳选择。

本书可作为高职院校学生的教材，也可作为各类 Internet 培训班的教材，还可作为工程技术人员与管理干部的自学教材。

图书在版编目（CIP）数据

Internet 应用 / 杨莉主编．—北京：电子工业出版社，2009.2

（21 世纪高等职业教育计算机系列规划教材）

ISBN 978-7-121-08211-5

Ⅰ. I… Ⅱ. 杨… Ⅲ. 因特网－高等学校：技术学校－教材 Ⅳ.TP393.4

中国版本图书馆 CIP 数据核字（2009）第 012720 号

责任编辑：赵云峰　徐建军

印　　刷：北京市天竺颖华印刷厂

装　　订：三河市鑫金马印装有限公司

出版发行：电子工业出版社

北京市海淀区万寿路 173 信箱　邮编 100036

开　　本：787×1 092　1/16　印张：15.5　字数：367 千字

印　　次：2009 年 2 月第 1 次印刷

印　　数：5 000 册　　定价：28.00 元

凡所购买电子工业出版社图书有缺损问题，请向购买书店调换。若书店售缺，请与本社发行部联系，联系及邮购电话：（010）88254888。

质量投诉请发邮件至 zlts@phei.com.cn，盗版侵权举报请发邮件至 dbqq@phei.com.cn。

服务热线：（010）88258888。

前言

今天，Internet 技术已改变了人们的工作方式和生活方式，越来越多的人在生活和学习中已离不开 Internet。Internet 已成为各类信息系统的基础平台，Internet 技术已成为政府部门、科研院所和各种企事业单位的重要信息工具，也成为信息社会的重要标志。因此，Internet 技术在当今信息时代，对学生今后的学习和工作意义重大，它也是所有专业的一门重要的必修课程。

本教材按照大学生的基本能力来选择教学内容；以提高学生的学习兴趣，取得良好的教学效果为目标，采用多种新的教学方法和手段；以模拟实际工作环境为导向的教学任务来培养学生的综合职业素质。

本教材教学内容设计原则是根据现代大学生的基本能力要素形成课程能力单元，每个能力单元有特定的任务；将讲授理论知识与实际动手训练相融合，完全实现“理论实训一体化”，提高教学效率；让学生扮演职业岗位承担者的角色，掌握课程各能力单元的技能，最后以考核方式来检查学生掌握专项技能的程度和水平。

本教材将课程总目标转化成职业任务行动过程，按职业任务分析、分解课程模块、知识点和技能点。每个能力单元以项目为导向，以任务驱动。本书共设置了 8 个课程能力单元，60 个任务，如下表所示。

序号	能力素质	知识模块	教学内容	课时分配
1	认识 Internet 与 Web	认识 Internet 与 Web	Internet 的起源及其发展 Internet 的组织管理 Internet 提供的服务 WWW 基础知识	2
2	网络连接	网络连接	网线制作——直连双绞线的制作 ADSL 设备的安装和连接 ADSL 接入 Internet 共享 ADSL 接入 Internet 共享 ADSL 无线接入 Internet	10
3	信息收集	上网浏览与信息搜索	Internet Explorer 基本设置 搜索和保存网上资料 其他基于 Internet Explorer 核心的浏览器	10
		网络资源下载	压缩工具软件 WinRAR 的使用 下载工具软件 Thunder（迅雷）的使用	
		RSS 资讯订阅	RSS 的含义 RSS 阅读器“看天下”的使用	

续表

序号	能力素质	知识模块	教学内容	课时分配
4	网上交流	收发电子邮件	申请自己的电子邮箱 收发及管理邮件	6
		网络即时通信	网络即时通信软件 QQ 的使用	
		网络电话	网络电话 Skype 的使用 网络电话 UUCall 的使用	
5	电子商务初步	网络银行	网络银行的开通 网络银行的支付	10
		网上炒股	网上炒股开通过程 网上炒股软件平台“大智慧(Internet 版)”	
		网上订票	“携程旅行网”上预订飞机票	
		网上购物与交易	易趣（eBay）网的使用	
		网上移动营业厅	网上移动营业厅的使用	
		网上求职	网上求职 51job 网的使用	
6	个性网络生活	博客	博客的含义 在新浪网上申请博客空间	12
		个人主页制作与发布	利用 Dreamweaver 制作网页 申请个人主页与站点发布	
		网上娱乐	在线玩游戏 在线听广播 在线看电影 在线阅读	
7	网络安全	网络安全	认识计算机病毒 使用杀毒软件 防止黑客攻击 防止垃圾邮件	6
8	常用工具软件	图像浏览与电子阅读工具	图片浏览与处理工具 Adobe Reader	8
		多媒体工具	Winamp RealOne Player	
合计学时				64

本书由重庆城市管理职业学院的骨干教师及相关行业人员组织编写。在编写过程中得到了曹毅博士的指导和支持，同时也参阅了许多参考资料，本书在编写过程中得到了各方面的大力支持，在此一并表示感谢。

本书第 1 章和第 2 章由杨莉编写，第 5 章和第 8 章由王毅编写，第 3 章和第 7 章由程书红编写，第 4 章由翁代云编写，第 6 章由邓长春编写，全书由曹毅主审。

由于时间仓促，编者的学识和水平有限，疏漏和不当之处在所难免，敬请读者不吝指正。

编　者

目　录

第 1 章　认识 Internet 与 Web

1．能力目标

通过本章的学习与训练，学生能了解 Internet 的起源和发展，掌握 Internet 提供的服务以及 WWW 基本知识。

✧ 了解 Internet 的起源和发展。
✧ 掌握 Internet 提供的服务。
✧ 了解 Internet 的组织机构。
✧ 掌握 WWW 基本知识。

2．教学建议

（1）教学计划

本章教学计划如表 1-1 所示。

表 1-1　教学计划表

任务		重点（难点）	实训要求	建议学时
Internet 的起源及其发展	任务 了解 ARPAnet 网的诞生、NSFnet 网的建立以及下一代 Internet	重点	查询 ARPAnet 网的相关信息 查询 NSFnet 网的相关信息 查询下一代 Internet 网的相关信息	1
Internet 提供的服务	任务 掌握 Internet 提供的相关服务	重点	Internet 提供的相关服务的基本使用	2
WWW 基础知识	任务 掌握 WWW 的发展和特点		学会使用 WWW 操作	1
合计学时				4

（2）教学资源准备

① 软件资源：相关查询软件及 IE 浏览器。

② 硬件资源：安装 Windows XP 操作系统的计算机。

3．应用背景

在工作中，我们经常会使用到 Internet 知识，需要对 Internet 及 Web 的基础知识进行了解，通过本章的学习能顺利实现这个目标。

1.1　Internet 的起源及其发展

Internet 于 20 世纪 60 年代末诞生，在近 40 年的时间里，经历了 ARPAnet 网的诞生、

NSFnet 网的建立、美国国内互联网的形成以及 Internet 在全世界的形成和发展等阶段。为了使某些刚接触网络的读者了解 Internet，本节将介绍 Internet 的发展过程。

1.1.1 ARPAnet 网的诞生

随着计算机应用的发展，出现了多台计算机互连的需求。20 世纪 60 年代中期发展了由若干台计算机互连起来的系统，即利用高速通信线路将多台地理位置不同，并且具有独立功能的计算机连接起来，开始了计算机与计算机之间的通信。此类网络有两种结构形式，第一种是主计算机通过高速通信线路直接互连起来，这里主计算机同时承担数据处理和通信工作。第二种通过通信控制处理机 CCP（Communication Control Processor）间接地把各主计算机连接起来。通信控制处理机负责网络上各主计算机之间的通信处理与控制，主计算机是网络资源的拥有者，负责数据处理，它们共同组成资源共享的高级形态的计算机网络。这是计算机网络发展的高级阶段，这个阶段的一个里程碑是美国的 ARPAnet 网络的诞生，人们通常认为它就是 Internet 的起源。

1968 年美国国防部的高级研究计划署（ARPA）提出了研制 ARPAnet 网计划，1969 年便建成了具有 4 个节点的试验网络。1971 年 2 月建成了具有 15 个节点 23 台主机的网络并投入使用，这就是有名的 ARPAnet 网，它是世界上最早出现的计算机网络之一，也是美国 Internet 的第一个主干网，现代计算机网络的许多概念和方法都来源于它。

从对计算机网络技术研究的角度来看，ARPA 建立 ARPAnet 网的目的之一，是希望寻找一种新的方法将当时的许多局域网和广域网进行互联，构成一种“网际网”（Internet-work）。在进行网络技术的实验研究中，专家们发现计算机软件在网络互联的整个技术中占有极为重要的位置。为此，ARPA 的鲍勃·凯恩和斯坦福的温登·泽夫合作，设计了一套用于网络互联的 Internet 软件，其中有两个部分显得特别重要和具有开创性，这就是网际协议（IP，Internet Protocol）软件和传输控制协议（TCP，Transmission Control Protocol）软件，它们的协调使用对网络中的数据可靠传输起到了关键作用。在以后的非正式讨论中，研究人员使用这两个重要软件的字头来代表整个 Internet 通信软件，称为 TCP/IP 协议。

1982 年，Internet 的网络原型试验已经就绪，TCP/IP 协议也通过测试，一些学术界和工业界的研究机构开始经常性地使用 TCP/IP 软件。1983 年年初，美国国防通信局 DCA（Defense Communication Agency）决定把 ARPAnet 网的各个站点全部转为 TCP/IP 协议，这就为建成全球的 Internet 打下了基础。

1.1.2 NSFnet 网的建立

由于美国军方 ARPAnet 网的成功，美国国家科学基金会（NSF，National Science Foundation）决定资助建立计算机科学网，该项目也得到了 ARPA 的资助。

1985 年，NSF 抓住时机提出了建立 NSFnet 网络的计划。作为实施计划的第一步，NSF 把全美国五大超级计算机中心利用通信干线连接起来，组成了全国范围的科学技术网 NSFnet，成为美国 Internet 的第二个主干网，传输速率为 56kb/s。接着，在 1987 年，NSF 采用招标方式，由三家公司（IBM、MCI 和 MERIT）合作建立了一个新的广域网，该网络作为美国 Internet 网的主干网，由全美 13 个主节点构成。主干节点向下连接各个地区网，再连到各个大学的校园网，采用 TCP/IP 作为统一的通信协议标准。传输速率由 56kb/s 提高到 1.544Mbps。

1.1.3 美国国内互联网（US Internet）的形成

在美国采用 Internet 作为互联网的名称是在 MILnet（由 ARPAnet 分出来的美国军方网络）实现与 NSFnet 连接之后开始的。接着，美国联邦政府其他部门的计算机网络相继并入了 Internet，如能源科学网 ESnet（Energy Sience network）、航天技术网 NASAnet（NASA network）、商业网 COMnet（Commerical network）等。这样便构成了美国全国的互联网络 US Internet。1990 年，ARPAnet 网在完成其历史使命后停止运作。同年，由 IBM、MCI 和 MERIT 三家公司组建的 ANS（Advance Network and Sernices）公司建立了一个新的广域网，即目前的 Internet 主干网 ANSnet，它的传输速率达到 45Mbps，传输线容量是被取代的 NSFnet 主干网容量的 30 倍。

1.1.4 全球范围 Internet 的形成和发展

20 世纪 80 年代以来，由于 Internet 在美国获得迅速发展和巨大成功，世界各工业化国家以及一些发展中国家纷纷加入 Internet 的行列，使 Internet 成为全球性的网络，也就是本书中所称的 Internet。

Internet 在美国是为了促进科学技术和教育的发展而建立的。在它建立之初，首先加入其中的都是一些学术界的网络。因此，在 1991 年以前，无论在美国还是在其他国家，Internet 的连接与应用，都被严格地限制在科技与教育领域。

由于 Internet 的开放性以及它具有的信息资源共享和交流的能力，它从形成之日起，便吸引了广大的用户。当大量的用户开始涌入 Internet 时，它就很难以原来的固定模式发展下去了。随着用户的急剧增加，Internet 的规模迅速扩大。它的应用领域也走向多样化，除了科技和教育之外，它的应用很快进入文化、政治、经济、新闻、体育、娱乐、商业以及服务行业。1992 年，成立了 Internet 协会。此时，Internet 联机数目已经突破一百万台。1993 年，美国白宫、联合国总部和世界银行等又先后加入 Internet。

目前，根据不完全统计，全世界近 200 个国家和地区连入 Internet（包括全功能 IP 连接和单纯的电子邮件连接）。到 2000 年年底，全球网上用户已达 3 亿，以 Internet 为核心的信息服务业产值超过 2 万亿美元。

1.1.5 下一代 Internet

从 1993 年起，由于 WWW 技术的发明及推广应用，Internet 面向商业用户和普通用户开放，用户数量开始以滚雪球的方式增长，各种网上的服务不断增加，接入 Internet 的国家也越来越多，再加上 Internet 先天不足，如宽带过窄、对信息的管理不足等，造成信息传输的严重阻塞。为了解决这一问题，1996 年 10 月，美国 34 所大学提出了建设下一代 Internet（NGI，Next Generation Internet）的计划，表明要进行第二代 Internet（Internet 2）的研制。根据当时的构想，第二代 Internet 将以美国国家科学基金会建立的“极高性能主干网络”为基础，它的主要任务之一是开发和试验先进的组网技术，研究网络的可靠性、多样性、安全性、业务实时能力（如广域分布计算）、远程操作和远程控制试验设施等问题。研究的重点是网络扩展设计、端到端的服务质量和安全性三个方面。第二代 Internet 又是一次以教育科研为先导，瞄准 Internet 的高级应用，是 Internet 更高层次的发展阶段。

第二代 Internet 的建设，将可以实现多媒体信息真正的实时交换，同时还可以实现网上虚拟现实和实时视频会议等服务。例如，大学可以进行远程教学，医生可以进行远程医疗等。第二代 Internet 计划之快以及它引起的反响之大，都超出了人们的意料。1997 年以来，美国国会参众两院的科研委员会的议员多次呼吁政府关注和资助该计划。1998 年 2 月，美国总统克林顿宣布第二代 Internet 被纳入美国政府的“下一代 Internet”的总体规划中，政府将对其进行资助。第二代 Internet 委员会副主席范·豪威灵博士指出，第二代 Internet 技术的扩散将远比 Internet 快得多，也许只要三五年普通老百姓就可以应用它，到那时离真正的“信息高速公路”也就不远了。

中国第二代因特网协会（中国 Internet 2）已经成立，该协会是一个学术性组织，将联合众多的大学和研究院，主要以学术交流为主，进行选择并提供正确的发展方向，其工作主要涉及 3 个方面：网络环境、网络结构、协议标准及应用。

1.2 Internet 的组织管理

全球 Internet 是由分散在世界各国成千上万个网络互联而成的网络集合体。它现在已经非常庞大，这成千上万个网络规模各异，各属不同的组织、团体和部门。其中有跨越洲际的网络，有覆盖多个国家的网络，有各国的国家级网络，也有各部门各团体的专用网络、校园网、公司网等。这些网络各有其主，分别归属各自的投资部门，由各自的投资部门管理。也就是说，各个部门负责各自网络的规划、资金、建设、发展，确定各自网络的目的、使用政策、经营政策和运行方式等。从这点来说，全球 Internet 就是在这些分散的、分布式的管理机构下运行的。因此，从组织上来说，这是一个松散的集合体，用户可以自由介入 Internet。从整体来说，它并无严格意义上的统一管理机构，没有一个组织对它负责，Internet 沿袭了 20 世纪 60 年代形成的多元化模式。

不过，有几个组织在展望新的 Internet 技术、管理注册过程以及处理其他与运行主要网络相关的事情上做出过很大的贡献。下面简单介绍一些相关组织。

（1）Internet 协会。Internet 协会（ISOC）是一个专业性的会员组织，由来自 100 多个国家的几百个组织以及 6000 名个人成员组成，这些组织和个人展望影响 Internet 现在和未来的技术。ISOC 由 Internet 体系结构组（IAB）和 Internet 工程任务组（IETF）等组成。

（2）Internet 体系结构组。Internet 体系结构组以前称为 Internet 行动组，是 Internet 协会技术顾问，这个小组定期会晤。考查由 Internet 工程任务组和 Internet 工程指导组提出的新思想和建议，并给 IETF 提供一些新的想法和建议。

（3）Internet 工程任务组。Internet 工程任务组是由网络设计者、制造商和致力网络发展的研究人员组成的一个开放性组织。IETF 一年会晤三次，主要的工作通过电子邮件组来完成，IETF 被分成多个工作组，每个组有特定的主题。

（4）W3C（World Wide Web）。W3C 是一个经常被提及的组织，主要负责为发展迅速的万维网（WWW）指定相关标准和规范，该组织是一个工业协会，由麻省理工学院的计算机科学实验室负责运作。

（5）Internet 名字和编号分配组织（ICANN）。ICANN 是为国际化管理名字和编号而形成的组织，主要负责全球互联网的根域名服务器和域名体系、IP 地址及互联网其他号码资源的分配管理和政策制定。当前，ICANN 参与共享式注册系统（SRS，Shared Registry System）。通过 SRS，Internet 域名的注册过程是开放式公平竞争的。ICANN 的最高管理机构——理事会是由来自世界各国的 18 名代表组成。

（6）国际互联网络信息中心（InterNIC）。InterNIC 是为了保证国际互联网络的正常运行和向全体互联网络用户提供服务而设立的。InterNIC 网站目前由 ICANN 负责维护，提供互联网域名登记的公开信息。

（7）RFC 编辑。RFC 是关于 Internet 标准的一系列文档，RFC 编辑是 Internet RFC 文档的出版商，负责 RFC 文档的最后编辑检查。

（8）Internet 服务提供商。20 世纪 90 年代 Internet 商业化之后，出现了非常多 Internet 服务提供商（ISP），它们有服务器，用点对点协议（PPP）或串行线路接口协议（SLIP），使用户可以通过拨号接入 Internet。

另外，由于 20 世纪 90 年代后 Internet 的商业化，产生了许多利益纠纷，如由域名引起的纠纷，这不仅环绕着有关域名的商标、知识产权等法律问题，而且更关系到对域名的管理权、分配权。原来的那些面向技术的 Internet 组织和团体不具备处理这些商业问题和法律问题的地位和能力，不适合担当 Internet 合法框架管理者的角色。为了保护本组织的利益，各种国际组织都以积极的态度挤到 Internet 的各种管理活动中去。为了改革原来的域名管理体系，由 Internet 协会（ISOC）牵头，会同国际电联（ITU）、国际知识产权组织（WIPO）、国际商标组织等国际组织发起成立了“国际特别委员会 IAHC”。在 IAHC 的组织下，开放了一组新的顶级域名，并成立了一套国际性的民间机构，负责这些新的域名的管理和分配。

目前，因为美国是 Internet 的发源地，所以它在 Internet、信息技术、信息产业和信息化方面处于霸主地位，领导着世界新潮流；而且在 Internet 的各种主要组织中，很多主要人物都来自美国的主要网络的主管部门，在 Internet 的管理上，美国起着重要的作用。当然，随着 Internet 在其他国家的迅速发展，各国要求打破垄断、平等发展的呼声也越来越高，各国的组织正致力于本国网络的发展、协调，致力于本国网络的本地化，保护本国、本地区的利益，包括长远利益。

1.3 Internet 提供的服务

1.3.1 远程登录服务（Telnet）

远程登录（Remote-login）是 Internet 提供的最基本的信息服务之一，远程登录是在网络通信协议 Telnet 的支持下使本地计算机暂时成为远程计算机仿真终端的过程。在远程计算机上登录，必须事先成为该计算机系统的合法用户并拥有相应的账号和口令。登录时要给出远程计算机的域名或 IP 地址，并按照系统提示，输入用户名及口令。登录成功后，用户便可以实时使用该系统对外开放的功能和资源，如共享它的软硬件资源和数据库，使用其提供的 Internet 的信息服务，如 E-mail、FTP、Archie 、Gopher、WWW 、WAIS 等。

Telnet 是一个强有力的资源共享工具。许多大学图书馆都通过 Telnet 对外提供联机检索服务，一些政府部门、研究机构也将它们的数据库对外开放，使用户通过 Telnet 进行查询。

1.3.2 文件传输服务（FTP）

文件传输是指在计算机网络上主机之间传送文件，它是在文件传送协议 FTP（File Transfer Protocol）的支持下进行的。

用户一般不希望在远程联机情况下浏览存放在计算机上的文件，更乐意先将这些文件保存到自己的计算机中，这样不但能节省时间和费用，还可以从容地阅读和处理这些文件。Internet 提供的文件服务 FTP 正好能满足用户的这一需求。Internet 上的两台计算机在地理位置上无论相距多远，只要两者都支持 FTP 协议，网上的用户就能将一台计算机上的文件传送到另一台计算机。

FTP 与 Telnet 类似，也是一种实时的联机服务。使用 FTP 服务时，用户首先要登录到对方的计算机上，与远程登录不同的是，用户只能进行与文件搜索和文件传送等有关的操作。使用 FTP 可以传送任何类型的文件，如二进制文件、图像文件、声音文件、数据压缩文件等。

普通的 FTP 服务要求用户在登录到远程计算机时提供相应的用户名和口令。许多信息服务机构为了方便用户通过网络获取其发布的信息，提供了一种称为匿名 FTP 的服务（Anonymous FTP）。用户在登录到这种 FTP 服务器时无须事先注册或建立用户名与口令，而是以 anonymous 作为用户名，一般用自己的电子邮件地址作为口令。

匿名 FTP 是最重要的 Internet 服务之一。许多匿名 FTP 服务器上都有免费的软件、电子杂志、技术文档及科学数据等供人们使用。匿名 FTP 对用户使用权限有一定限制，通常仅允许用户获取文件，而不允许用户修改现有文件或向它传送文件；另外对于用户可以获取的文件范围也有一定限制。为了便于用户获取超长的文件或成组的文件，在匿名 FTP 服务器中，文件预先进行压缩或打包处理。用户在使用这类文件时应具备一定的文件压缩与还原、文件打包与解包等处理能力。

1.3.3 电子邮件服务（E-mail）

电子邮件（Electronic Mail）亦称 E-mail。它是用户或用户组之间通过计算机网络收发信息的服务。目前电子邮件已成为网络用户之间快速、简便、可靠且成本低廉的现代通信手段，也是 Internet 上使用最广泛、最受欢迎的服务之一。

电子邮件使网络用户能够发送或接收文字、图像和语音等多种形式的信息。目前 Internet 网上 60%以上的活动都与电子邮件有关。

使用电子邮件服务的前提是拥有自己的电子信箱，一般又称为电子邮件地址（E-mail

Address）。电子信箱是提供电子邮件服务的机构为用户建立的，实际上是该机构在与 Internet 联网的计算机上为用户分配的一个专门用于存放往来邮件的磁盘存储区域，这个区域是由电子邮件系统管理的。

电子邮件系统具有以下特点。

1．方便性

像使用留言电话那样在自己方便的时候处理记录下来的请求；可以通过电子邮件传送文本信息，图像文件、报表和计算机程序等。

2．广域性

电子邮件系统具有开放性，许多非 Internet 网上的用户可以通过网关（Gateway）与 Internet 网上的用户交换电子邮件。

3．廉价性和快捷性

电子邮件系统是采用“存储转发”方式为用户传递电子邮件。通过在一些 Internet 的通信节点计算机上运行相应的软件，可以使这些计算机充当“邮局”的角色。用户使用的“电子邮箱”就是建立在这类计算机上的。当用户希望通过 Internet 给某人发送信件时，他先要与为自己提供电子邮件服务的计算机联机，然后将要发送的信件与收信人的电子邮件地址送给电子邮件系统。电子邮件系统会自动将用户的信件通过网络一站一站地送到目的地，整个过程对用户来说是透明的。

若在传递过程中某个通信站点发现用户给出的收信人电子邮件地址有误而无法继续传递，系统会将原信逐站退回并通知不能送达的原因。当信件送到目的计算机后，该计算机的电子邮件系统就将它放入收信人的电子邮箱中等候用户自行读取。用户只要随时以计算机联机方式打开自己的电子邮箱，便可以查阅自己的邮件了。

通过电子邮件还可访问的信息服务有 FTP、Archie、 Gopher、 WWW、 News、 WAIS 等。Internet 网上的许多信息服务中心就提供了这种机制。当用户想向这些信息中心查询资料时，只需要向其指定的电子信箱发送一封含有一系列查询命令的电子邮件，用户就可以获得相应服务。

1.3.4　网络新闻服务（Usenet）

网络新闻（Network News）通常又称做 Usenet，它是具有共同爱好的 Internet 用户相互交换意见的一种无形的用户交流网络，相当于一个全球范围的电子公告牌系统。

网络新闻是按不同的专题组织的。志趣相同的用户借助网络上一些被称为新闻服务器的计算机开展各种类型的专题讨论。只要用户的计算机运行一种称为“新闻阅读器”的软件，就可以通过 Internet 随时阅读新闻服务器提供的分门别类的消息，并可以将自己的见解提供给新闻服务器以便作为一条消息发送出去。

网络新闻是按专题分类的，每一类为一个分组。目前有 8 个大的专题组：计算机科学、网络新闻、娱乐、科技、社会科学、专题辩论、杂类及候补组。而每一个专题组又分为若干子专题，子专题下还可以有更小的子专题。到目前为止已有 15 000 多个新闻组，每天发表的文章已超过几百兆字节。故很多站点由于存储空间和信息流量的限制，对新闻组不得不限制接收。一个用户所能读到的新闻的专题种类取决于用户访问的新闻服务器。每个新闻服务器在收集和发布网络消息时都是“各自为政”的。

1.3.5 名址服务（Finger、Whois、X.500、Netfind）

名址服务又称名录服务，是 Internet 网上根据用户的某些信息反查找到另一些信息的一种公共查询服务。

通过 Internet 传递电子邮件的前提是必须知道收信人的邮箱地址。当不知道对方的电子邮箱地址时，可以通过 Internet 中的一些称为名址服务器的计算机进行查询。Internet 电子邮箱的名址服务也被称为白页（White Pages）服务。

目前还不存在统一编写的、包含所有 Internet 用户电子邮箱地址的白页数据库。Internet 中的名址服务器是“各司其域”的，从高层次的网络管理中心提供的名址服务器中可以查到它下一级的主要用户和计算机的名址记录。对要查询的用户的情况了解得越多，就越容易选准相应的名址服务器查出结果。

常见的 Internet 名址服务有如下几类：

1. Finger

用来查询在某台 Internet 主机上已注册的用户的详细信息。

2. Whois

Whois 名址服务器保存着有关人员的名址录（E-mail 地址、通信地址、电话号码），通过它还可以查找网点、联网单位、域名及站点信息。许多网点、大学、科研机构大多都用 Whois 服务器提供有关人员的名录查询信息服务。

3. X.500

X.500 是国标化标准组织 ISO 制定的目录服务标准，旨意为网络用户提供分布式的名录服务。目前尚未得到广泛应用。

4. Netfind

Netfind 是一基于动态查询的 Internet 白页目录服务。

1.3.6 文档查询索引服务（Archie、WAIS）

1. Archie

Archie 译为阿奇，是文档搜索系统，可以检索匿名 FTP 资源。Archie 是 Internet 上用来查找其标题满足特定条件的所有文档的自动搜索服务的工具。为了从匿名 FTP 服务器上下载一个文件，必须知道这个文件的所在地，即必须知道这个匿名 FTP 服务器的地址及文件所在的目录名。Archie 就是帮助用户在遍及全世界的千余个 FTP 服务器中寻找文件的工具。Archie Server 又被称为文档查询服务器。用户只要给出所要查找文件的全名或部分名字，文档查询服务器就会指出在哪些 FTP 服务器上存放着这样的文件。

使用 Archie 进行查询的前提是，要查找的文件名或部分文件名，知道某个或几个 Archie 服务器的地址。

2. WAIS（Wide Area Information Service）

WAIS 称为广域信息服务，是一种数据库索引查询服务。 Archie 所处理的是文件名，不涉及文件的内容；而 WAIS 则是通过文件内容（而不是文件名）进行查询。因此，如果打算寻找包含在某个或某些文件中的信息，WAIS 便是一个较好的选择。WAIS 是一种分布式文本搜索系统，它基于 Z39.50 标准。用户通过给定索引关键词查询到所需的文本信息，如文章或图书等。

1.3.7 信息浏览服务（Gopher、WWW）

1. Gopher 服务

Gopher 是基于菜单驱动的 Internet 信息查询工具。Gopher 的菜单项可以是一个文件或一个目录，分别标以相应的标记。如果菜单项是目录，则可以继续跟踪进入下一级菜单；如果是文件则可以用多种方式获取，如邮寄、存储、打印等。

在一级一级的菜单指引下，用户通过选取自己感兴趣的信息资源，对 Internet 网上远程联机信息系统进行实时访问，这对于不熟悉网络资源、网络地址和网络查询命令的用户是十分方便的。

Gopher 内部集成了 Telnet、FTP 等工具，可以直接取出文件，而无须知道文件所在及文件获取工具等细节，Gopher 是一个深受用户欢迎的 Internet 信息查询工具。通过 Gopher 可以进行文本文件信息查询、电话簿查询、多媒体信息查询、专有格式的文件查询等。

2. WWW 服务

WWW 的含义是环球信息网（World Wide Web），它是一个基于超级文本（hypertext）方式的信息查询工具，是由欧洲核子物理研究中心（CERN）研制的。WWW 将位于全世界 Internet 上不同网址的相关数据信息有机地编织在一起，通过浏览器（Browser）提供一种友好的查询界面，用户仅需要提出查询要求，而不必关心到什么地方去查询及如何查询，这些均由 WWW 自动完成。WWW 为用户带来的是世界范围的超级文本服务，只要操作鼠标，就可以通过 Internet 浏览希望得到的文本、图像和声音等信息。另外，WWW 仍可提供传统的 Internet 服务，Telnet、FTP、Gopher、News、E-mail 等。通过使用浏览器，一个不熟悉网络的人可以很快成为使用 Internet 的行家。

WWW 与 Gopher 的最大区别是，它展示给用户的是一篇篇的文章、一幅幅图片或精美的动画，甚至是优美的乐曲，而不是那些时常令人费解的菜单说明。因此使用它查询信息具有很强的直观性。

1.3.8 其他信息服务

1. Talk

与日常生活中使用的电话相似，Talk 在 Internet 上为用户提供一种以计算机网络为媒介的实时对话服务。使用 Talk 可以与一个千里之遥的 Internet 用户进行“面对面”的文字对话。

2. IRC

IRC（Internet Relay Char）是 Internet 中一对多的交互式通信方式。它同 Talk 一样，通过终端和键盘，帮助用户与世界各地的朋友进行交谈、互通消息、讨论问题、交流思想。所不同的是 Talk 只允许一对一的俩人谈话， 而 IRC 允许多人进行对话。

3．MUD

MUD（Multiple User Dimension）多用户空间是一种为用户提供虚拟现实（Virtual Reality）的程序，它可以把用户带到一个幻想的王国中去，MUD 是生动地扮演角色的游戏，向用户显示一些虚拟的场景，扮演一些生动的角色，并给人以真实感。

1.4　WWW 基础知识

1.4.1　什么是 WWW

WWW（万维网）的历史很短，但能够提供统一的接口来访问各种不同类型的信息，包括文字、图像、音频、视频等信息。其实早在 1990 年人们就完成了最早期的浏览器产品，1992 年 7 月，WWW 在欧洲量子物理实验室 CERN 内部得到了广泛的应用。从此以后 WWW 逐渐被大众所接受，开始在 Internet 上有发行。同年 2 月，美国伊利诺斯大学 Urbana-Champaign 分校的国家超级计算机中心 NCSA（National Center For Supercomputing Applications）发行了一个新的浏览器软件。从此，WWW 初具规模。目前，大多数知名公司都在 Internet 上建立了自己的 WWW 网站。

1.4.2　WWW 简介

WWW 是 Word Wide Web（环球信息网）的缩写，也可以简称为 Web，中文名字叫做"万维网"。通过 WWW，人们只要使用简单的方法，就可以迅速方便地取得丰富的信息资源。由于用户在通过 Web 浏览器访问信息资源的过程中，无须再关心一些技术性的细节，而且界面非常友好，因此 WWW 在 Internet 上刚推出就受到了热烈的欢迎，红遍全球，并迅速得到了爆炸性的发展。

1.4.3　WWW 的发展和特点

长期以来，人们只是通过传统的媒体（如电视、报纸、杂志和广播等）获得信息。但随着计算机网络的发展，人们已不再满足于传统媒体那种单方面传输和获取信息的方式，而希望有一种主观的选择性。现在，网络上提供各种类别的数据库系统，如文献周刊、产业信息、气象信息、论文检索等。由于计算机网络的发展，信息的获得变得非常及时、迅速和便捷。

1.5　小　结

本章主要描述了 Internet 的起源和发展、Internet 提供的服务以及 WWW 基本知识。学习者应该掌握 Internet 的起源和发展、Internet 提供的服务。

1.6　能力鉴定

本章大部分为理论基础知识，能力鉴定以理论知识为主，对少数概念可以教师问学生答的方式检查掌握情况，学生能力鉴定记录如表 1-2 所示。

表 1-2　能力鉴定记录表

序号	项　目	鉴定内容	能	不能	教师签名	备注
1	Internet 的起源及其发展	了解 Internet 的发展历程				
		掌握下一代 Internet 的形成和发展				
2	Internet 提供的服务	能使用 Internet 的相关服务				
3	WWW 基本知识	能使用 WWW				

习　题　1

1. Internet 提供的主要服务远程登录服务、________、________、________、________ 以及文档查询和信息浏览服务等。

2. Internet 的组织管理机构有 Internet 协会、________、________、________、________、________、________ 以及 Internet 服务提供商。

3. WWW 的中文名称是________。

第2章 网 络 连 接

1．能力目标

通过本章的学习与训练，学生能达到一般办公职员使用网络的能力，知道怎样制作网线、安装ADSL宽带上网设备、建立ADSL上网连接、多台计算机共用一个ADSL账号上网。

✧ 了解直连双绞线的制作方法。

✧ 掌握ADSL宽带上网设备的安装方法。

✧ 掌握在Windows XP中创建拨号上网连接。

✧ 掌握在Windows XP中创建ADSL上网连接。

✧ 掌握多台计算机共用一个ADSL账号上网的操作方法。

2．教学建议

本章教学计划如表2-1所示，教学资源准备如表2-2所示。

表2-1 教学计划

任 务		重点（难点）	实作要求	建议学时
Internet的接入	任务一 网线制作——直连双绞线制作	重点	掌握直连双绞线的制作方法	2
	任务二 ADSL设备的安装和连接	重点	掌握ADSL设备的连接方法	2
	任务三 ADSL接入Internet	重点	掌握配置ADSL Modem的方法	2
	任务四 共享ADSL接入Internet		掌握ADSL Modem和ADSL路由器的连接方法 掌握ADSL 路由器的配置方法	2
	任务五 共享ADSL无线接入Internet		掌握ADSL Modem和ADSL无线路由器的连接方法 掌握ADSL 无线路由器的配置方法	2
合计学时				10

表2-2 教学资源准备

任务	教学参考资料	设备与设施
任务一 网线制作——直连双绞线的制作	EIA/TIA568标准	非屏蔽双绞线、RJ-45接头、剥线刀、压线钳
任务二 ADSL设备的安装和连接		已做好的非屏蔽双绞线、ADSL Modem和网卡
任务三 ADSL接入Internet	ADSL Modem产品说明书	ADSL Modem、已做好的非屏蔽双绞线
任务四 共享ADSL接入Internet	ADSL宽带路由器产品说明书	ADSL宽带路由器、已做好的非屏蔽双绞线
任务五 共享ADSL无线接入Internet	ADSL宽带无线路由器产品说明书	ADSL宽带无线路由器、已做好的非屏蔽双绞线

3．应用背景

小刘是某学院系部的教学秘书，单位为他及其办公室同事配备了电脑。因工作需要，这些办公电脑需要接入 Internet。他购买了 ADSL 线路的接入设备并在电信部门申请了 ADSL 宽带互联网接入手续，他应该怎样实现自己办公室的上网需求呢？通过本章的学习能顺利实现这个目标。

2.1　项目　Internet 的接入

2.1.1　预备知识

1．常用的 Internet 接入方法

目前，电信部门开设的 Internet 接入方法通常有 4 种形式：拨号上网、ADSL 接入、无线宽带和局域网接入方式。

拨号上网是传统的窄带接入方式，需要通过 Modem 将电脑和电话线连接起来，然后再进行拨号（号码通常为 16300）登录。Modem 是在数字信号和模拟信号之间进行信号转换的设备。当使用 Modem 接入网络时，因为要进行两种信号之间的转换，网络连接速度较低，且性能较差。目前的拨号上网的下行速率为 56kbps，上行速率为 33.6kbps。由于接入速率很低，此种接入方式基本淘汰，只作为无宽带网络环境的补充形式。

ADSL 接入是当前流行的宽带接入方式，ADSL 采用非对称数字用户线环路技术，被誉为“现代信息高速公路上的快车”。它的上网传输速度比普通拨号上网快数 10 倍，因其具有下行速率高、频带宽、性能优等特点而深受广大用户的喜爱，成为继 Modem、ISDN 之后的又一种更快捷、更高效的接入方式。它仍然利用电话线接入宽带，不需重新布线，一线多用，上网、打电话可同时进行，互不干扰。

无线宽带是为拥有笔记本电脑或 PDA 的人士提供的无线宽带上网业务。它通过电脑携带的无线局域网卡连接到电信部门提供的无线 AP（Access Point，无线访问节点）上，从而实现 Internet 连接。由于它的计费较贵，不太适用于家庭或办公室环境使用，通常适用于电信公司布网的休闲中心、商务宾馆、咖啡吧等公共区域。

局域网接入方式是结合计算机局域网技术的 IP 宽带网络接入技术。它是在用户一侧采用计算机局域网的技术将网络专用线（通常为五类双绞线）布放到每位用户家庭或办公室中，然后再通过交换机汇聚到用户所在区域的“信息机房”，最后通过光纤接入网连接到城域 IP 骨干网及 Internet 出口，从而使用户通过电脑与信息插座连接，实现从用户端到 Internet 的接入。通过这种方式接入 Internet 能获得很高的速率，可达到 100Mb/s。但是由于价格较贵，通常只适用于对数据流量需求较大的大中型企业。

2．ADSL 和 ADSL2/2+

非对称数字用户线 ADSL（Asymmetrical Digital Subscriber Line）是一种在无中继的用户环路网上利用双绞线传输高速数据的技术。它在电话线上可提供高达 8Mb/s 的下行速率和 1Mb/s 的上行速率，有效传输距离可达 3～5 公里。它充分利用现有的电话线路和网络，只需在电话网络的两端加装 ADSL 设备即可。ADSL 接入 Internet 方式是目前对于小型企业

和家庭最佳的解决方案。ADSL MODEM 是一种宽带上网设备，它在不影响语音传送的前提下，利用电话线的高频段进行高速数据传输。由于 ADSL 信号的频段范围高于话音的频段范围，通过分离器相互隔离，因此可以实现话音和 ADSL 信号共存于同一电话线。

相对于第一代 ADSL，ADSL2 的传输性能有了一定增强，其改进主要表现在长距离、抗线路损伤、抗噪声等方面。最大可支持下行 12Mb/s、上行 1Mb/s 的速率。在功能上实施了电源管理，增加了低功耗模式，支持在线诊断、链路捆绑，应用范围进一步扩大。而 ADSL2+将传输带宽增加一倍，从而实现理论值最高达 26Mb/s 的下行接入速率，不加中继器时传输距离可以达到 7 公里，能让多个视频流同时在网络中传输、大型网络游戏及海量文件下载等应用都成为可能。目前在中国沿海发达地区已开始布署基于 ADSL2/2+技术的 Internet 接入技术。

2.1.2　任务一　网线制作——直连双绞线制作

1．屏蔽双绞线简介

采用 ADSL 方式接入 Internet 时，需要通过一条双绞线将 ADSL Modem 和计算机内的网卡连接起来。因此在自己动手连网之前需要制作一条双绞连接线，由于非屏蔽双绞线价格便宜，速率很高，在组网中起着重要的作用。

制作双绞线的关键是要注意 8 根导线排列的顺序，称为线序。EIA/TIA568 包含 T568A 和 T568B 两个子标准，如表 2-3 所示。这两个子标准没有质的区别，只是在线序上有一定的交换。在工程中人们习惯采用 T568B 标准。

表 2-3　双绞线顺序表

引脚号	1	2	3	4	5	6	7	8
T568A 标准	白绿	绿	白橙	蓝	白蓝	橙	白棕	棕
T568B 标准	白橙	橙	白绿	蓝	白蓝	绿	白棕	棕

2．制作工具和基本材料

（1）非屏蔽双绞线。

（2）RJ-45 接头，属于耗材，不可回收，如图 2-1 所示。

（3）RJ-45 压线钳，主要由剪线口、剥线口、压线口组成，如图 2-2 所示。

（4）剥线刀，专用剥线工具，如图 2-3 所示。

（5）测线仪，常用的双绞线测线仪由信号发射器和信号接收器组成。双方各有 8 个信号灯及 1 个 RJ-45 接口，如图 2-4 所示。

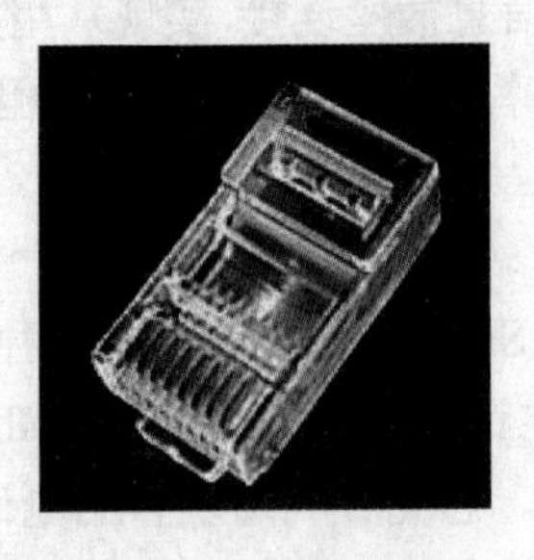

图 2-1　RJ-45 接头

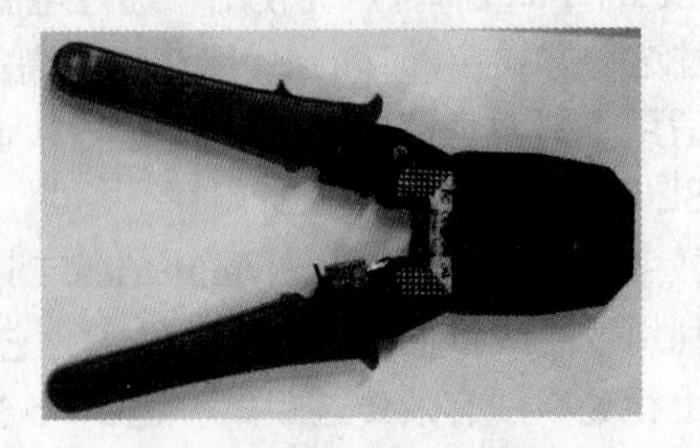

图 2-2　RJ-45 压线钳

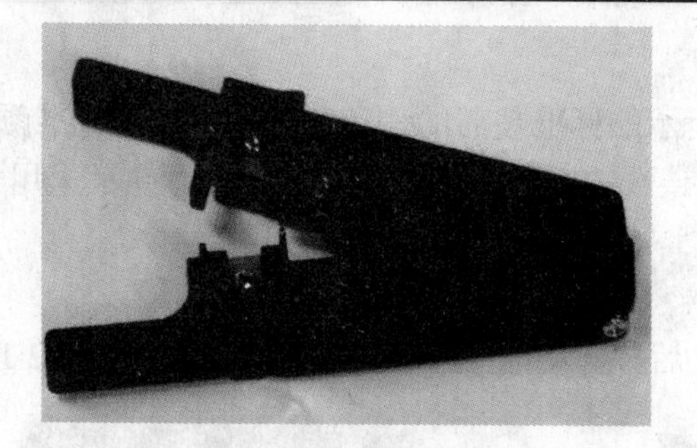

图 2-3　RJ-45 剥线刀

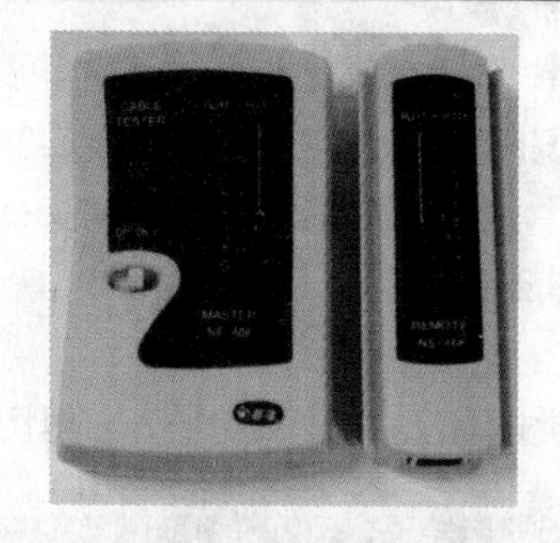

图 2-4　RJ-45 测线仪

3. 双绞线接头制作步骤

1）将双绞线的外表皮剥除

根据实际需要用剥线刀截取适当长度的 RJ-45 线，使用剥线刀夹住双绞线旋转一圈，剥去约 2cm 的塑料外皮，如图 2-5 所示。

2）除去外套层

采用旋转的方式将双绞线外套慢慢抽出，如图 2-6 所示。

图 2-5　剥除双绞线外皮

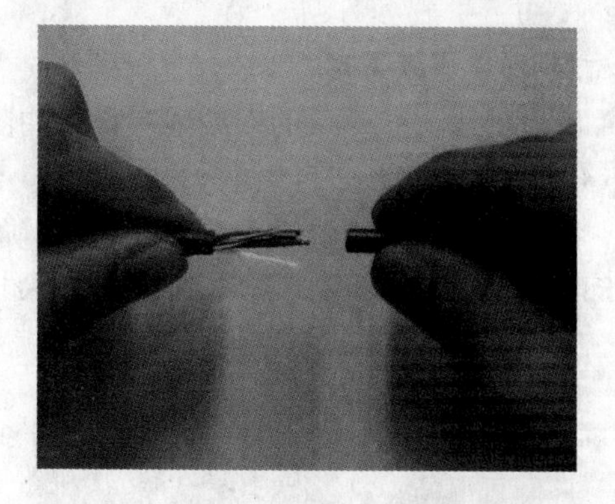

图 2-6　除去外套层

3）准备工作

将 4 对双绞线分开，并查看双绞线是否有损坏，如图 2-7 所示。如有破损或断裂的情况出现，则需要重复上述两个步骤。

4）将双绞线拆开

拆开成对的双绞线，使它们不扭曲在一起，并将每根芯弄直，如图 2-8 所示。

图 2-7　剥皮后效果

图 2-8　拆开双绞线

5）按照标准线序进行排列

将每根芯进行排序，根据表 2-3 所示的标准使芯的颜色与选择的线序标准颜色从左至右相匹配。在计算机到 ADSL Modem 连线的制作中我们对双绞线的两头都采用 T568B 顺序，如图 2-9 所示。

6）剪线

剪切线对使它们的顶端平齐，剪切之后露出来的线对长度大约在 1.5cm，如图 2-10 所示。

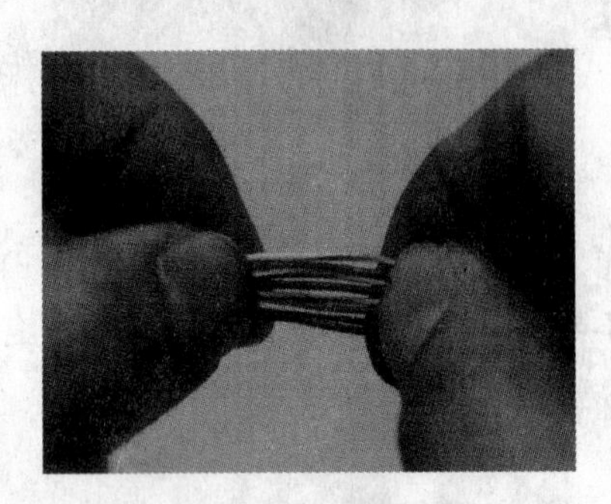

图 2-9　按标准排列线芯

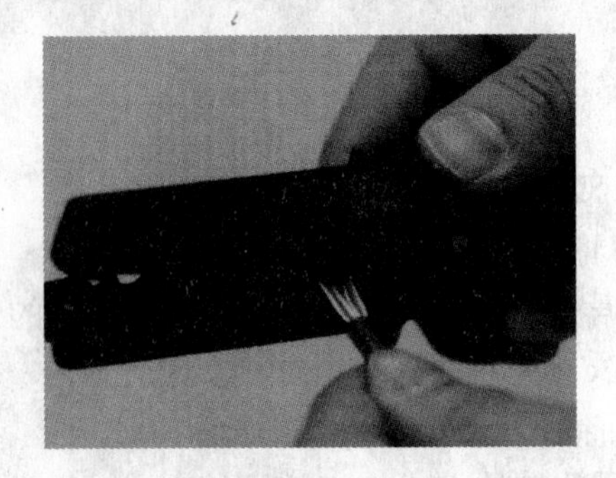

图 2-10　剪线

7）剪线后效果图

使用剥线刀剪切后的双绞线头效果如图 2-11 所示。

8）将网线插入 RJ45 接头内

将剪切好的双绞线插入 RJ-45 接头，确认所有线对接触到 RJ-45 接头顶部的金属针脚。在 RJ-45 接头的顶部要求能见到双绞线各线对的铜芯，如果没有排列好，则进行重新排列，如图 2-12 所示。

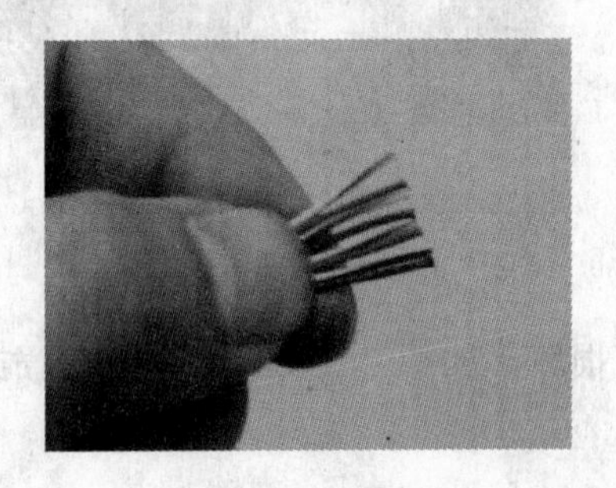

图 2-11　剪线后效果图

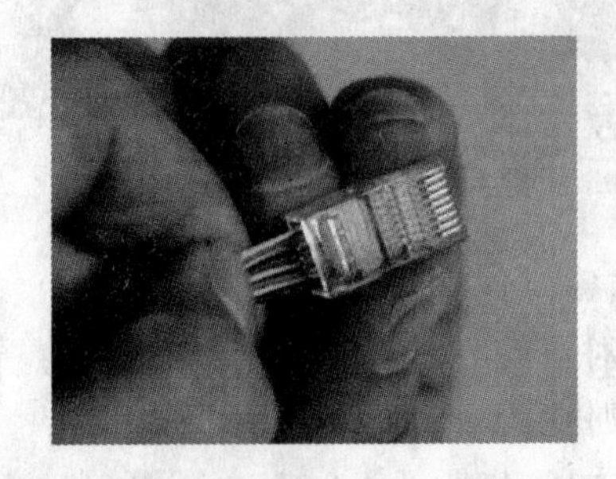

图 2-12　将网线插入 RJ45 接头内

9）压制网线

将 RJ-45 接头装入压线钳的压线口，紧紧握住把柄并用力压制。压线钳可以把 RJ-45 接头顶部的金属片压入双绞线的内部，使其和双绞线的每根芯内的铜丝充分接触。同时 RJ-45 接头尾部的塑料卡子应将双绞线卡住，保护双绞线和 RJ-45 接头不至于在暂受外力的情况下脱落。压制后的效果如图 2-13 所示。

10）测试

使用测试仪检查线缆接头制作是否正确，将制作成功的双绞线缆接头两端分别插入测试仪的信号发射端和接收端，然后打开测试仪电源，观察指示灯情况，如图 2-14 所示。如果接收端的 8 个指示灯依次发出绿光，表示连接正确。如果有的指示灯不发光或发光的次序不对，则说明连接有问题，这时需要重新制作。

图 2-13　成品

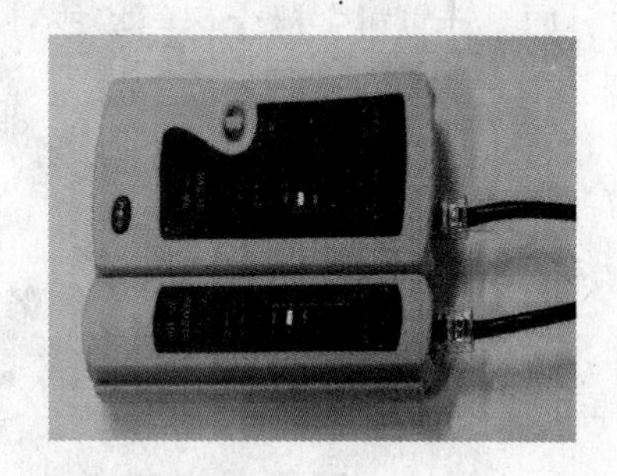

图 2-14　测试

4．双绞线接头制作归纳总结

通过本任务学会了非屏蔽双绞线直连线缆接头的制作标准和方法。特别要注意的是，在制作的各个环节中不能对压接处进行拧、撕，防止双绞线缆中各芯的破损和断裂，在用压线钳进行压接时要用力压实，不能有松动。

2.1.3　任务二　ADSL 设备的安装和连接

1．知识准备

ADSL 安装包括局端线路调整和用户端设备安装。局端方面由电信服务商将用户原有的电话线串接入 ADSL 局端设备；用户端的 ADSL 安装只要将电话线连上滤波器，滤波器与 ADSL Modem 之间用一条两芯电话线连上，ADSL Modem 与计算机的网卡之间用一条直通非屏蔽双绞线连通即可完成硬件连接，其拓扑结构如图 2-15 所示。ADSL 设备的安装比以前使用的拨号上网设备的安装要稍微复杂一些。用户除计算机外还需要一块以太网卡、一个 ADSL Modem、一个信号分离器；另外还需要两根两端做好接头的 RJ-11 电话线和一根 RJ-45 双绞线。

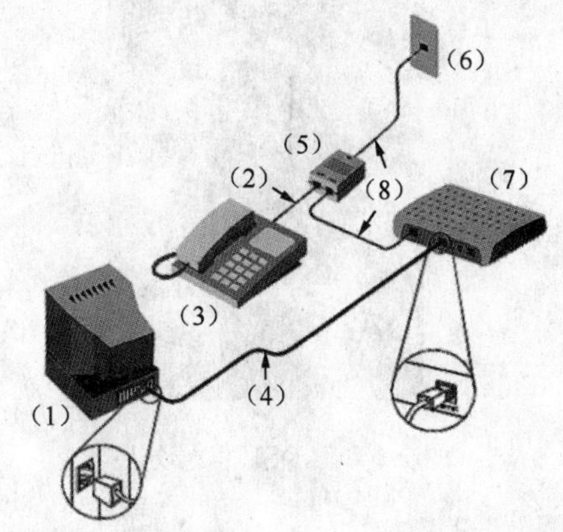

（1）计算机　（2）电话线　（3）电话机　（4）非屏蔽双绞线

（5）分离器　（6）电话插孔　（7）ADSL Modem　（8）电话线

图 2-15　ADSL 设备连接拓扑图

2. 安装网卡

断开计算机电源，将主机箱打开，把图 2-16 所示的 10/100Mb/s 自适应以太网卡插入 PCI 插槽中。如果计算机主板上已经集成有网卡，则此步骤可以省略。

图 2-16　网卡

3. 安装 ADSL Modem 信号分离器

信号分离器用来分离电话线中的高频数字信号和低频语音信号，让拨打/接听电话与电脑上网可同时进行。低频语音信号由分离器接入电话机，用来传输普通语音信息；高频数字信号则接入 ADSL Modem，用来传输数据信息。这样，在使用电话时就不会因为高频信号的干扰而影响语音质量，也不会在上网的时候，由于打电话的语音信号串入而影响上网的速度，从而实现一边上网一边打电话。

信号分离器如图 2-17 所示，共有 3 个插孔，安装时先将来自电信局的电话线插入信号分离器的 LINE 端。通过 PHONE 插孔连接电话机，而 ADSL 插孔与 ADSL Modem 设备的连接线相连接，如表 2-4 所示。3 个插孔对应的名称标注在信号分离器的背面，如果端口连接错误，将无法上网。

图 2-17　ADSL 信号分离器

表 2-4　ADSL Modem 信号分离器连接方法

接口名称	使用说明
LINE	接来自电信部门的入户线
ADSL	连接 ADSL Modem
PHONE	接电话机

4. 安装 ADSL Modem

在 ADSL Modem 上有 3 个插孔，如图 2-18 所示，分别是 ADSL（或 LINE）插孔和 Ethernet（或 LAN）插孔和电源插孔。用一根电话线将信号分离器的 ADSL 插孔与 ADSL Modem 的 ADSL 插孔相连接。利用任务一所做的双绞线，将计算机的网卡与 ADSL Modem 的 Ethernet 插孔相连。然后连接好电源线，打开计算机和 ADSL Modem 电源。观察指示灯状态。如果网卡安装成功，线路也正常，则 Modem 前面板上的 POWER、ACT、LINK 三个指示灯亮，而 DATA 指示灯会自动闪烁。如果 POWER 指示灯亮，表示电源正常；LINK 指示灯亮，表示与电脑连接正常；ACT 指示灯亮，表示网卡连接正常；DATA 指示灯闪烁，表示数据传送正常。

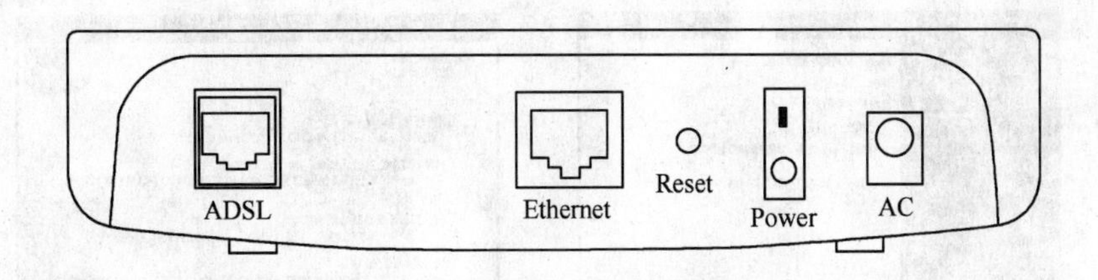

图 2-18　ADSL Modem 插孔示意图

提示：如果有多台电脑通过一个 ADSL 账号共享上网，则需要在 ADSL Modem 和计算机之间加入一个交换机，从而组建小型的局域网。

5. 归纳总结

本任务的主要目标是学会安装网卡、ADSL Modem 信号分离器、ADSL Modem。特别要注意的是，在安装设备过程中要注意每个插孔连接的设备及用途。

6. ADSL 设备维护技巧

（1）ADSL Modem 一般在温度为 0℃～40℃、相对湿度为 5%～95%的工作环境下使用，还要保持工作环境的平稳、清洁与通风。ADSL Modem 能适应的电压范围在 200～240V 之间。

（2）ADSL Modem 应该远离电源线和大功率电子设备等电磁干扰较强的地方，如功放设备、大功率音箱等。

（3）要保证 ADSL 电话线路连接可靠、无故障、无干扰，尽量不要将它直接连接在电话分机及其他设备，如传真机上。

（4）遇到雷雨天气，应将 ADSL Modem 的电源和入户电话线拔掉，以避免雷击损坏。最好不要在炎热天气长时间使用 ADSL Modem，以防止它因过热而发生故障及芯片烧毁。

（5） 在 ADSL Modem 上不要放置任何重物，要保持干燥通风，避免水淋、避免阳光的直射。

（6）定期对 ADSL Modem 进行清洁，可以使用软布清洁设备表面的灰尘和污垢。

（7）定期拔下连接 ADSL Modem 的电源线、网线、分离器及电话线，对它们进行检查，看有无接触不良及损坏，如有损坏，如电话线路接头氧化要及时更换。

2.1.4　任务三　ADSL 接入 Internet

1．准备工作

如果计算机需要通过 ADSL 接入 Internet，须先向本地的电信部门办理入网申请。申请成功之后，用户会获得上网账号和密码。然后正确安装和连接 ADSL Modem，并打开其电源。下面以 Windows XP 操作系统为例来介绍如何通过 ADSL 接入 Internet。

2．操作步骤

（1）选择“开始”→“所有程序”→“附件”→“通讯”→“新建连接向导”命令，打开“新建连接向导”对话框，如图 2-19 所示。

（2）单击“下一步”按钮，在打开的对话框中选择“网络连接类型”，单击选中“连接到 Internet”单选按钮，如图 2-20 所示。

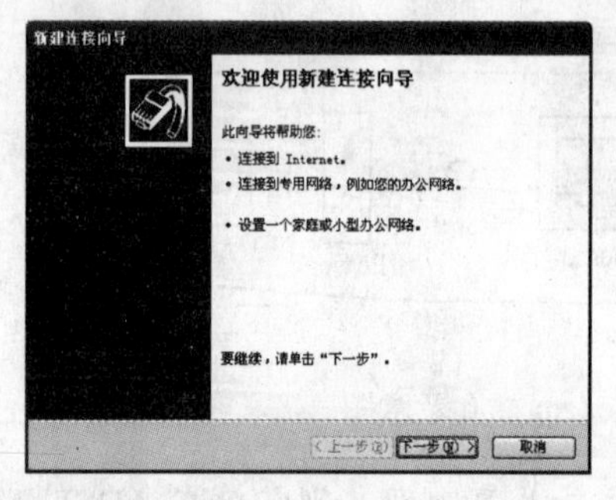

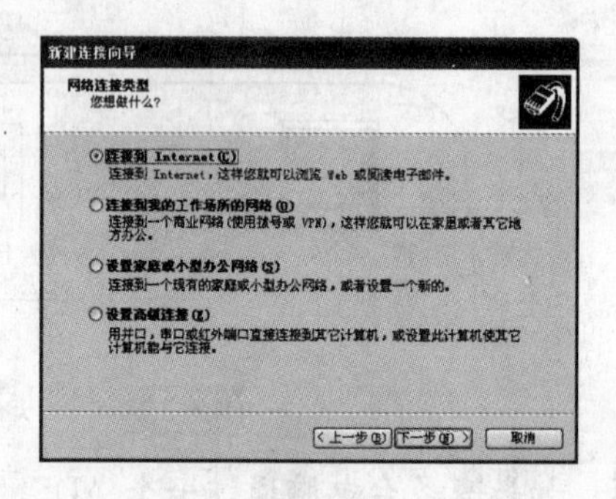

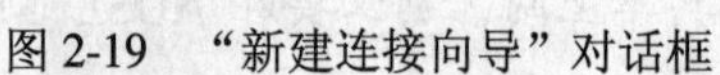
图 2-19　“新建连接向导”对话框　　　　图 2-20　选择“网络连接类型”

（3）单击“下一步”按钮，在打开的对话框中选择“手动设置我的连接”单选按钮，如图 2-21 所示。

（4）单击“下一步”按钮，在打开的对话框中选择“Internet 连接”方式，单击选中“用要求用户名和密码的宽带连接来连接”单选按钮，如图 2-22 所示。

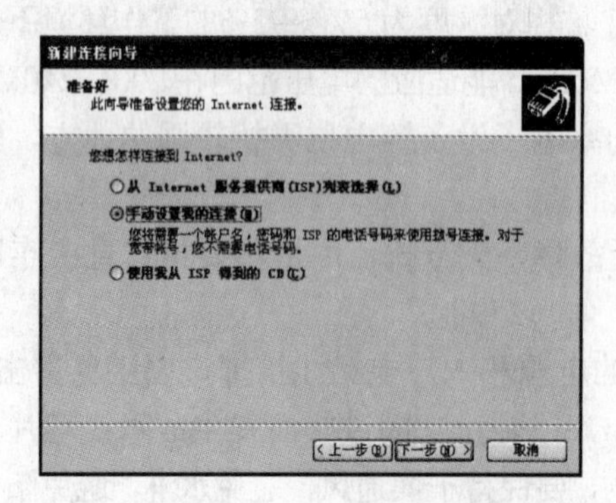

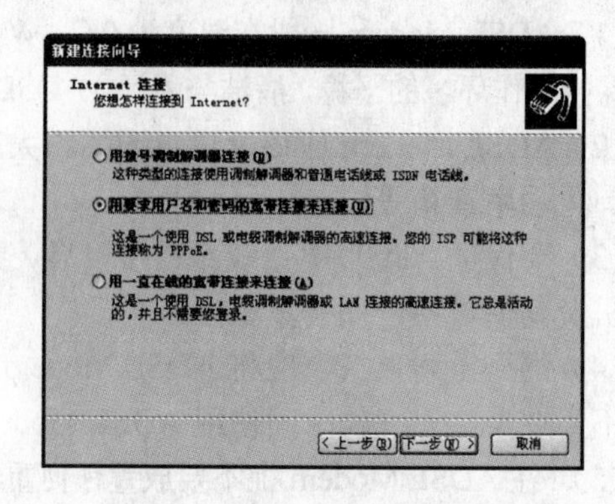

图 2-21　准备设置 Internet 连接　　　　图 2-22　选择“Internet 连接”方式

（5）单击“下一步”按钮，在打开的对话框中设置“连接名”，在“ISP 名称”文本框中输入连接的名称，如“中国电信”，如图 2-23 所示。

（6）单击“下一步”按钮，设置“Internet 账户信息”，在“用户名”文本框中输入电信部门提供的用户名，在“密码”和“确认密码”文本框中分别输入电信提供的密码，其他选项可以使用默认值，如图 2-24 所示。

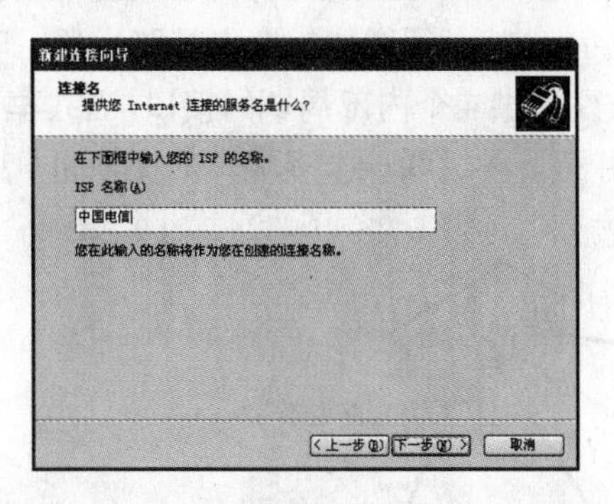

图 2-23　设置“连接名”

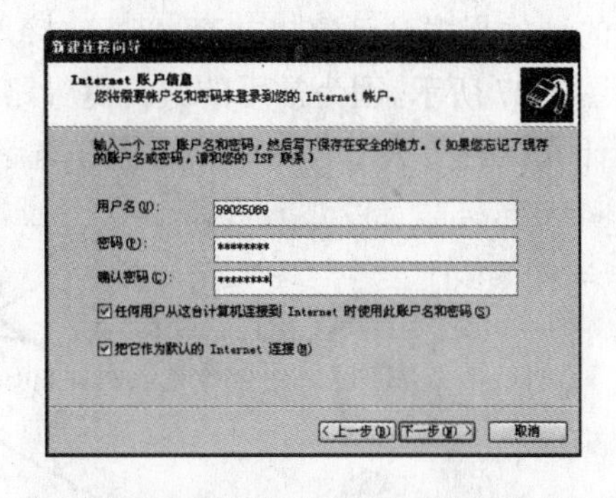

图 2-24　设置“Internet 账户信息”

（7）单击“下一步”按钮，进入向导的完成页面，如图 2-25 所示。选择“在我的桌面上添加一个到此连接的快捷方式”复选框，将会在桌面上创建一个当前所建连接的快捷方式。

（8）单击“完成”按钮，完成 ADSL 连接的创建。

（9）ADSL 的上网连接已经完成，如果需要访问 Internet，在桌面上双击刚才建立的连接图标，如“中国电信”图标，此时会打开图 2-26 所示的对话框，然后单击“连接”按钮，计算机就通过 ADSL Modem 连接到 Internet 上去了。此时可以打开浏览器访问 Internet 访问或进行其他网上操作。

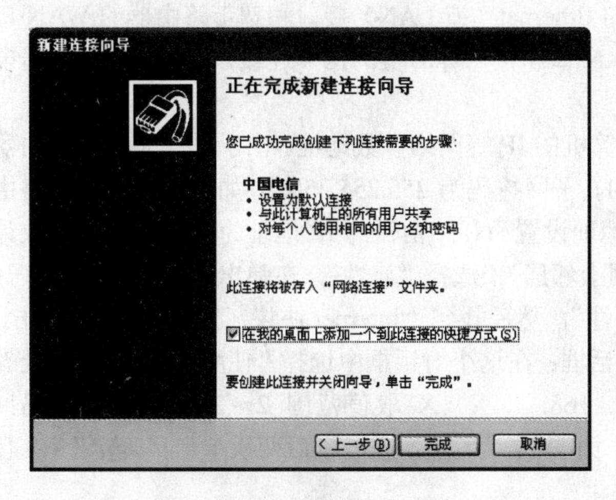

图 2-25　完成新建连接向导

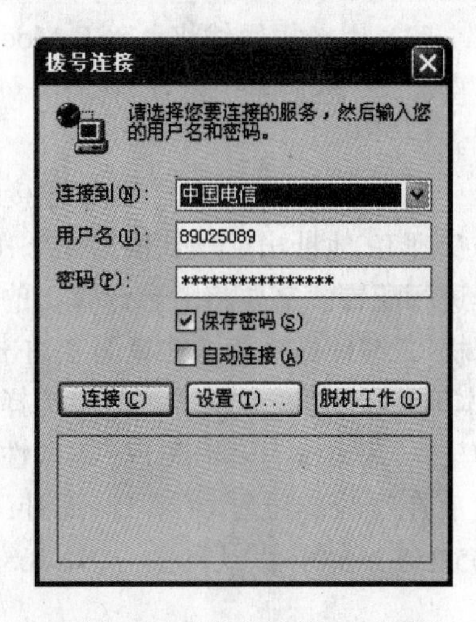

图 2-26　“拨号连接”对话框

2.1.5　任务四　共享 ADSL 接入 Internet

1. 预备知识

原则上，电信部门只为一台需要上网的计算机开通一条 ADSL 上网线路，但是许多工作人员为了节省成本，想用多台计算机共享 ADSL 接入 Internet。这种需求从技术上讲是可以满足的。如果多台计算机共享 ADSL 接入 Internet 就必须增加一个宽带路由器，其拓扑结构如图 2-27 所示。因为常用的廉价宽带路由器只提供 4 个内部局域网接口，当共享 ADSL 上网的计算机台数大于 4 台时，还需在宽带路由器下再级联一个多端口的交换机。

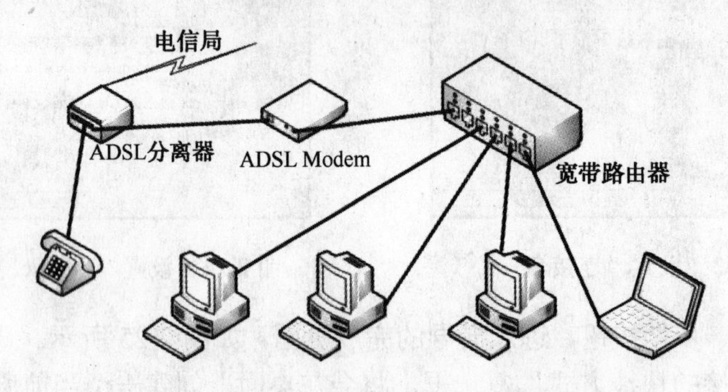

图 2-27　共享 ADSL 接入 Internet 的拓扑结构

2. 操作步骤

（1）分别在各计算机上安装局域网卡，如果各计算机主板集成有网卡，则直接进入下一步骤。

（2）根据需要联网的计算机台数按本章任务一的步骤制作数根网线，并将各计算机与宽带路由器的局域网（LAN）口连接起来。

（3）用一根网线将 ADSL Modem 的 Ethernet（或 LAN）接口和宽带路由器的 WAN 口连接起来，然后再用网线将路由器的 LAN 口和任一计算机的网卡连接，最后打开路由器电源。

（4）修改与宽带路由器相连接的计算机的 IP 等网络参数地址。由于目前大多数路由器的管理 IP 地址出厂默认值为 192.168.1.1，子网掩码为 255.255.255.0，如果需要对宽带路由器进行配置，需要将一台计算机的 IP 地址设置为和路由器的 IP 地址为同一网段。修改计算机 IP 地址方法为：在桌面上右击“网上邻居”，选择“属性”，在弹出的窗口中双击打开“本地连接”，在弹出的菜单中选择“属性”，然后找到“Internet 协议（TCP/IP）”并双击，弹出“Internet 协议（TCP/IP）属性”对话框；在这个对话框中选择“使用下面的 IP 地址”，然后在对应的位置填入 IP 地址：192. 168. 1. X（X 取值范围 2～254），子网掩码：255.255.255.0，默认网关：192.168.1.1，如图 2-28 所示，完成以后两次单击“确定”按钮。

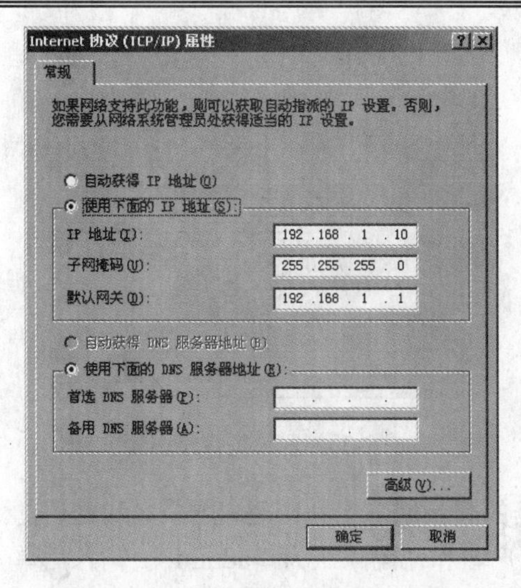

图 2-28 设置计算机的 IP 地址等参数

（5）检查本地计算机能否与路由器进行通信。回到桌面，单击“开始”菜单，选择“运行”，然后在“运行”对话框中输入“ping 192.168.1.1”后选择“确定”，观察运行结果。如果出现图 2-29 所示的窗口即表示计算机和路由器连接正确。

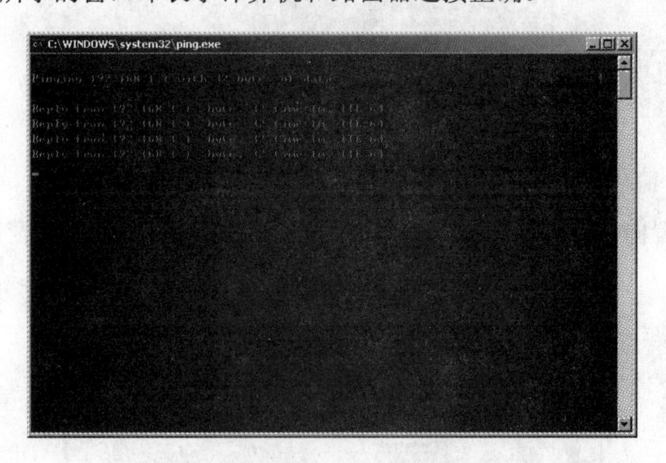

图 2-29 检查计算机与路由器通信情况

（6）检查 Internet 连接是否正确。在桌面上双击“Internet Explorer”打开浏览器，然后选择“工具”菜单中的“Internet”选项，选择“连接”选项卡，查看“拨号和虚拟专用网络设置”中内容是否为空，如果不为空，将其内容删除。单击“局域网设置”打开“局域网（LAN）设置”对话框，查看是否选中有其他内容，如果有请去掉。

（7）回到浏览器中，在地址栏中输入“http://192.168.1.1”后回车，连接到宽带路由器。如果通信正常则出现图 2-30 所示对话框。本文以 TP-LINK 的“TL-R402M”SOHO 宽带路由器产品为例。

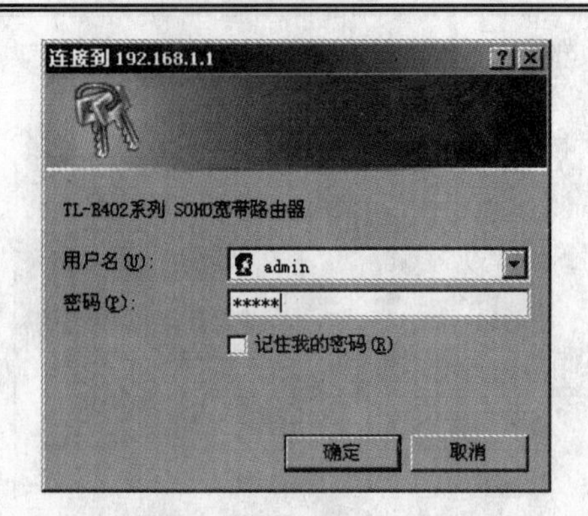

图 2-30　登录宽带路由器

（8）输入宽带路由器的登录用户名和密码，用户名和密码的默认值可以在产品说明书中找到。大多数设备的用户名和密码默认为“admin”。输入后单击“确定”按钮，出现图 2-31 所示的窗口。

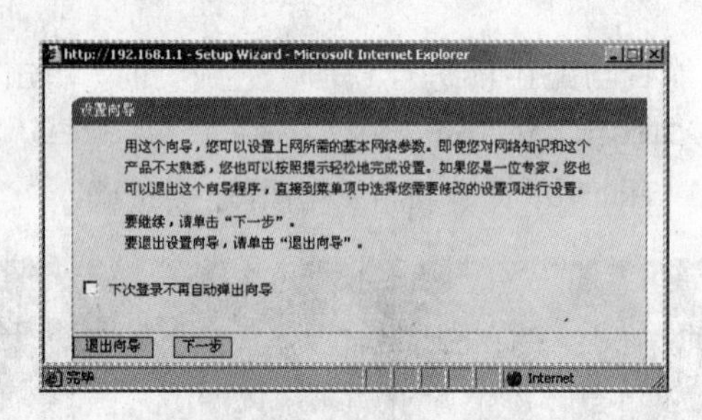

图 2-31　宽带路由器设置向导

（9）根据设置向导提示，选择“下一步”按钮，进入图 2-32 所示窗口。

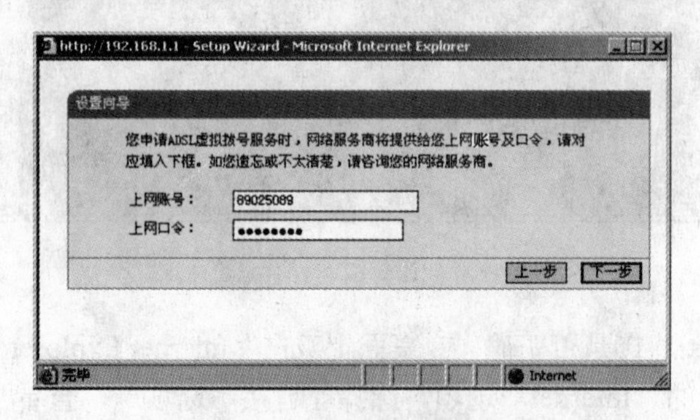

图 2-32　宽带路由器登录密码设置

（10）在设置向导窗口中输入 ISP（电信服务提供商）即电信部门提供的上网用户名和密码。然后单击“下一步”按钮，进入图 2-33 所示的窗口。

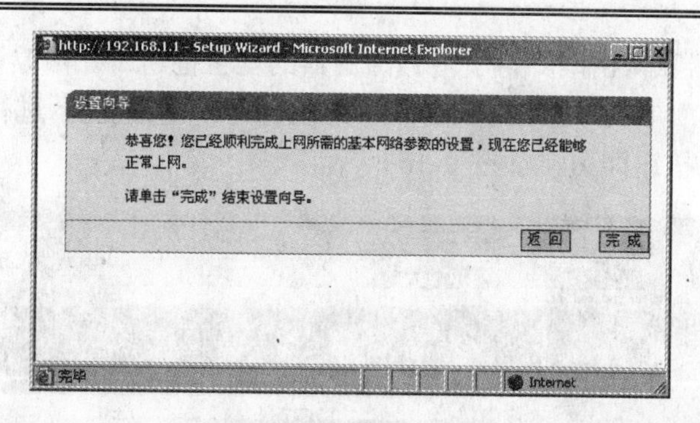

图 2-33　宽带路由器设置向导完成

（11）单击"完成"按钮，回到路由器配置的主窗口，如图 2-34 所示。

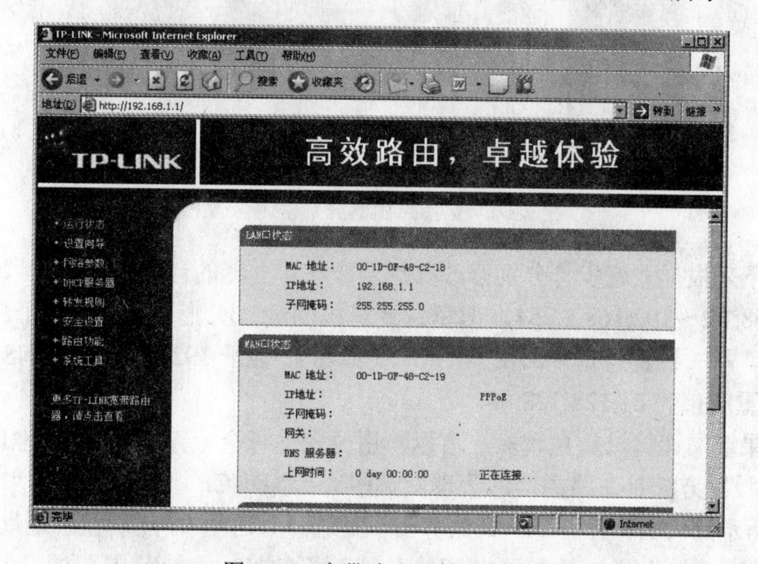

图 2-34　宽带路由器管理界面

（12）此时路由器的基本配置已经完成。在窗口中选择"系统工具"中的"系统日志"，可以看到设置已经开始正常工作，如图 2-35 所示。

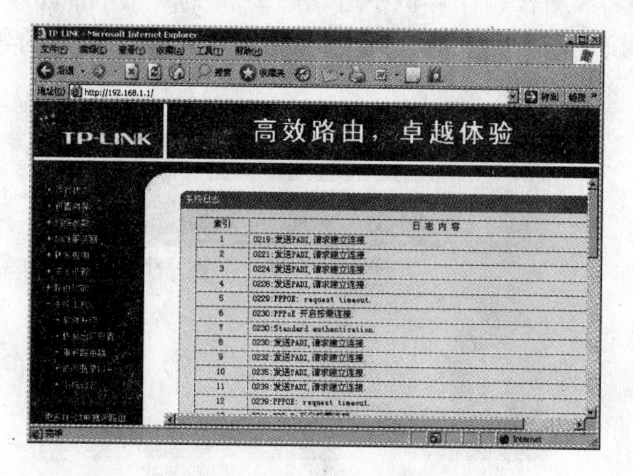

图 2-35　宽带路由器运行日志

（13）修改路由器默认密码。为了增强路由器的安全性，最好修改设备的默认密码。方法是选择“系统工具”中的“修改登录口令”按钮，然后根据提示进行相应的修改，修改完成后单击“保存”按钮即可，如图 2-36 所示。

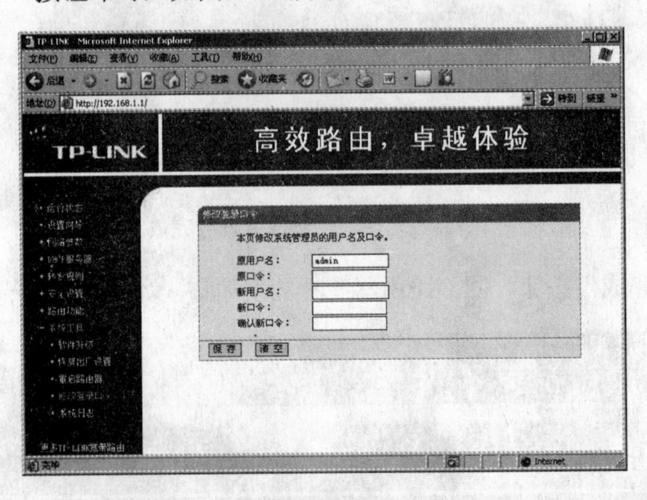

图 2-36　宽带路由器登录密码修改

（14）接下来根据上述步骤分别修改其他连接在路由器的计算机的 IP 地址，地址取值范围为 192.168.1.2～192.168.1.254，但每台计算机的 IP 地址不能相同。子网掩码设置为 255.255.255.0，网关设置为宽带路由器 LAN 端口的 IP 地址 192.168.1.1，DNS 服务器 IP 由 ISP 提供，如重庆市为 61.128.128.68。

（15）如果连网计算机数量较多，可以不用分别为每个计算机设置 IP 地址，由路由器来自动分配。设置方法是在路由器的管理网页中选择“DHCP 服务器”中的“DHCP 服务”，打开图 2-37 所示的网页。在“DHCP 服务器”处选择“启用”，然后在“地址池开始地址”和“地址池结束地址”栏中输入要分配给各计算机的 IP 地址范围，如 192.168.1.100～192.168.1.199，“地址租期”值可随意输入，网关地址为路由器 LAN 端口的 IP 地址 192.168.1.1，主、备用 DNS 服务器值由 ISP 提供。最后单击“保存”按钮，路由器便可为各计算机提供 IP 地址，然后在各计算机中进入图 2-28 的对话框，选择“自动获得 IP 地址”后单击两次“确定”按钮，回到桌面。此时需要共享 ADSL 上网的各计算机就可以访问 Internet 了。

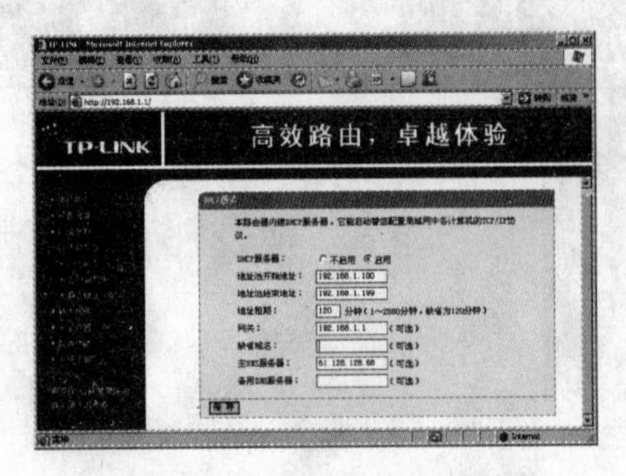

图 2-37　宽带路由器 DHCP 设置

提示：由于收费原因，目前有的 ISP 不同意用户通过 ADSL 共享方式连接 Internet，他们会将用户注册的 MAC 地址和 ADSL 登录电话号码捆绑起来。其结果是其他计算机不能访问 Internet，解决方法是在路由器的管理网页中选择"网络参数"中的"MAC 地址克隆"，打开图 2-38 所示的网页。在 MAC 地址栏中填入用户注册的 MAC 地址，最后选择"保存"按钮，退出设置。

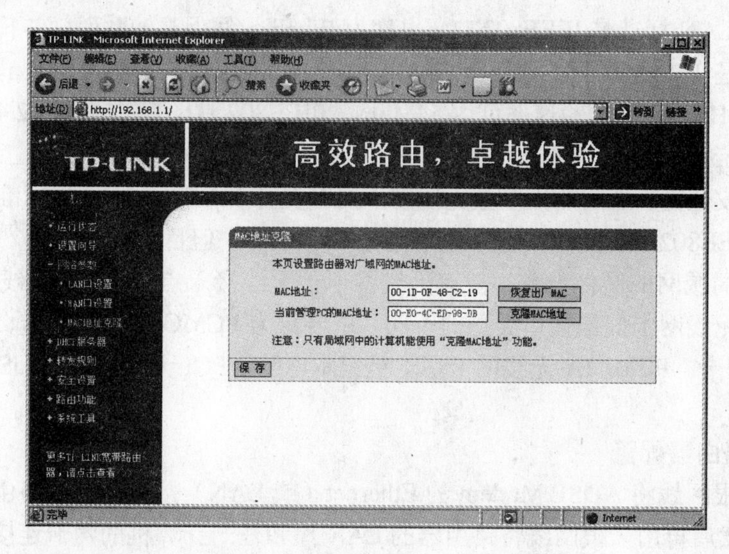

图 2-38　宽带路由器 MAC 克隆设置

2.1.6 任务五　共享 ADSL 无线接入 Internet

1．预备知识

由于移动办公的需要，单位部分员工的笔记本电脑、PDA 手持设备、智能手机需要通过共享 ADSL 接入 Internet，有时也因为工作环境不能像任务四那样通过有线方式实现共享 ADSL 接入 Internet。如果计算机或掌上手机等智能设备需要共享 ADSL 接入 Internet 就必须增加一个无线宽带路由器，其拓扑结构如图 2-39 所示。

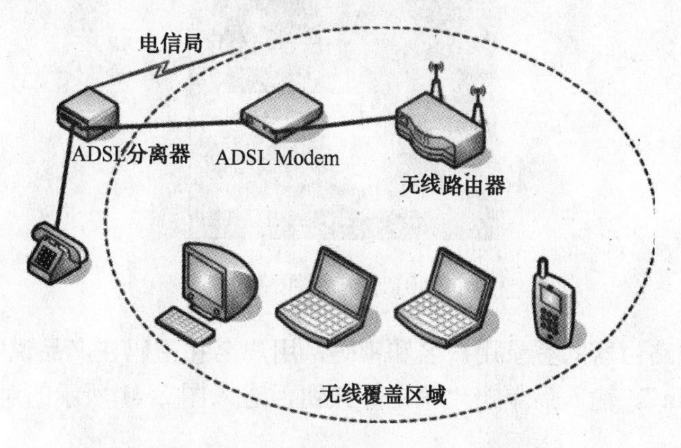

图 2-39　共享 ADSL 无线接入 Internet 拓扑结构

无线局域网也称为 WLAN（Wireless Local Area Network），是利用无线通信技术在一定的局部范围内建立的网络，是计算机网络与无线通信技术相结合的产物。它以无线多址信道作为传输媒介，提供传统有线局域网的功能，能够使用户真正实现随时、随地、随意地宽带网络接入。无线网络通常应用于移动办公、公共场所、难以布线的场所、频繁变化的环境等场合，可作为有线网络很好的备用和补充。

常用的 WLAN 标准是 IEEE802.11（也称为 Wi-Fi 无线保真）系列，它下面有一系列子标准，常见的是 IEEE802.11a、IEEE802.11b、IEEE802.11g 和 IEEE802.11n。IEEE802.11a 工作频段为 5GHz，数据传输速率可达 54Mbps，IEEE802.11b 工作频段为 2.4GHz，数据传输速率为 11Mbps，而另一个传输速率和 IEEE802.11a 相同的 IEEE802.11g 工作在 2.4GHz，但具有较高的安全性。当前的大多数无线网卡同时支持 IEEE802.11a/b/g 标准。最新的商用产品是基于 IEEE802.11n 的，其传输速率可达 200Mbps，但目前价格较贵。

组建无线局域网的硬件设备主要有无线网卡、无线接入点（AP）、无线路由器和无线网桥。常见的无线网卡根据接口类型的不同，主要分为 PCMCIA 无线网卡、PCI 无线网卡和 USB 无线网卡。PCMCIA 无线网卡用于笔记本电脑，PCI 无线网卡和 USB 无线网卡用于台式电脑。

2. 无线路由器配置

（1）用一根网线将 ADSL Modem 的 Ethernet（或 LAN）接口和无线路由器的 WAN 接口连接起来，然后再用一根网线将路由器的 LAN 口和任一计算机的网卡连接，最后打开路由器电源。

（2）修改与无线路由器相连接的计算机的 IP 等网络参数地址。设置方法和本章任务四中第 4 步相同。设置好后再检查计算机和无线路由器的通信是否正常，如果不能访问路由器请按任务四中第 5 步、第 6 步进行问题排除。

（3）在浏览器中访问无线路由器，在地址栏中输入“http://192.168.1.1”后回车，连接到宽带路由器。如果通信正常则会出现图 2-40 所示对话框。本文以锐捷网络的 RG-WSG108R 高速无线局域网宽带路由器产品为例，其他品牌同类产品配置方法类似。

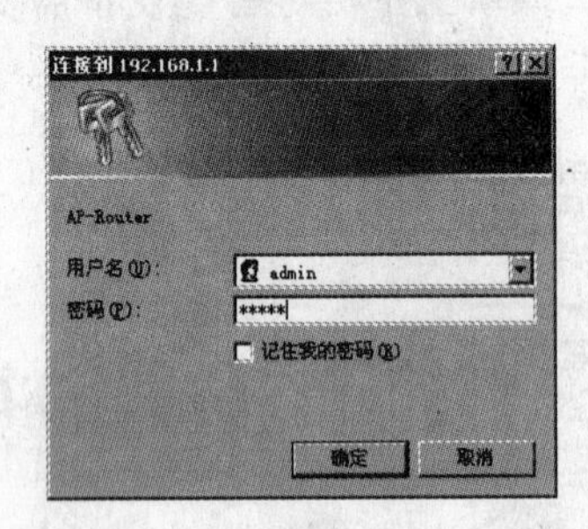

图 2-40　登录无线路由器

（4）输入无线路由器的登录用户名和密码，用户名和密码在产品说明书中提供，通常默认值都为“admin”。输入后单击“确定”按钮，进入图 2-41 所示的对话框。

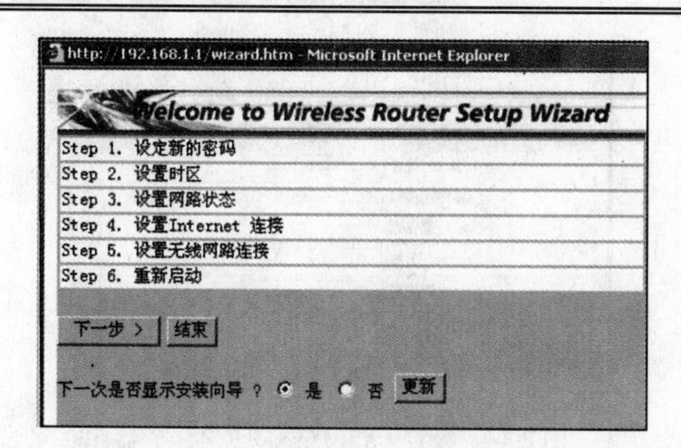

图 2-41　无线路由器设置向导

（5）进入设置向导窗口，其中需要设置的内容有管理密码、时区、网络状态、Internet 连接参数、无线局域网内网参数等。根据提示单击“下一步”按钮，进入图 2-42 所示的密码设置窗口。

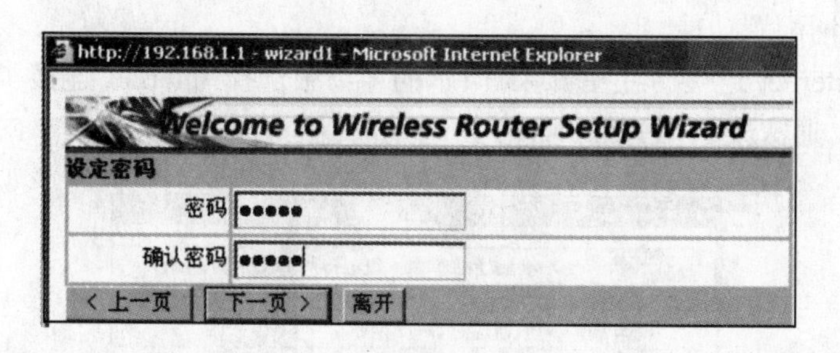

图 2-42　无线路由器管理密码设置

（6）设置无线路由器的管理密码。此密码是管理人员登录路由器进行配置和管理的密码，设置好后单击“下一步”按钮，进入图 2-43 所示时区设置窗口。

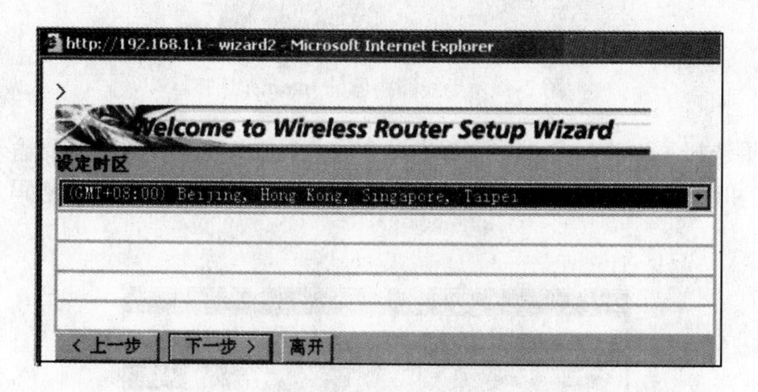

图 2-43　无线路由器时区设置

（7）设置无线路由器工作时区。因为路由器在工作时要产生含时间的日志，所以需要设置为用户所在地的时区，在中国境内都选择为“（GMT+08:00）Beijing,Hong Kong,Singapore,Taipei”。设置好后单击“下一步”按钮，进入图 2-44 所示窗口。

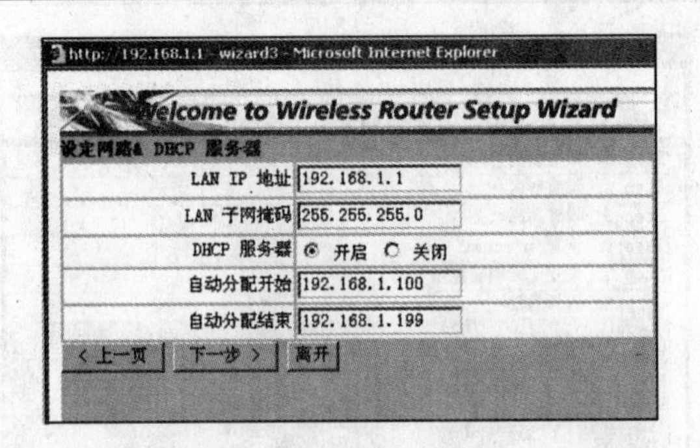

图 2-44　设定无线网络&DHCP 服务器

（8）设置无线路由器局域网络。在“LAN IP 地址”栏中输入路由器的内网 IP 地址，“LAN 子网掩码”栏中输入路由器的内网掩码。如果不想分别对通过无线网络上网的计算机设置 IP 地址等参数，可开启路由器的 DHCP 服务功能，方法是在“DHCP 服务器”栏中选择“开启”，然后再设置要自动分配的 IP 地址范围。设置好后单击“下一步”按钮，路由器将启动广域网配置功能。

（9）设置 Internet 连接。在图 2-45 所示的窗口中选择 Internet 连接类型。如果是共享 ADSL 方式上网，通常选择“PPPoE 拨号 IP 自动取得”单选按钮，然后单击“下一步”按钮。

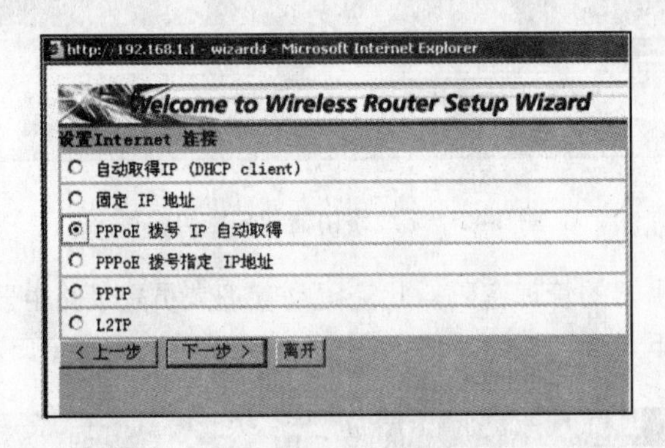

图 2-45　无线路由器的 Internet 连接

（10）如果选择了“PPPoE 拨号 IP 自动取得”Internet 连接，就需要输入 ADSL 拨号上网的用户名和密码。在图 2-46 所示的窗口中输入 ISP 提供的用户名和密码，然后单击“下一步”按钮。

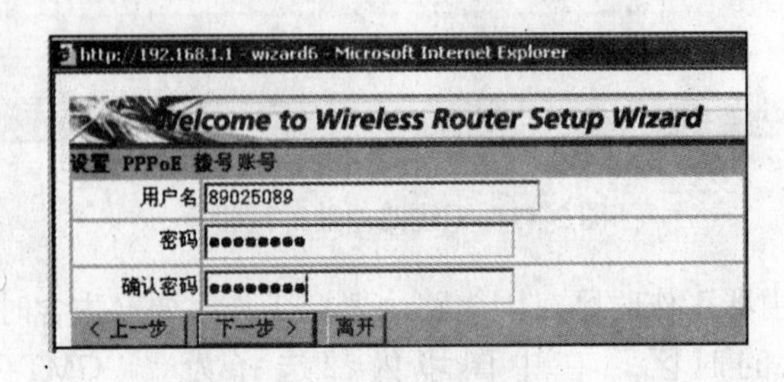

图 2-46　设置 PPPoE 拨账号

（11）设置无线路由器的工作频道。当无线路由器工作时，需要开启无线网络功能，并设置它的工作频道和频道名称。在图 2-47 中单击“开启”单选按钮启动路由器的无线功能，然后为此无线路由器设置一个工作名称，并选择一个工作频道，本例中取名为“Office1”，频道选择为“1”。通常，一个路由器可选择 16 个不同的频道工作。设置完成后单击“下一步”按钮。

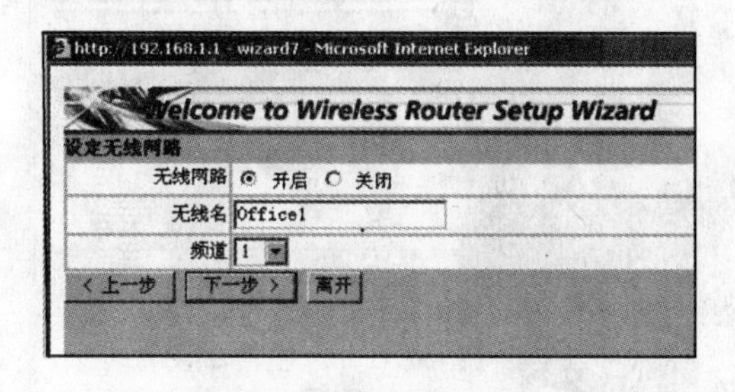

图 2-47　设置无线网络

（12）最后完成无线路由器的基本设置，操作界面如图 2-48 所示，重新启动路由器，路由器开始正常工作，可以接受无线网卡的接入了。

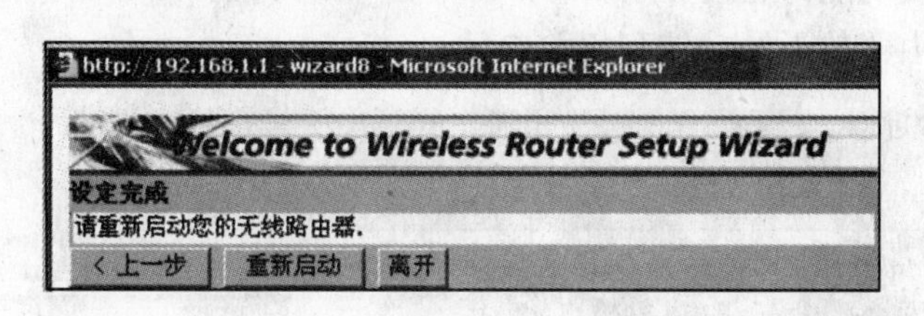

图 2-48　完成无线路由器设置

（13）修改路由器内网参数值。无线路由器重新启动后再按照步骤 3 登录路由器的管理界面，选择“网络设定”→“LAN&与 DHCP 服务器”，打开图 2-49 所示的窗口，可以根据提示对路由器所连接的内部网络进行设置。

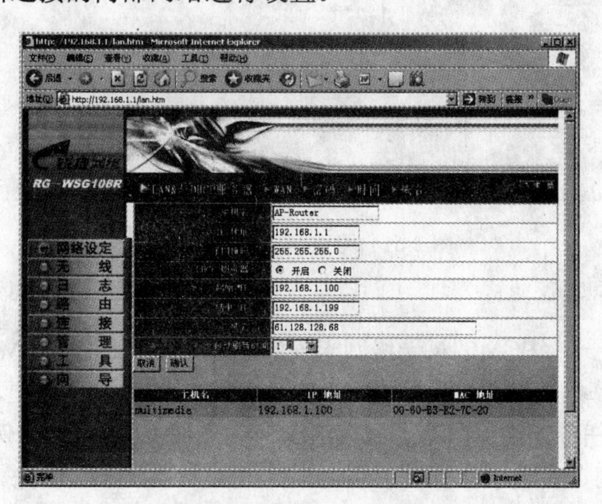

图 2-49　LAN&与 DHCP 服务器设置

（14）修改路由器的外网参数值。选择“网络设定”→WAN，打开图 2-50 所示的窗口，可以根据提示对路由器所连接的外部网络进行设置，包括设置外网和 Internet 的联网方式等。

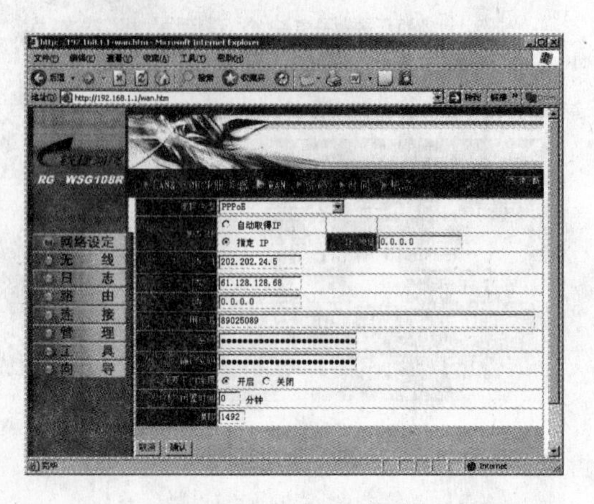

图 2-50 WAN 设置

（15）设置无线功能。选择“无线”→“基础”，打开图 2-51 所示的窗口，可以参照步骤 11 设置无线路由器的无线功能和相关参数。

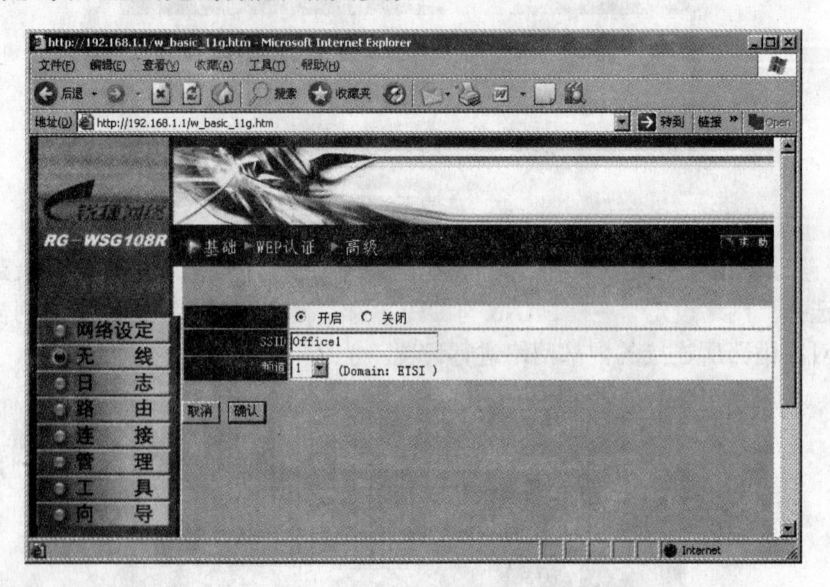

图 2-51 无线路由器基础设置

3．无线网卡配置

（1）安装无线网卡。PCMCIA 无线网卡安装于笔记本电脑的 PCMCIA 插槽，PCI 无线网卡安装于台式计算机的 PCI 插槽中，USB 无线网卡的安装最方便，直接插入计算机的 USB 接口即可。本任务以锐捷网络公司的 RG-54G 无线 USB 网卡为例。

（2）当把无线网卡安装于计算机后启动计算机（USB 网卡可以先启动系统再插入 USB 接口），系统会找到新硬件，并出现图 2-52 所示的新硬件安装向导。

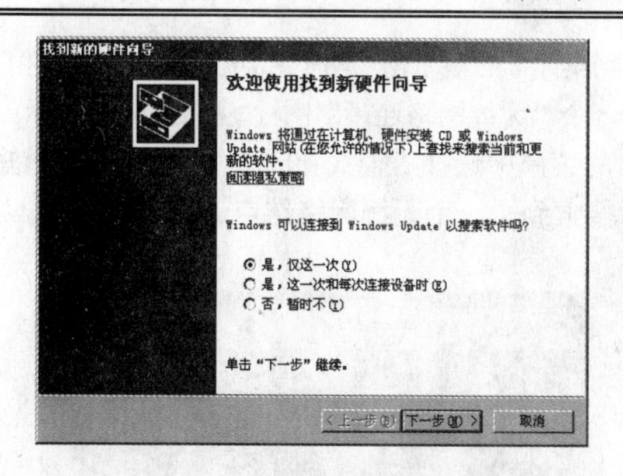

图 2-52　找到新硬件向导

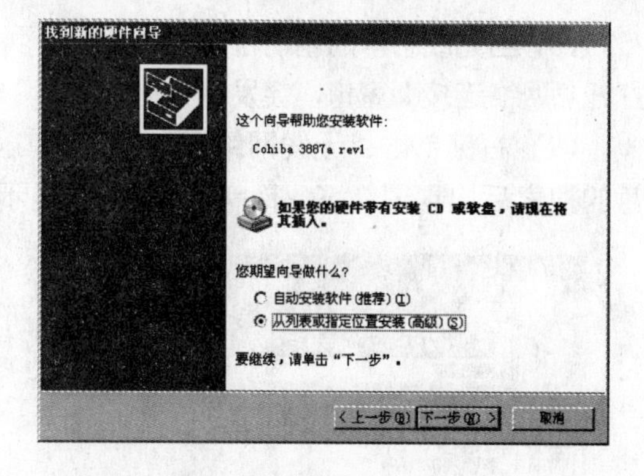

图 2-53　新硬件驱动安装方式

（3）单击“下一步”按钮出现图 2-53 所示对话框，选择“从列表或指定位置安装”单选按钮，单击“下一步”按钮。

（4）将无线网卡的驱动光盘装入计算机光驱，按图 2-54 所示，选择从光盘搜索驱动程序，并单击“下一步”按钮。

（5）将作系统此时搜索驱动光盘，最后找到与此无线网卡相对应的驱动程序，如图 2-55 所示。再单击“下一步”按钮。

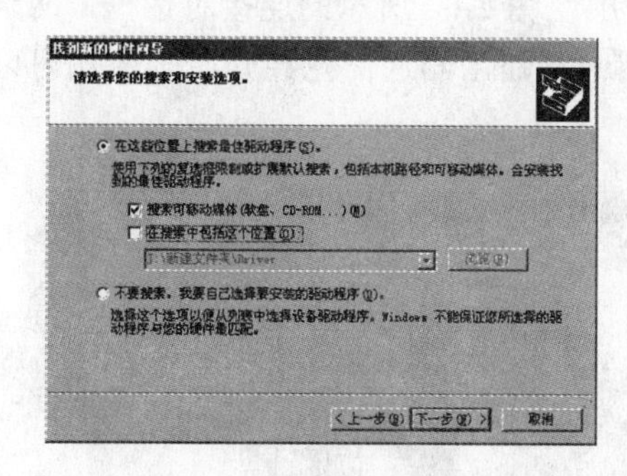

图 2-54　指定驱动程序安装方式

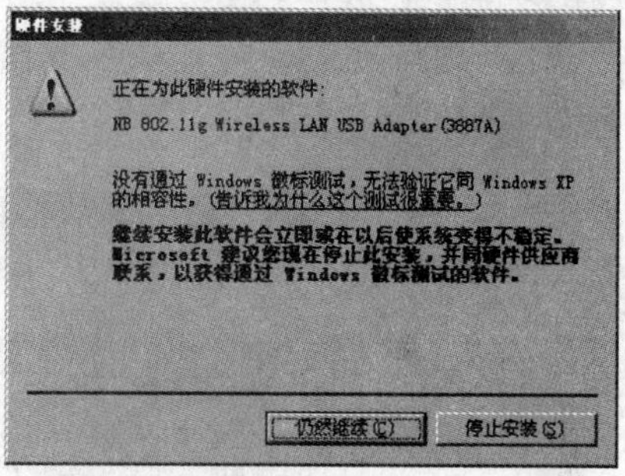

图 2-55　系统找到驱动程序

（6）系统找到网卡的驱动程序后开始从光盘复制驱动程序到计算机，如图 2-56 所示。

（7）无线网卡的驱动程序安装完成后进行提示，如图 2-57 所示，单击“完成”按钮退出驱动程序的安装。此时无线网卡驱动程序安装完毕，可以启用硬件了。

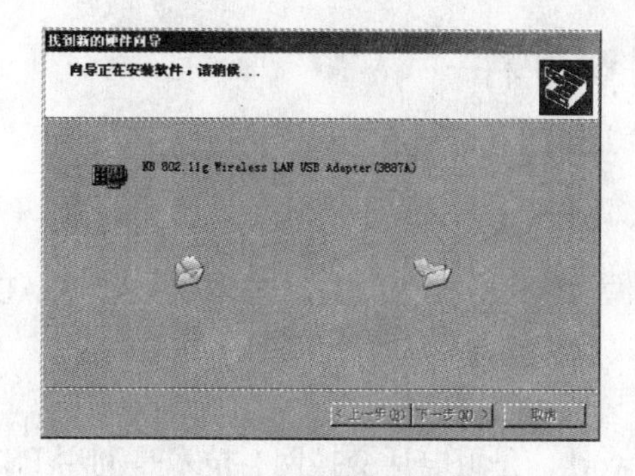

图 2-56　系统安装驱动程序

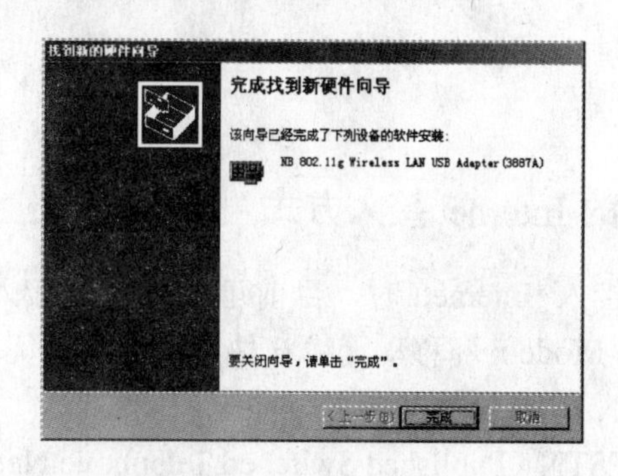

图 2-57　驱动程序安装完成

（8）当无线网卡的驱动程序安装完成后回到桌面，右键单击“网上邻居”并选择“属性”，打开“网络连接”窗口，会发现该窗口中多了一个“无线网络连接”图标，如图 2-58 所示。

（9）右键单击“无线网络连接”，在弹出的菜单中选择“查找新的无线网络”，经过短暂的搜索后出现图 2-59 所示的对话框，提示搜索到了一个无线网络结点“Office1”。

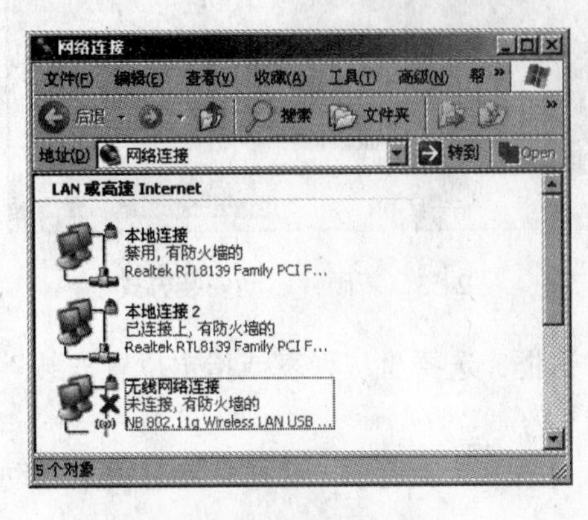

图 2-58　“网络连接”窗口

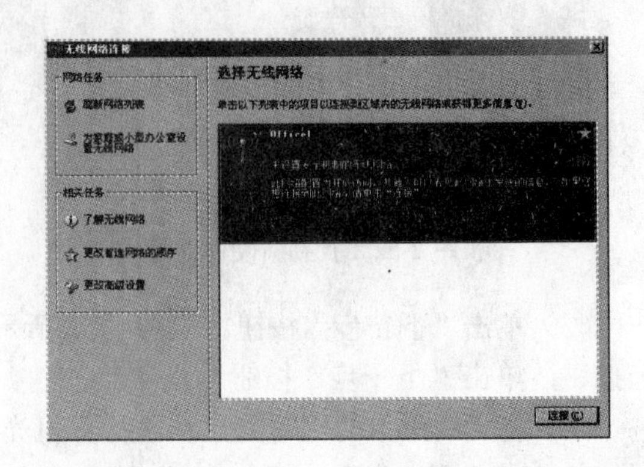

图 2-59　“无线网络连接”对话框

（10）在“无线网络连接”对话框中单击“连接”按钮，系统会出现一个提示可能存在安全性问题的对话框。选择“仍然连接”后会出现图 2-60 所示的连接对话框，网卡开始连接到无线路由器上去，当对话框消失后无线网卡和路由器通信已经开始。用户可以和其他计算机进行数据通信和资源共享了。

图 2-60　无线网卡登录路由器

（11）当需要断开无线连接时，右键单击桌面右下角的“无线网络连接”图标，打开“无线网络连接”对话框，单击“断开”即可。

2.2　阅读材料

常见的 Internet 接入方式

接入 Internet 时，目前可供选择的接入方式主要有 PSTN、DDN、LAN、ADSL、Cable-Modem 和移动无线 6 种，它们各有优缺点。

1．PSTN 拨号上网

PSTN（Published Switched Telephone Network，公用电话交换网）技术是利用 PSTN 通

过调制解调器拨号实现用户接入的方式。这种接入方式在 2000 年左右非常流行，现在已经被淘汰，只是作为家庭上网的一种补充。它的最高速率为 56kbps，属于窄带网络接入范畴。只要有 Modem，就可把电话线接入 Modem，然后连接电脑的串行口就可以直接上网。用户在使用时不需申请就能使用，上网费直接在电话费中扣除，通常的拨号电话为 16300。

2．DDN 专线

DDN（Digital Data Network，数字数据网）是针对企业上网的一种 Internet 接入方式。它是随着数据通信业务发展而迅速发展起来的一种专用数字网络。DDN 的主干网传输媒介有光纤、数字微波、卫星信道等，用户端多使用普通电缆和双绞线。DDN 将数字通信技术、计算机技术、光纤通信技术以及数字交叉连接技术有机地结合在一起，提供了高速度、高质量、性能稳定的通信环境，可以向用户提供点对点、点对多点透明传输的数据专线出租线路，为用户传输数据、图像、声音等信息。DDN 的通信速率可根据用户需要在 $N \times 64$kbps（N 的取值范围为 1～32）之间进行选择，速度越快租用费用就越高。DDN 的收费较贵，通常 128kbps 带宽线路的月租费用在 1000 元以上，不适合家庭用户使用。

3．ADSL 接入

DSL（数字用户线路，Digital Subscriber Line）是以铜质电话线为传输介质的传输技术组合，它包括 HDSL、SDSL、VDSL、ADSL 和 RADSL 等，一般称之为 xDSL。它们主要的区别体现在信号传输速度和距离的不同以及上行速率和下行速率对称性的不同这两个方面。

HDSL 与 SDSL 支持对称的 T1/E1（1.544Mbps/2.048Mbps）传输。其中 HDSL 的有效传输距离为 3～4 公里，且需要 2～4 对铜质双绞电话线；SDSL 最大有效传输距离为 3 公里，只需一对铜线。比较而言，对称 DSL 更适用于企业点对点连接应用，如文件传输、视频会议等收发数据量大致相应的工作。同非对称 DSL 相比，对称 DSL 的市场要小得多。

VDSL、ADSL 和 RADSL 属于非对称式传输。其中 VDSL 技术是 xDSL 技术中最快的一种，在一对铜质双绞电话线上，上行数据的速率为 13～52Mbps，下行数据的速率为 1.5～2.3Mbps，但是 VDSL 的传输距离只在几百米以内，VDSL 可以成为光纤到家庭的具有高性价比的替代方案，目前深圳的 VOD（Video On Demand）就是采用这种接入技术实现的；ADSL 在一对铜线上支持上行速率 640kbps 到 1Mbps，下行速率 1～8Mbps，有效传输距离在 3～5 公里范围以内；RADSL 能够提供的速度范围与 ADSL 基本相同，但它可以根据双绞铜线质量的优劣和传输距离的远近动态地调整用户的访问速度。正是 RADSL 的这些特点使 RADSL 成为用于网上高速冲浪、视频点播、远程局域网络访问的理想技术，因为在这些应用中用户下载的信息往往比上载的信息（发送指令）要多得多。

ADSL 接入服务具有较高的性能价格比，这一点与 ADSL 接入技术具有其独特的技术优势是分不开的。

4．Cable-Modem

Cable-Modem（线缆调制解调器）是针对有线电视网络的一种 Internet 接入方式，利用现成的有线电视（CATV）网进行数据传输，能提供的下载速率为 2 Mbps～40Mbps，上传速率在 500kbps～10Mbps 之间。但是由于目前我国的有线电视网多为单向传输方式，如果要提供 Internet 的接入服务需要对整个网络的传输线缆和传输设备进行双向化改造，因此目前商业应用较少。

5. 局域网接入 Internet

局域网方式接入是利用以太网技术，采用光缆＋双绞线的方式对社区进行综合布线。具体实施方案是从社区机房铺设光缆至住户单元楼，楼内布线采用五类双绞线铺设至用户家庭，双绞线总长度一般不超过 100 米，用户家中的电脑通过超五类双绞线接入墙上的五类模块就可以实现上网。社区机房的出口通过光缆或其他介质接入城域网。

采用 LAN 方式接入可以充分利用小区局域网的资源优势，为居民提供 10Mbps 以上的共享带宽，并可根据用户的需求升级到 100Mbps 以上。目前基于局域网的接入方式适用于大中型企业或住宅小区，包月费用较高。

6. 无线移动接入 Internet

无线移动上网主要用于笔记本电脑的窄带移动上网。用户需要使用基于手机卡的无线 Modem，通过移动通信网络上网，目前国内开通无线移动接入 Internet 的有中国移动的 GPRS 服务，中国联通的 CDMA 服务方式。在该接入方式中，一个基站可以覆盖直径 20 公里的区域，它采用共享带宽方式为客户端分配带宽，只要手机有信号的地方都可以上网，但是速度较慢，其最高速率只能达到 153kbps。

2.3 小 结

本章主要介绍了家用或小型办公企业计算机接入 Internet 的连接和设置方法。其具体内容有常用双绞线制作、ADSL 的设备安装和连接、通过 ADSL Modem 接入 Internet、共享 ADSL Modem 有线接入 Internet 和共享 ADSL Modem 无线接入 Internet 等。由于不同设备在具体配置时可能存在差异，用户参考本章内容，根据系统提示操作即可。

2.4 能力鉴定

本章主要为操作技能训练，能力鉴定以实训为主，对少数概念可以教师问学生答的方式检查掌握情况，学生能力鉴定记录如表 2-5 所示。

表 2-5 能力鉴定记录表

序号	项 目	鉴定内容	能	不能	教师签名	备注
1	项目 Internet 的接入	网线制作——直连双绞线制作				
2		ADSL 设备的安装和连接				
3		ADSL 接入 Internet				
4		共享 ADSL 接入 Internet				
5		共享 ADSL 无线接入 Internet				

习　题　2

一、选择题

1. 目前我国电信部门开设的 Internet 接入方法中没有________。

　A. 拨号上网　　　　B. ADSL 接入

　C. 电力线上网　　　D. 局域网接入方式

2. 目前大多数家庭和小型企业采用的 Internet 接入为 ADSL，它的下载速率通常为________。

　A. 2～6Mbps　　　　B. 12Mbps

　C. 56kbps　　　　　D. 100Mbps

3. 小型企业通过 ADSL 共享方式接入 Internet 时，下面材料中________不是必需的。

　A. ADSL Modem　　　B. 以太网网卡

　C. 宽带路由器　　　D. 普通拨号 Modem

4. 现在市场上的宽带无线路由器的初始管理 IP 地址通常是________。

　A. 动态获得　　　　B. 192.168.1.1

　C. 由用户指定　　　D. 172.16.01

二、简答题

1. 简述直连双绞线制作的步骤。
2. 简述常用 ADSL Modem 的接口有哪些？分别连接什么设备？
3. 简述常用 ADSL 宽带路由器的接口有哪些？分别连接什么设备？
4. 简述常用 ADSL 无线路由器的接口有哪些？分别连接什么设备？

第3章 信 息 收 集

1．能力目标

随着网络技术的发展，Internet 已经成为人们生活中不可或缺的一部分，它给我们的生活带来了很多便利。通过本章的学习与训练，学生能够轻松地进行网上浏览，通过使用浏览器，可以寻找并保存各种各样的资源，使学生能够通过浏览器窗口看世界。学会浏览器设置、信息搜索、使用收藏夹、保存网页，学会使用 Thunder（迅雷）下载资源、下载与安装看天下网络资讯浏览器、使用看天下网络资讯浏览器以及看天下网络资讯浏览器使用的高级技巧，了解 Maxthon 浏览器、Firefox 浏览器的使用。

2．教学建议

本章教学计划如表 3-1 所示。

表 3-1　教学计划表

<table>
<tr><th colspan="2">任　务</th><th>重点
（难点）</th><th>实 作 要 求</th><th>建议
学时</th></tr>
<tr><td rowspan="2">网上浏览与信息搜索</td><td>任务一 浏览器的设置</td><td></td><td>会对 IE 进行常用设置</td><td rowspan="2">2</td></tr>
<tr><td>任务二 信息搜索</td><td>重点</td><td>能使用搜索引擎熟练地进行网络信息搜索</td></tr>
<tr><td rowspan="4">保存网络资源</td><td>任务一 使用收藏夹</td><td>重点</td><td>会使用收藏夹收藏自己喜欢的页面</td><td rowspan="4">4</td></tr>
<tr><td>任务二 保存网页</td><td>重点</td><td>能保存自己需要的网页</td></tr>
<tr><td>任务三 使用 Thunder（迅雷）下载资源</td><td>重点</td><td>会使用迅雷软件下载网络资源</td></tr>
<tr><td>任务四 压缩软件 WinRAR 的使用</td><td>重点</td><td>会使用 Winrar 压缩和解压文件</td></tr>
<tr><td rowspan="6">RSS 资讯订阅</td><td>任务一 看天下网络资讯浏览器的下载与安装</td><td></td><td>会下载和安装看天下资讯浏览器</td><td rowspan="6">4</td></tr>
<tr><td>任务二 看天下网络资讯浏览器的使用</td><td></td><td>会使用看天下资讯浏览器</td></tr>
<tr><td>任务三 系统配置</td><td>难点</td><td>能进行系统配置管理</td></tr>
<tr><td>任务四 频道订阅与管理</td><td>难点</td><td>会频道订阅与管理</td></tr>
<tr><td>任务五 阅读与内容管理</td><td></td><td>会阅读并进行内容管理</td></tr>
<tr><td>任务六 看天下使用的高级技巧</td><td>难点</td><td>能够掌握一些高级使用技巧</td></tr>
<tr><td colspan="4">合计学时</td><td>10</td></tr>
</table>

教学资源准备：

（1）软件资源：IE浏览器、看天下网络资讯浏览器、Thunder（迅雷）软件，WinRAR压缩软件。

（2）硬件资源：安装Windows XP操作系统的计算机；每台计算机配备一套带麦克风的耳机。

3．应用背景

小张是某公司的办公室秘书，经常要收集并保存整理各种资料信息，同时也要为公司领导解决很多日常琐事，网络就是她的一个很好的助手，可以帮助她更好、更有效率地完成工作。那么对于她该如何更快更熟练掌握上网技巧呢？

3.1　项目一　网上浏览与信息搜索

3.1.1　预备知识

Internet Explorer（简称IE）是由微软公司基于Mosaic开发的网络浏览器。IE是使用计算机网络时必备的重要工具软件之一，在互联网应用领域甚至是必不可少的。Internet Explorer与Netscape类似，也内置了一些应用程序，具有浏览、发邮件、下载软件等多种网络功能，有了它，使用者基本就可以在网上任意驰骋了。

3.1.2　任务一　浏览器的设置

1．设置默认主页

若用户对IE浏览器的默认设置不满意，也可以更改其设置，使其更符合用户的个人使用习惯。

在启动IE浏览器的同时，IE浏览器会自动打开其默认主页，通常为Microsoft公司的主页。我们也可以自己设定在启动IE浏览器时打开其他的Web网页，具体设置步骤如下：

（1）启动IE浏览器。

（2）打开要设置为默认主页的Web网页。

（3）选择“工具”→“Internet选项”命令，打开“Internet选项”对话框，选择“常规”选项卡，如图3-1所示。

（4）在“主页”选项组中单击“使用当前页”按钮，可将启动IE浏览器时打开的默认主页设置为当前打开的Web网页；若单击“使用默认页”按钮，可在启动IE浏览器时打开默认主页；若单击“使用空白页”按钮，可在启动IE浏览器时不打开任何网页。

注意：用户也可以在“地址”文本框中直接输入某Web网站的地址，将其设置为默认的主页。

2．加快网页浏览速度设置

我们在网络上查找的信息往往以文字的形式存在，因此，相对来说其他的图片信息显得不是十分重要，而声音、图片以及视频信息是使网页下载显得“慢”的关键。我们可以将这些内容屏蔽掉，而在需要的时候显示它，这样就可以大大加快网页的浏览速度。

下面是屏蔽声音、图片及视频信息的具体操作方法。

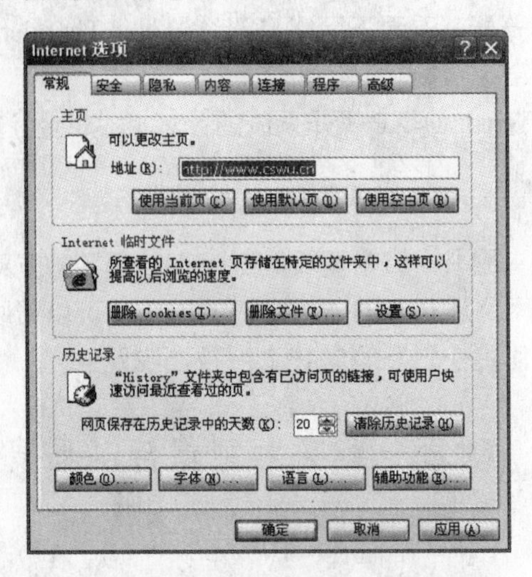

图 3-1　“Internet 选项”对话框

（1）打开“工具”菜单，单击“Internet 选项”，选择“高级”选项卡。

（2）在“设置”栏中找到多媒体，将其下面的播放动画、播放声音、播放视频、显示图片前面的复选框取消，如图 3-2 所示。此后，浏览网页时，就不会传输这些文件了。

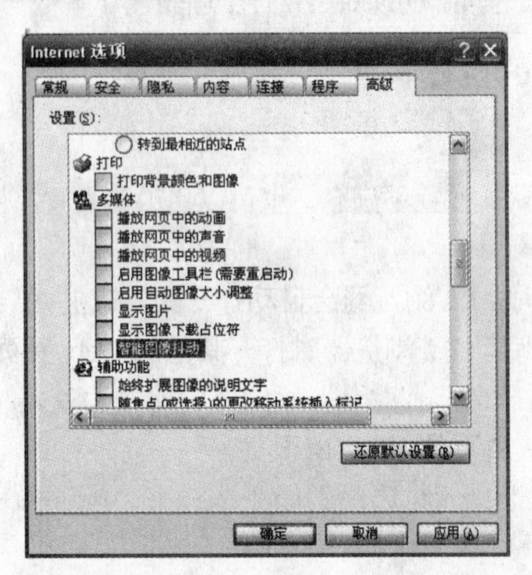

图 3-2　“Internet 选项”对话框

如果还需要查看个别的图片，可以在未显示图片的区域单击右键，选择“显示图片”命令，如图 3-3 所示，便开始传输图片信息，这样就可以看到图片了。

3．设置历史记录的保存时间

在 IE 浏览器中，用户只要单击工具栏上的“历史”按钮就可查看所有浏览过的网站的记录，长期下来历史记录会越来越多。这时用户可以在“Internet 选项”对话框中设定历史记录的保存时间，这样一段时间后，系统会自动清除这一段时间的历史记录。

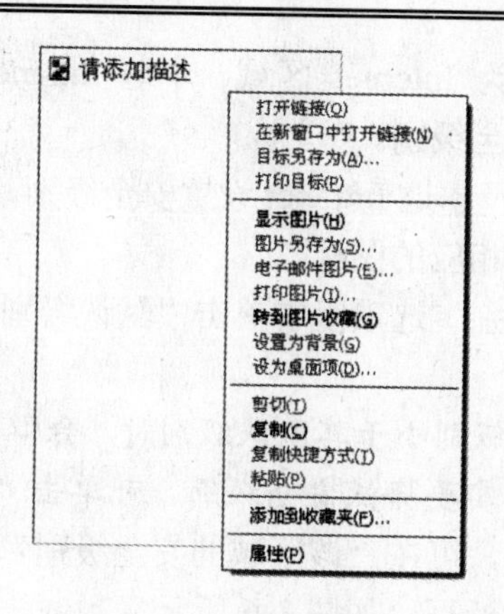

图 3-3　显示图片

设置历史记录的保存时间，可执行下列步骤：

（1）启动 IE 浏览器。

（2）选择“工具”→“Internet 选项”命令，打开“Internet 选项”对话框。

（3）选择“常规”选项卡。

（4）在“历史记录”选项组的“网页保存在历史记录中的天数”数值框中输入历史记录的保存天数即可。

（5）单击“清除历史记录”按钮，可清除已有的历史记录。

（6）设置完毕后，单击“应用”和“确定”按钮即可。

4．进行 Internet 安全设置

Internet 的安全问题对很多人来说并不陌生，但是真正了解它并引起足够重视的人却不多。其实在 IE 浏览器中就提供了对 Internet 进行安全设置的功能，用户使用它就可以对 Internet 进行一些基础的安全设置，具体操作如下：

（1）启动 IE 浏览器。

（2）选择“工具”→“Internet 选项”命令，打开“Internet 选项”对话框。

（3）选择“安全”选项，如图 3-4 所示。

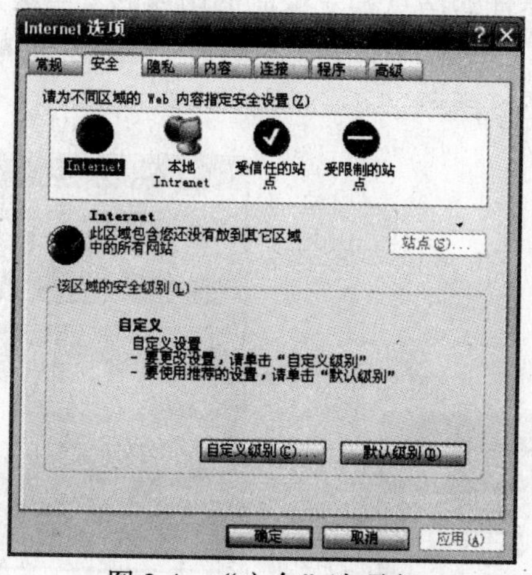

图 3-4　“安全”选项卡

（4）在该选项卡中用户可为 Internet 区域、本地 Intranet（企业内部互联网）、受信任的站点及受限制的站点设定安全级别。

（5）若要对 Internet 区域及本地 Intranet 设置安全级别，可选中“请为不同区域的 Web 内容指定安全级别”列表框中相应的图标。

（6）在“该区域的安全级别”选项组中单击“默认级别”按钮，拖动滑块既可调整默认的安全级别。

注意： *若用户调整的安全级别小于其默认级别时，会弹出警告对话框，如图 3-5 所示。在该对话框中，若用户确实要降低安全级别，可单击“确定”按钮。*

（7）若要自定义安全级别，可在“该区域的安全级别”选项组中单击“自定义级别”按钮，将弹出“安全设置”对话框，如图 3-6 所示。

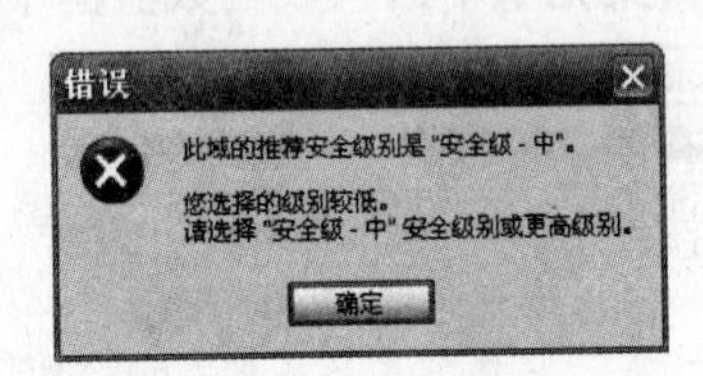

图 3-5　错误警告对话框

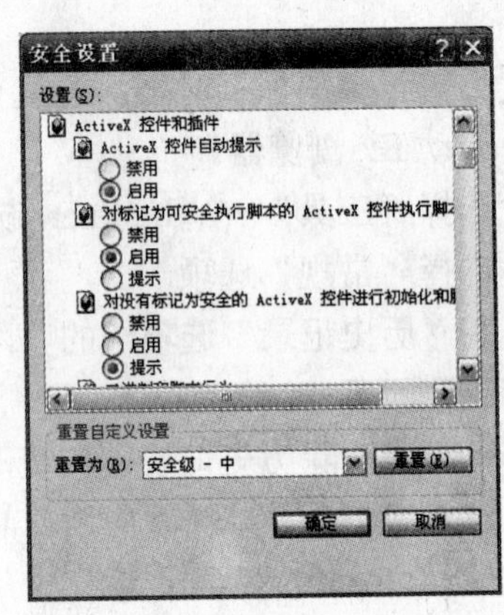

图 3-6　“安全设置”对话框

（8）在该对话框中的“设置”列表框中可对各选项进行设置。在“重置自定义设置”选项组中的“设置为”下拉列表中选择安全级别，单击“重置”按钮即可更改为重新设置的安全级别。这时将弹出“警告”对话框，如图 3-7 所示。

（9）若用户确定要更改该区域的安全设置，单击“是”按钮即可。

（10）若用户要设置受信任的站点和受限制的站点的安全级别，可选择“请为不同区域的 Web 内容指定安全级别”，单击“受信任的站点”图标。再单击“站点”按钮，将弹出“可信站点”对话框，如图 3-8 所示。

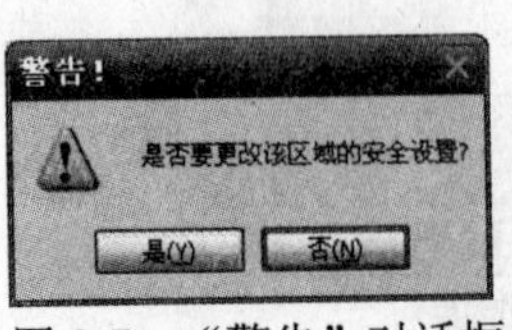

图 3-7　“警告”对话框

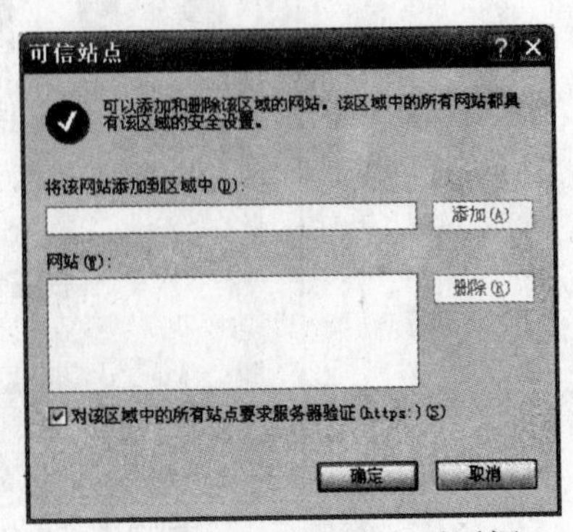

图 3-8　“可信站点”对话框

（11）在该对话框中，用户可在“将该 Web 站点添加到区域中”文本框中输入可信站点的网址，单击“添加”按钮，即可将其添加到“网站”列表框中。选中某 Web 站点的网址，单击“删除”按钮，可将其删除。

（12）设置完毕后，单击“确定”按钮即可。

参考（6）～（9）步，对受限站点设置安全级别。

注意：同一站点类别中的所有站点均使用同一安全级别。

3.1.3 任务二 信息搜索

1. Google

Google 实质上还是一个网站，只不过它的主要功能是提供网络的资源搜索，所以用户要打开浏览器进入 Google 的主页面。操作方法如下：

打开浏览器，在地址栏中输入 www.google.cn 后按回车键或单击“转到”按钮，即可进入 Google 的主页面，如图 3-9 所示。

图 3-9 Google 搜索引擎

在默认情况下，Google 对网页类进行搜索。

1）使用 Google 搜索网页

常用方式搜索

使用 Google 进行网页搜索很简单，只需要在窗口的文本框中输入搜索内容的关键字，例如用户需要搜索“北京 2008”的相关信息，只需要按以下步骤操作：

（1）在 Google 的主页面的文本框中输入“北京 2008”，再单击“Google 搜索”按钮即可，如图 3-10 所示。“北京 2008”显示为红色。

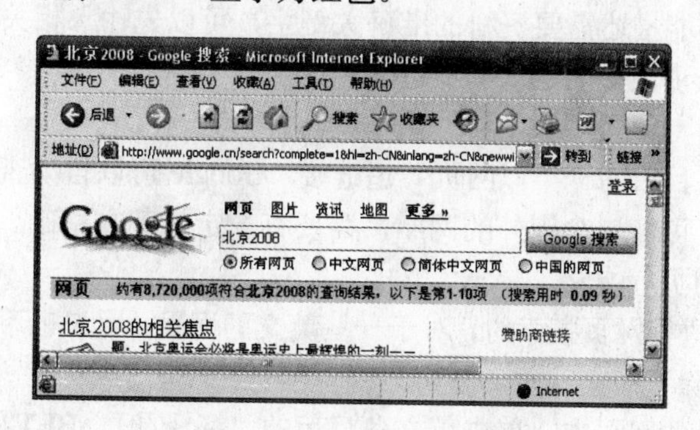

图 3-10 Google 搜索结果

（2）在各条目的上方显示搜索到结果的数量：“约有 8,720,000 项符合北京 2008 的查询结果，以下是第 1～10 项”。用户可以单击适合的条目，展开该条目的详细内容。

（3）在网页的页末，用户可以通过单击“Gooooooooogle”单词中的每一个“o”来进行翻页，或者在“结果页码”栏单击数字页码，如图 3-11 所示。

图 3-11　Google 搜索引擎

提示：需要打开下一页，单击“下一页”超链接即可。

相似关键字搜索

用户对关键字进行搜索后，Google 将给出相似关键字，这些相似关键字可能对需要搜索的信息描述得更加准确。单击这些关键字即可将其作为关键字进行搜索。

（1）在搜索结果页面中，Google 提供相似关键字供用户参考，单击关键字可进行该关键字的搜索，如图 3-12 所示。

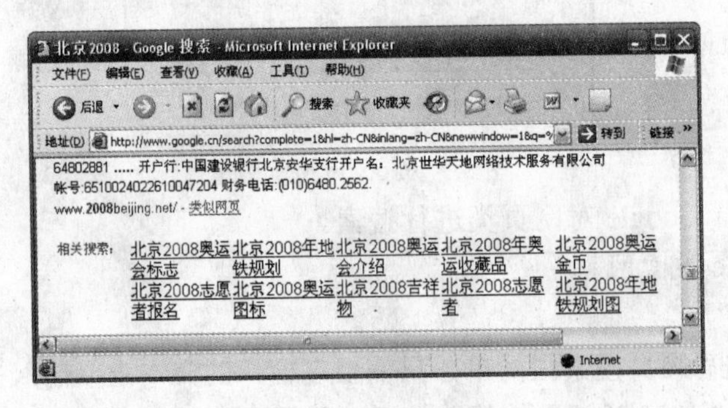

图 3-12　Google 搜索

提示：单击相应词组，将直接对该词组进行搜索。

（2）如果用户不能描述需要资料的准确关键字，可以先输入相关信息，再通过相关搜索提供的信息进行修正。

相似网页搜索

用户单击每个条目后的“类似网页”超链接，Google 可以自动查找相似的网页，该搜索的内容比较宽泛，可能包含国外的网站，需要有一定的英文基础。

翻译搜索到的网页

在使用 Google 进行网页搜索时，对于一些英文的网页，用户也不必太担心语言不通的问题，因为 Google 除了搜索网页，还可以翻译网页。

（1）在相关搜索的网页中，单击英文条目后的“翻译此页 BETA”超链接，就可以对该网页进行翻译，如图 3-13 所示。

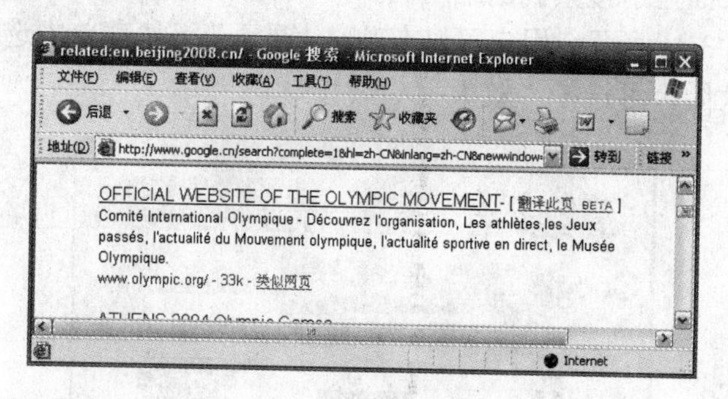

图 3-13　Google 搜索

（2）切换至新页面，系统会在网页中提示正在翻译中，如图 3-14 所示。用户只需稍等片刻，网页就被翻译为中文。

图 3-14　网页翻译

提示： 由于在英文中相同的单词用法不同，意思也不同，所以翻译后的网页不可能绝对准确。如果用户需要切换至英文进行网页的查询，单击网页中的"查看原始网页"链接即可查看原版的网页。如果需要返回搜索结果网页，单击"返回查询结果"链接即可。

2）使用 Google 搜索图片

用户在搜索资料时，可能需要查阅相关的图片信息。例如用户需要查看"北京 2008"的相关图片，可以通过如下步骤进行查找。

（1）进入 Google 主页面，单击"图片"链接，如图 3-15 所示。在文本框中输入"北京 2008"后按 Enter 键，或单击"搜索图片"按钮。

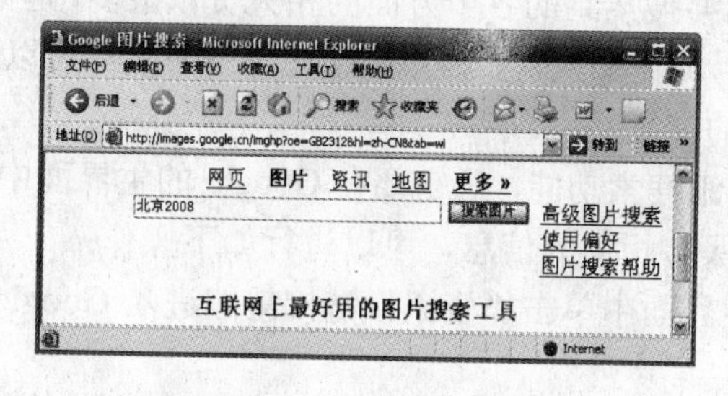

图 3-15　Google 图片搜索

（2）搜索结果页面显示搜索到的缩略图，用户选择合适的图片，单击即可展开图片所属的详细网页，如图 3-16 所示，用户可以在“图片显示”下拉菜单中选择需要的图片大小。例如用户如果需要大图，可选择“较大尺寸图片”。

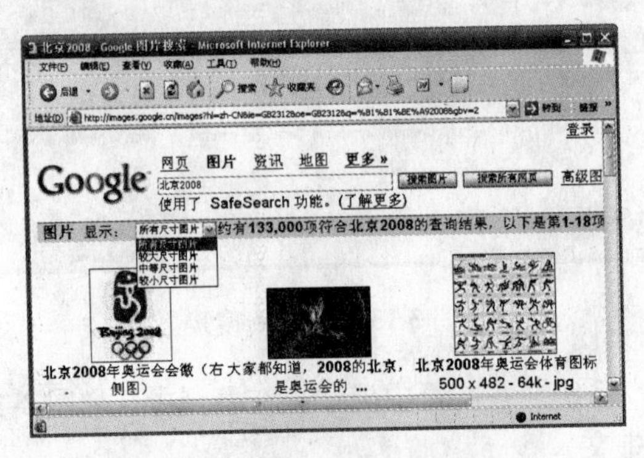

图 3-16 Google 图片搜索

（3）展开图片所属的网页后，用户单击“查看原始图片”链接，就能按原始尺寸浏览图片，如图 3-17 所示。

图 3-17 Google 图片搜索

提示： 打开图片所属的网页后，用户也可以浏览网页中的其他内容。在 Google 的图片页面中，会提示图片出处地址。如果单击该地址，页面将转至图片所属的网页。

（4）一般情况下，图片会按窗口比例全部显示在窗口中。将鼠标指针放置在图片上，会显示 按钮，单击该按钮，图片将按原始尺寸显示。

3）使用 Google 搜索资讯

在 Internet 上用户能够搜索到的各个方面的相关资讯很多，但归类比较麻烦，而 Google 正好解决了这个问题，用户查询天气、娱乐、文化等资讯，都可以通过 Google 来查询并归类，极大地方便了用户的使用。

要使用 Google 的资讯搜索功能，只需要在 Google 的主界面中单击“资讯”链接即可，如现在用户要查询“环保”相关的信息，可以进行如下操作：

（1）在 Google 的主界面中单击“资讯”链接就能进入 Google 的新闻搜索板块，如图 3-18 所示。

图 3-18　Google 资讯搜索

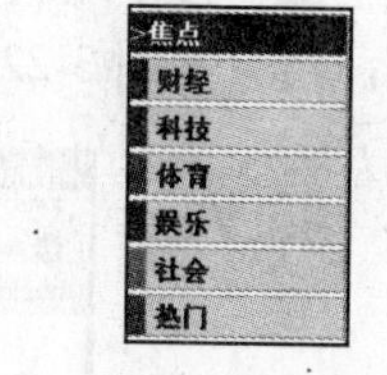

图 3-19　搜索资讯

（2）切换至新闻搜索页面，在文本框中输入要搜索的关键字，按 Enter 键或单击“搜索资讯”按钮即可。其实，Google 提供了各类资讯的分类，如果用户没有特定关键字的要求，可以单击其中的分类列表超链接，浏览相关资讯，如图 3-19 所示。

（3）用户可以在搜索结果页面中粗略浏览相关信息，如果要展开详细内容，单击对应的的条目即可。

4）使用 Google 搜索地图

如果用户需要查找地图，可以使用 Google 的地图搜索功能。

（1）进入 Google 主页面，单击“地图”链接。如图 3-20 所示，在文本框中输入“重庆”后按 Enter 键或单击“搜索地图”按钮。

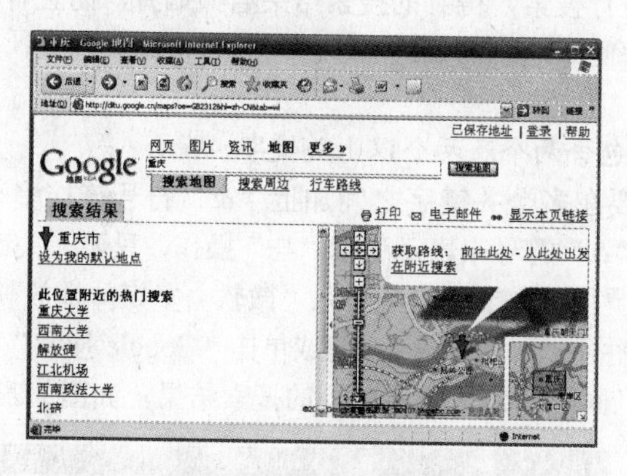

图 3-20　Google 地图

（2）单击“搜索周边”链接，可以搜索周边的地方，如图 3-21 所示。

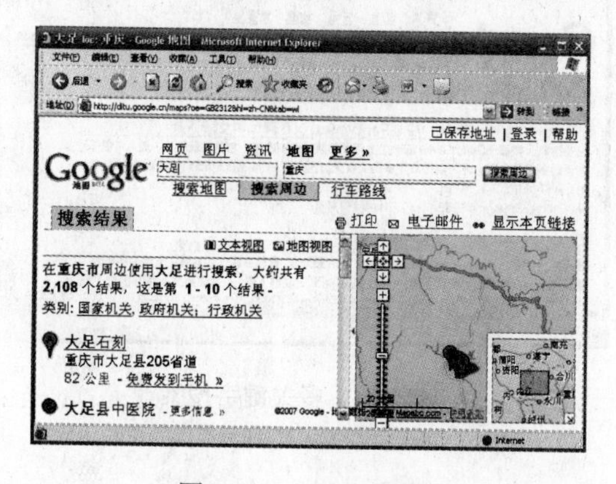

图 3-21　Google 地图

（3）单击“行车路线”链接，可以搜索相应的行车路线图，如输入“北京市”至“重庆市”后，结果如图 3-22 所示。

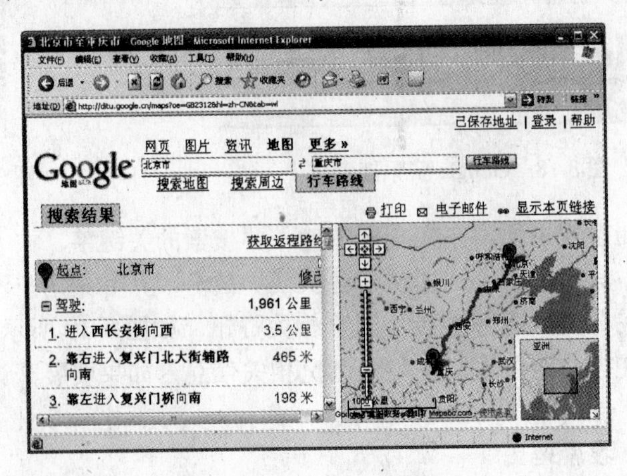

图 3-22　显示行车路线

上面介绍了 Google 最基本的搜索功能，即查询包含单个关键字的信息。但用户可以发现，输入单个关键字进行搜索，得到的搜索结果浩如烟海，而且有时候并不符合用户的需求。如何提高搜索效率呢？这就需要进一步缩小搜索范围和结果，必须使用一些搜索上的技巧。

1）搜索结果要求包含两个及两个以上关键字

一般搜索引擎需要在多个关键字之间加上“&”符号连接多个关键字进行搜索，而 Google 无须用标准的“&”符号来表示逻辑“与”操作，只要在关键字之间空格就可以了。

打开 Google 的主界面，在文本框中输入“微软　多媒体播放软件”（“微软”和“多媒体播放软件”之间用空格隔开），按 Enter 键或单击“Google 搜索”按钮，就能看到“微软”和“多媒体播放软件”同时作为关键字进行的搜索结果，如图 3-23 所示。

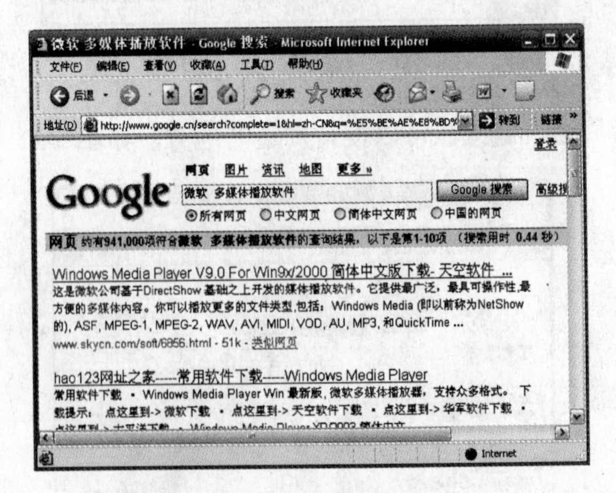

图 3-23　多关键字搜索

2）要求搜索结果不包含某些特定信息

Google 用减号“-”表示逻辑“非”操作。A-B 表示搜索包含 A 但不包含 B 的网页，通过使用“—”排除不需要的信息，同样能提高搜索效率、准确找到需要的网页。例如搜索对象需要包含“搜索引擎”和“历史”，但不含“文化”、“中国历史”和“世界历史”的中文网页，如图 3-24 所示。

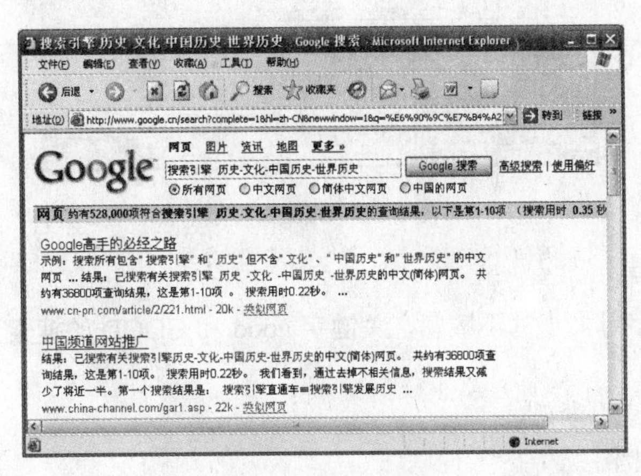

图 3-24　在搜索结果中排除特定信息

3）搜索结果至少包含多个关键字中的任意一个

Google 用大写的 OR 表示逻辑“或”操作。用 A OR B 表示搜索的网页要么包含 A，要么包含 B，要么同时包含 A 和 B。如用户希望搜索结果中最好含有“移动通信”、“无线通信”，但不包含“手机”作为关键字，如图 3-25 所示。

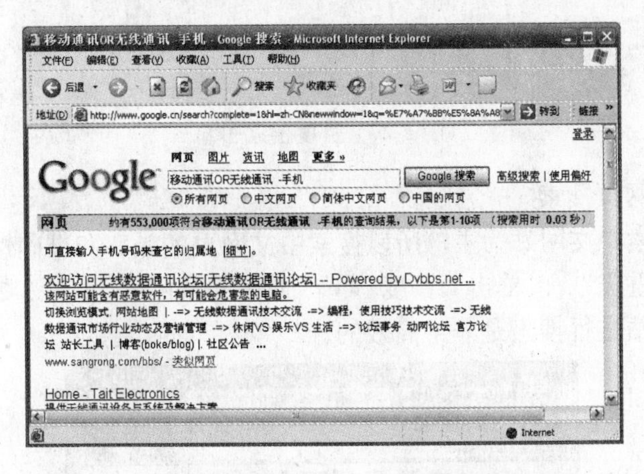

图 3-25　搜索结果包含多个关键字中的一个

提示：Google 中表示逻辑“或”为大写的 OR，而不是小写的 or。

4）使用通配符

很多搜索引擎支持通配符，如“*”代表一连串字符，“?”代表单个字符等。Google 对通配符支持有限，只能用“*”替代任意单个字符。如“以*治国”表示搜索第 1 个字为“以”，最后两个字为“治国”的四字短语，中间的“*”可以为任何字符，如图 3-26 所示。

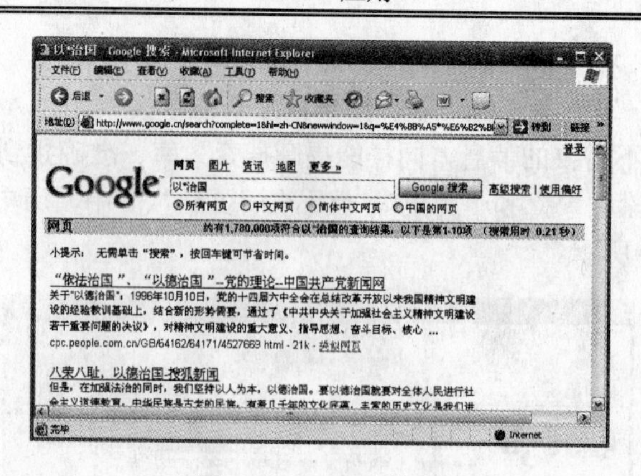

图 3-26　Google 搜索

5）关键字的字母大小写

Google 对英文字母大小写不敏感，关键字 good 和 GOOD 的搜索结果一样。

2. Baidu

1）使用百度搜索引擎

进入百度搜索引擎

进入百度搜索引擎的方法和进入 Google 相似，只需要打开浏览器，在地址栏中输入 www.baidu.com 后按 Enter 键即可，如图 3-27 所示。

图 3-27　百度搜索引擎

使用百度进行网页搜索

百度主要以搜索中文网站为主，所以搜索中文网页的效率和准确性都不错。如在百度的主页面中输入“重庆”，单击“百度一下”或按 Enter 键，如图 3-28 所示，不难发现，使用百度对国内网站进行搜索是非常高效的。

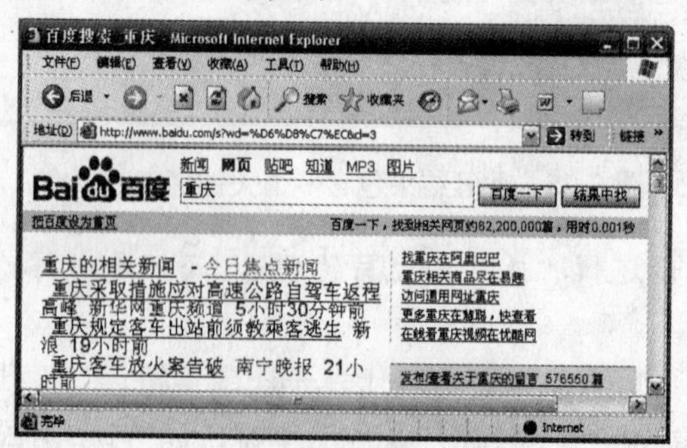

图 3-28　百度搜索

使用百度的高级搜索

在百度的高级搜索中，搜索的范围精确到国内的每个省，因此查询区域新闻更加方便。

（1）在百度的主页面中单击“高级”链接，如图 3-29 所示，在“包含以下全部的关键词”文本框中输入“重庆市人大会议”。在“文档格式”中可以选择搜索网页或指定格式的文档，选定后按 Enter 键。

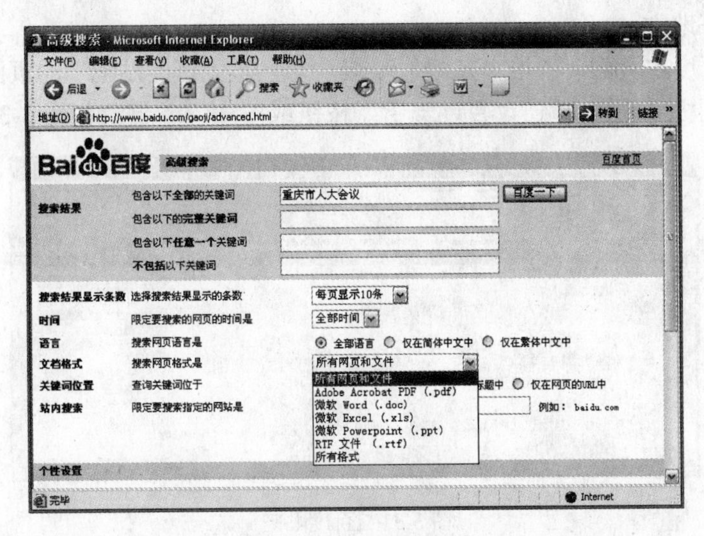

图 3-29　百度高级搜索

（2）列出搜索条目后，单击主题合适的条目即可浏览相关新闻。

百度的个性设置

（1）在百度主页面中单击“高级”链接，在“高级搜索”页面下方有“个性设置”选项，如图 3-30 所示。

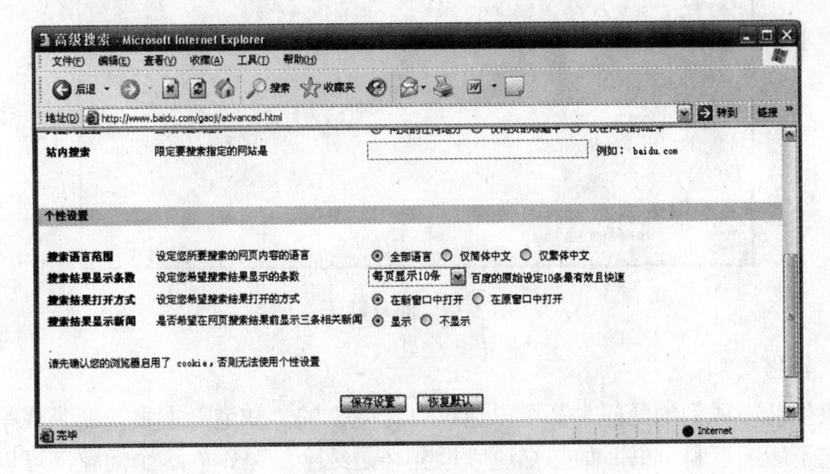

图 3-30　百度个性设置

（2）在“个性设置”选项中，用户可以对一些默认值进行修改，例如用户只需要对简体中文进行搜索，选中“仅简体中文”单选按钮即可。设置完毕后，单击“保存设置”按钮即可。

2）百度特色功能

百度“贴吧”

百度“贴吧”自从诞生以来逐渐成为世界最大的中文交流平台，这里提供一个表达和交流思想的自由网络空间。在这里每天都有无数新的思想和新的话题产生，“贴吧”是一个交流思想的最好地方。

（1）进入百度主页面，单击“贴吧”链接，切换至“百度贴吧”的页面，如在文本框中输入“电脑死机原因”，单击“百度一下”按钮或按 Enter 键，如图 3-31 所示。

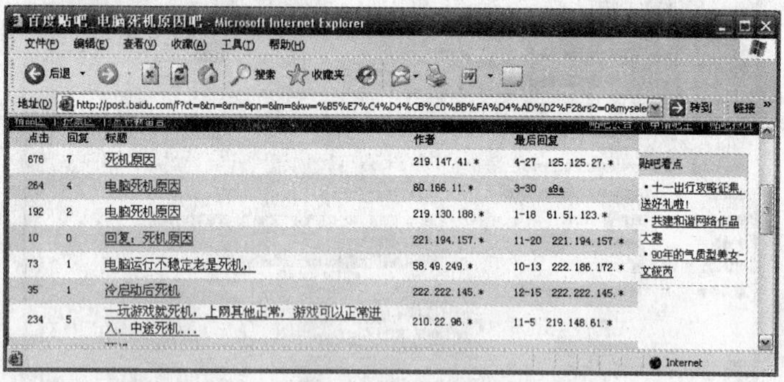

图 3-31　百度贴吧

（2）在搜索结果中单击符合主题意思的条目即可。

（3）页末有一个回复区，可以在这个区域中回复主题，如图 3-32 所示。输入内容后，单击“发表帖子”按钮。

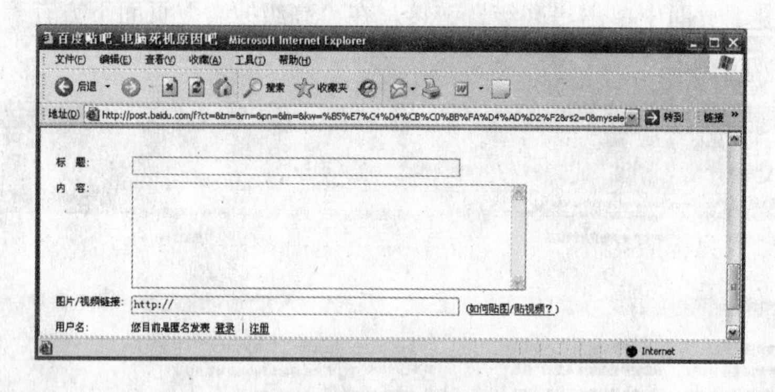

图 3-32　回复贴子

百度“知道”

用户在生活中遇到的疑问，都可以通过“百度”的“知道”搜索功能寻找答案，它好比是一本电子版的百科全书。如想知道“世界杯是纯金的吗？”这个问题，可以进行如下操作：

（1）进入百度主页面，单击“知道”链接，切换至“百度知道”的页面，在文本框中输入“世界杯是纯金的吗”，单击“搜索答案”按钮或按 Enter 键，如图 3-33 所示。

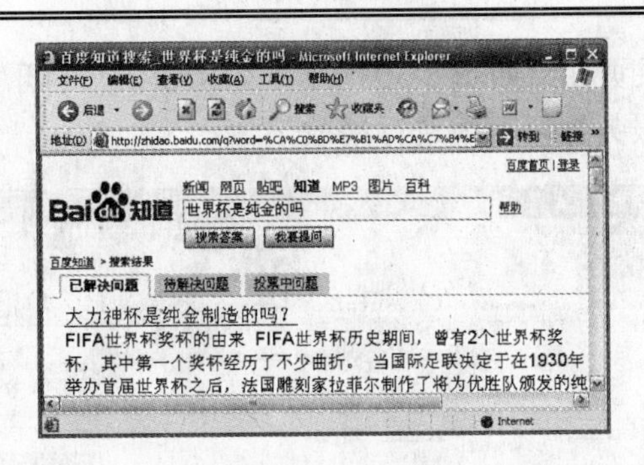

图 3-33　百度知道

（2）从网民的谈论中就能找到合适的答案，当然各种答案可能不同，但评论会给出一个最佳答案，如图 3-34 所示。

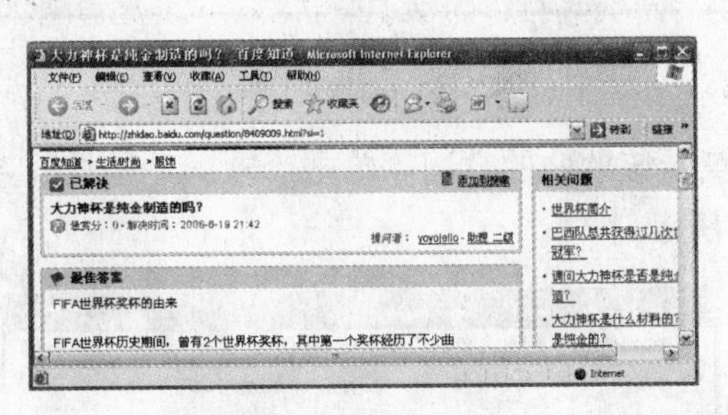

图 3-34　百度知道

百度 MP3

百度 MP3 的搜索是百度在每天更新的 8 亿中文网页中提供的 MP3 链接，从而建立庞大的 MP3 歌曲链接库。百度 MP3 搜索拥有自动验证有效性的功能，总是把最优的链接排在前列，保证用户的搜索体验。同时，用户还可以进行百度歌词搜索，通过歌曲名或是歌词片段，都可以搜索到需要的歌词。

（1）进入百度主页面后单击“MP3”链接，切换至 MP3 搜索页面，在文本框中输入要搜索的歌曲名或歌手名，如图 3-35 所示，用户可以选择搜索的格式，默认选择是“全部音乐”，如果只需要搜索 MP3 格式，可以选中 MP3 单选按钮，然后按 Enter 键或单击“百度一下”按钮即可。

图 3-35　百度 MP3

（2）切换至搜索结果页面，如图 3-36 所示，如果试听该音乐，单击“试听”链接，连接到该音乐文件所属的服务器，在线进行播放。

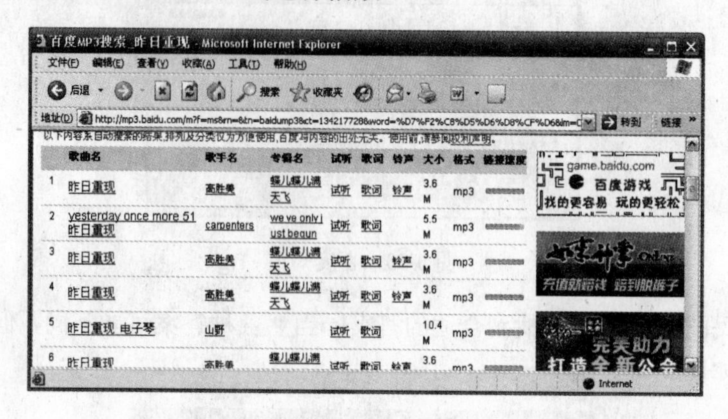

图 3-36　百度 MP3 搜索

（3）如果用户需要查看该歌曲的歌词，单击“歌词”链接，系统自动搜索该歌曲的歌词，搜索结果如图 3-37 所示。

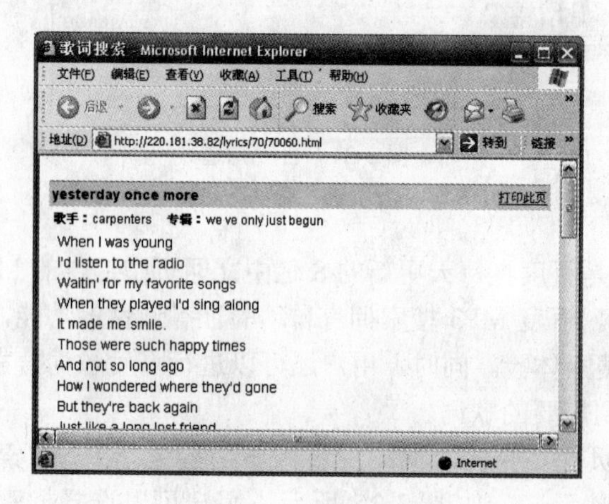

图 3-37　百度歌词搜索

百度凭借简单、可依赖的搜索体验使百度迅速成为国内搜索的代名词。

3.1.4　阅读材料

国内知名的搜索引擎有很多，除了 Google、百度外，还有搜搜、搜狗、雅虎全能搜、网易有道等。

1．SoSo 搜搜

SoSo 搜搜（http://www.soso.com/）是综合全球各大搜索引擎及专业网站的搜索引擎。提供网页搜索、图片搜索、音乐搜索、商品搜索功能。搜索结果由各网站搜索引擎提供。

2．Sogou 搜狗

Sogou 搜狗（http://www.sogou.com/）是互动式搜索引擎，包括新闻，购物，图片搜索等功能。

3．360度雅虎全能搜

360度雅虎全能搜（http://www.yahoo.cn）搜索下拉菜单中的辅助输入能让用户看到更多热点；新增人物搜索，展示现今最流行的人际关系网；新增股票搜索，马上告诉你哪支股票最赚钱；还有“一站式”服务理念，搜索一个关键词将得到包括图片、音乐、资讯、博客在内的超级全面的信息。

4．有道 youdao

网易有道（http://www.youdao.com）搜索引擎包括了网页搜索、博客搜索和海量词典。网易有道的博客搜索相当有特色，会对搜索出的博客进行分析进而得出一份统计报告。和其他的博客搜索相比，网易有道的博客搜索功能较为全面、更新较为及时，不过准确度上还有上升空间。

3.2　项目二　保存网络资源

3.2.1　任务一　使用收藏夹

使用浏览器中的收藏夹可以将常用的网址收藏起来，这样在浏览该网站时可以直接从收藏夹中查找网址。

1．将网址添加到收藏夹

（1）启动 IE 浏览器。

（2）单击菜单栏中的“收藏”命令，打开下拉菜单。单击“添加到收藏夹”命令，如图3-38所示。

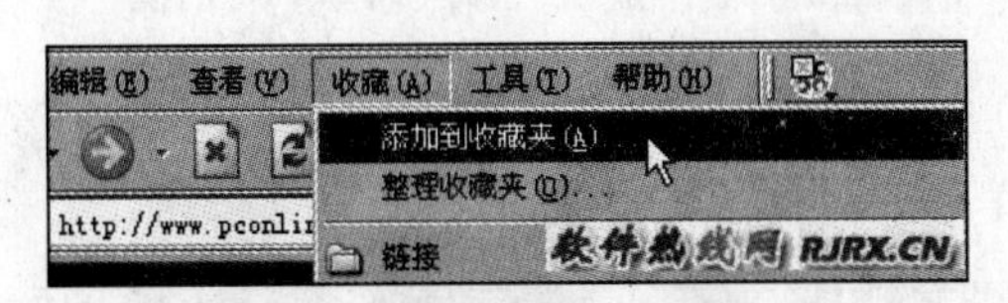

图3-38　“添加到收藏夹”命令

（3）在“添加到收藏夹”对话框中输入当前网页的名称。

（4）单击“确定”按钮。

提示：快速收藏网址。如果用户要将一个网站地址添加到收藏夹，也可以用拖曳的方法。即把 IE 窗口地址栏前面的“e”图标直接拖曳到常用工具栏的“收藏夹”按钮上（此时鼠标下方有一小箭头），松开鼠标。这样用户要的网址就添加成功了。

2．脱机收藏

（1）可以将有价值的网页保存起来，以便在没有 Internet 接入的情况下浏览已保存的网页。如需要保存当前网页用于脱机浏览，在弹出的“添加到收藏夹”窗口中，选中“允许脱机使用”复选框，如图3-39所示。

（2）单击“自定义”按钮，弹出“脱机收藏夹向导”对话框，如图3-40所示，若勾选“以后不再显示该简介屏幕”复选框，则以后不会弹出该向导简介。

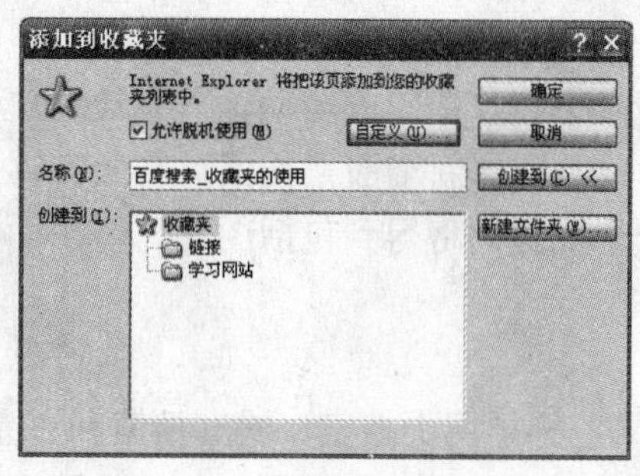

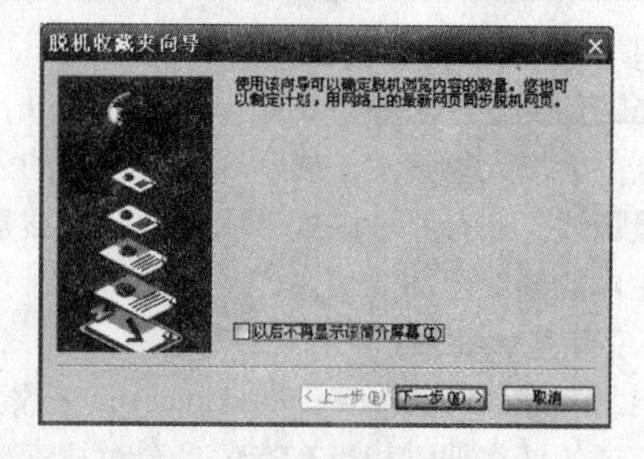

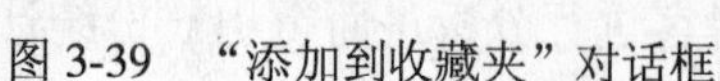
图 3-39　“添加到收藏夹”对话框　　　　图 3-40　“脱机收藏夹向导”对话框

（3）单击“下一步”按钮，如图 3-41 所示，选择是否保存该页面所包含的其他超链接页面，如果选择“是”按钮，则需设置下载与该网页链接的网页层数。

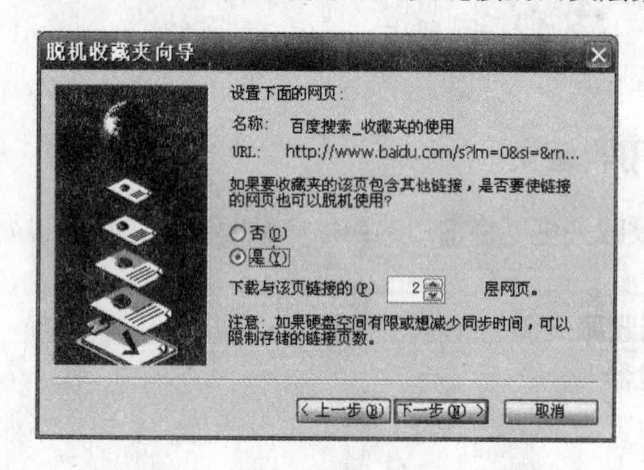

图 3-41　“脱机收藏夹向导”对话框

（4）单击“下一步”按钮，弹出如图 3-42 所示的对话框，在“如何同步该页”中，单击“仅执行‘工具’菜单的‘同步’命令时同步”单选按钮。

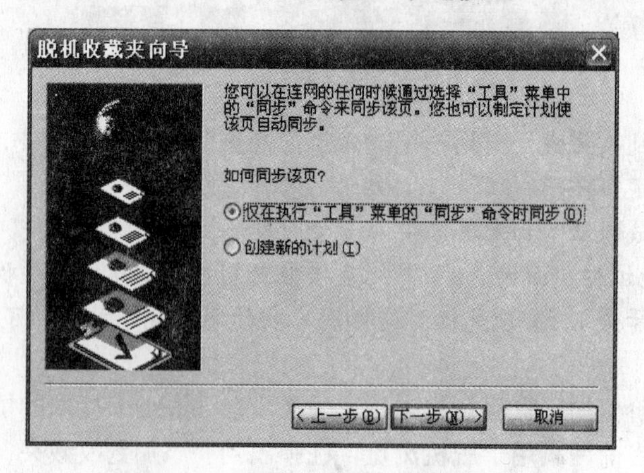

图 3-42　“脱机收藏夹向导”对话框

（5）单击“下一步”按钮，询问“该站点是否需要密码？”，根据个人需要可设置密码或不设置密码。

（6）单击“完成”按钮。

以后，IE浏览器会自动将Web站点的内容下载到硬盘上，用户可以在脱机的情况下慢慢地浏览该站点的全部页面。

提示：以后上网浏览该站点时，要选择“工具”→“同步”命令，这样才能使Web站点的内容和硬盘的内容保持一致。

3．收藏夹的使用

（1）单击菜单栏中的“收藏”命令，打开下拉菜单。

（2）单击下拉菜单中要浏览的网站名称，浏览器即可找到该网站对应的网址，并自动打开网页。

4．删除收藏夹中的地址

可以将不需要的网址从收藏夹中删除，具体步骤如下：

（1）单击菜单栏中的“收藏”命令，打开下拉菜单。

（2）将鼠标光标指向要删除的网址选项。

（3）单击鼠标右键，打开快捷菜单。

（4）选择快捷菜单中的“删除”命令。

（5）在对话框中单击“是”按钮，即可将选定的网址删除。

5．分类整理收藏夹

当收藏夹中的网址过多时，需要将同一类的网址进行整理，便于浏览时的查找。

（1）选择菜单栏中的“收藏”命令，弹出下拉式菜单。

（2）选择下拉式菜单中的“整理收藏夹”命令，打开如图3-43所示的“整理收藏夹”对话框。

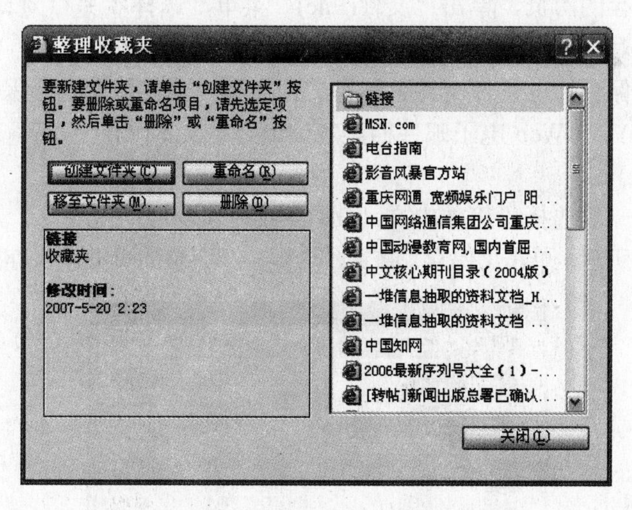

图3-43　“整理收藏夹”对话框

（3）在对话框中单击“创建文件夹”按钮，将创建一个新的文件夹，如图3-44所示。

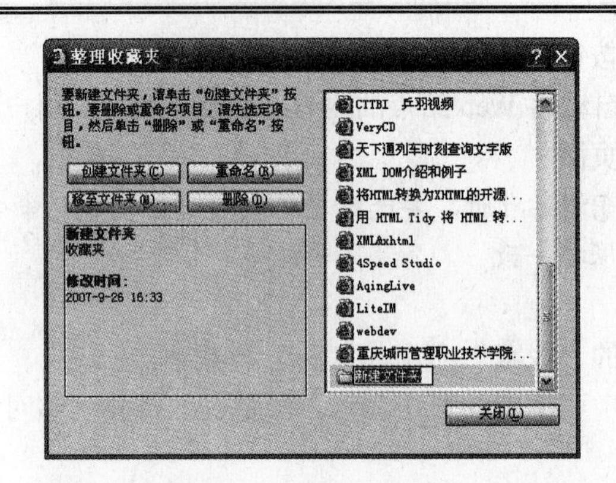

图 3-44　创建文件夹

（4）将新的文件夹命名为"学习网站"。

（5）选择对话框中的有关学习网站的网址。

（6）单击对话框中的"移至文件夹"按钮。

（7）选择对话框中的"学习网站"文件夹。

（8）单击"确定"按钮，即可将选中的网址移到"学习网站"文件夹中。

3.2.2　任务二　保存网页

浏览的网页内容有保存价值时，可以将其保存下来。IE 可以保存当前网页的全部内容，包括图像、框架和样式等。

1．完整的保存当前网页的全部内容

（1）进入待保存的网页，单击"文件(File)"菜单，选择"另存为...(Save as)"命令，打开"保存网页"对话框。

（2）指定文件保存的位置、文件名称和文件类型；文件类型是指保存文件为"网页，全部(*.html，*.htm)"，"Web 电子邮件档案(*.mht)"，"文本(*.txt)"等。通常选择"网页，全部(*.html，*.htm)"。

（3）文件编码一般选择"简体中文（GB 2312）"即可。

（4）如图 3-45 所示，单击"保存"按钮，这样一个完整的页面就保存到本地的硬盘上了。

图 3-45　"保存网页"对话框

2．保存网页图片

选择要保存的图片后单击鼠标右键，如图 3-46 所示，在弹出菜单中选择“图片另存为”命令，然后选择用户要保存的路径和文件名就可以了。

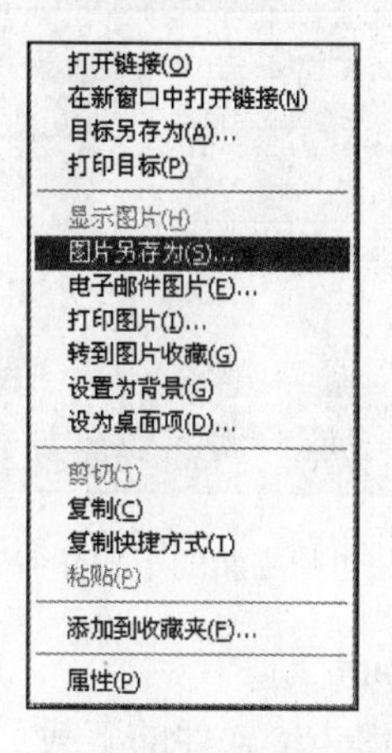

图 3-46　“图片另存为”命令

3．利用将网页上的图片拖到硬盘上的方法保存图片

在桌面上单击鼠标右键，在弹出菜单中选择“新建”→“文件夹”命令，输入新建文件夹的名字即可，这个文件夹就是用来保存图片的文件夹。当用户在网页上看到喜欢的图片时，按住鼠标左键将图片拖到文件夹中就可以了。

3.2.3　任务三　使用 Thunder（迅雷）下载资源

1．用右键菜单方式使用 Thunder 下载 CuteFTP 软件

（1）找到 CuteFTP 软件的下载页面，在 CuteFTP 软件的下载地址上单击鼠标右键，弹出快捷菜单，如图 3-47 所示，选择“使用迅雷下载”命令。

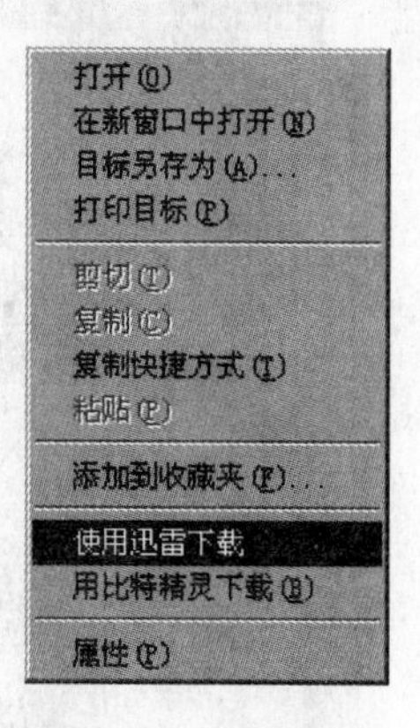

图 3-47　快捷菜单

（2）出现“建立新的下载任务”对话框，如图 3-48 所示，指定“存储目录”后单击“确定”按钮。

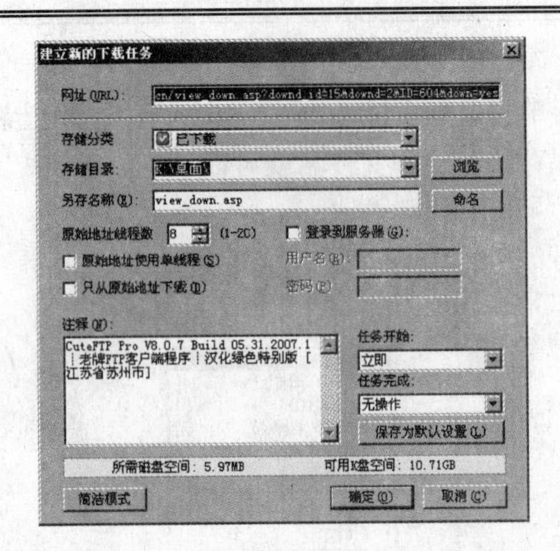

图 3-48　“建立新的下载任务”对话框

2. 使用拖放地址法下载 BitSpirit

图 3-49　悬浮窗

（1）找到 BitSpirit 软件的下载页面，在 BitSpirit 软件的下载地址上按住鼠标左键，将其拖动到 Thunder 的悬浮窗上，如图 3-49 所示。

（2）松开鼠标，打开“建立新下载任务”对话框，指定“存储目录”，然后单击“确定”按钮。

注意：

（1）如果没有出现 Thunder 的悬浮窗，勾选 Thunder 主界面“查看”菜单中的“悬浮窗”，如图 3-50 所示。

（2）如果地址拖动到 Thunder 的悬浮窗上松开鼠标左键后没有出现图 3-48 所示的“建立新的下载任务”对话框，单击“工具”→“配置”命令，在弹出的“配置”对话框中选择“高级”选项，然后选择“通过拖曳 URL 到悬浮窗添加任务”复选框，如图 3-51 所示。

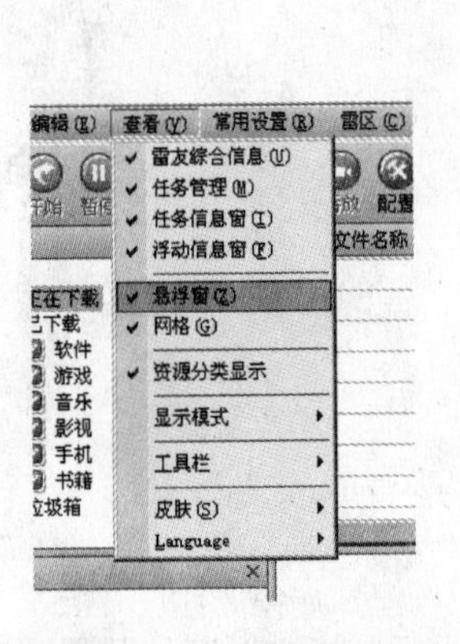

图 3-50　“查看”菜单

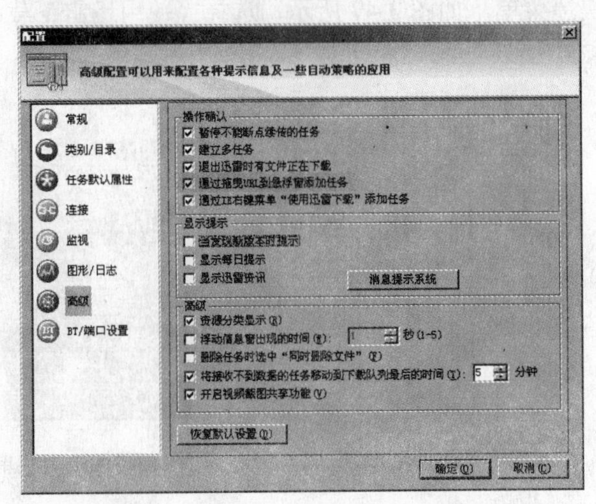

图 3-51　“配置”窗口

3. 使用 Thunder 建立批量任务

有时下载的多个链接是有规律的批量下载，而且地址的变化规律可以通过数字或字母形式的通配符表示，这时就可以使用 Thunder 建立批量任务的方法下载了。

（1）获得批量资料下载的地址及其规律。

（2）打开 Thunder 主界面，在“文件”菜单中选择“新建批量任务”命令，如图 3-52 所示，打开 “新建批量任务”对话框，如图 3-53 所示。

图 3-52　“文件”菜单

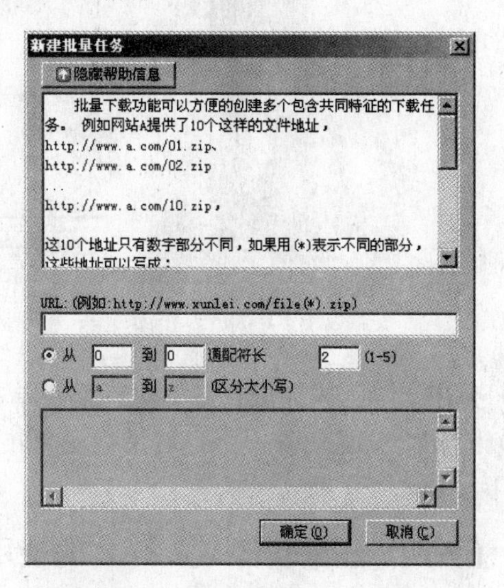

图 3-53　“新建批量任务”对话框

（3）在“新建批量任务”对话框输入含通配符的批量下载地址，并在下方的通配符描述框中描述其规律，然后单击“确定”按钮。

4. 导入未完成的 Thunder 下载

如果有某个任务没有下载完成，而“迅雷”中并没有这个任务，就可以使用“导入未完成的下载”功能来继续下载任务。

（1）打开“迅雷”，在“文件”菜单中选择“导入未完成的下载”命令，如图 3-54 所示。

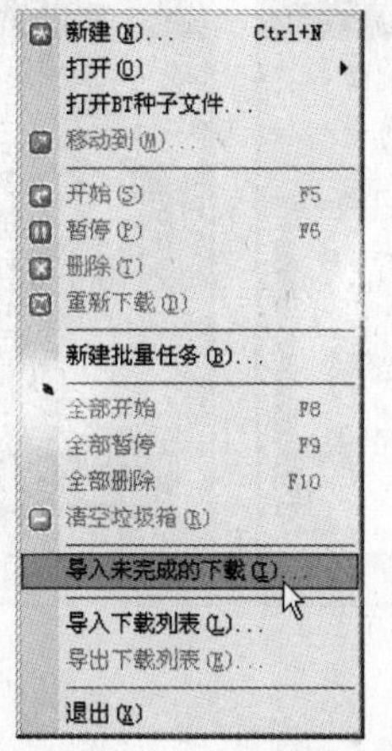

图 3-54　“文件”下拉式菜单

（2）在打开的“导入”窗口中查找要导入的未下载完成任务的文件（一般情况下文件名后面有.cfg 后缀名）。用鼠标左键单击它，然后单击“打开”按钮，如图 3-55 所示。

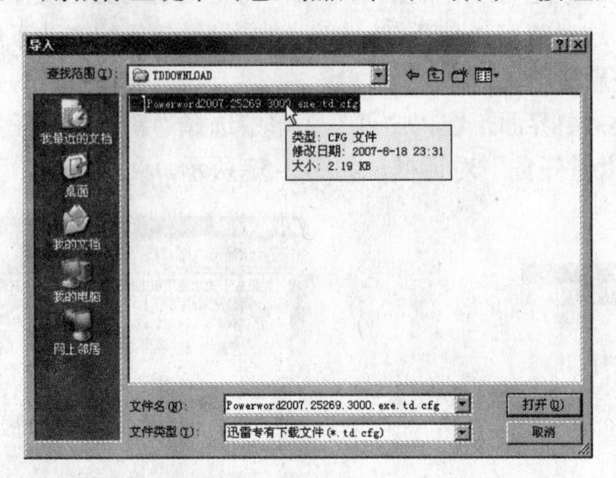

图 3-55　“导入”窗口

（3）弹出“导入未完成任务”对话框，单击“确定”按钮。

（4）弹出“重复任务提示”对话框，单击“确定”按钮。导入的未完成的任务会立即开始下载。

3.2.4　任务四　压缩软件 WinRAR 的使用

从互联网上下载的许多程序和文件，可能占用空间比较大或者是压缩文件，如何有效地使用这些下载的资源呢？这就需要用到压缩文件管理工具，它能解压从 Internet 上下载的压缩文件，并能创建压缩文件。

1．WinRAR 的下载和安装

从许多网站都可以下载这个软件，WinRAR 的安装很简单，步骤如下：

（1）单击下载后的压缩包，就会出现图 3-56 所示的安装界面。单击“浏览”按钮选择安装路径，完成后单击“安装”就可以开始安装了，出现如图 3-57 所示的选项。

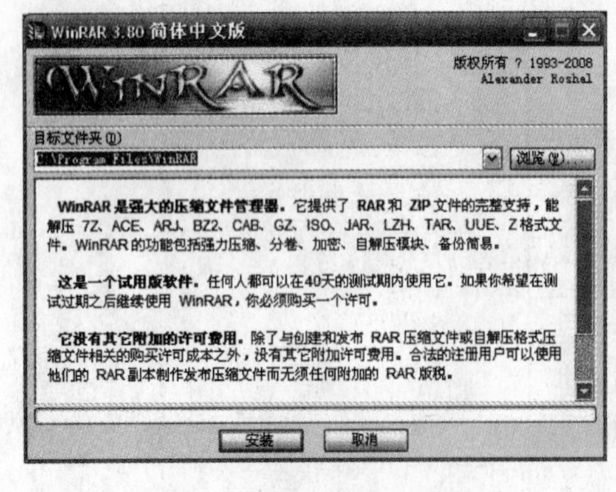

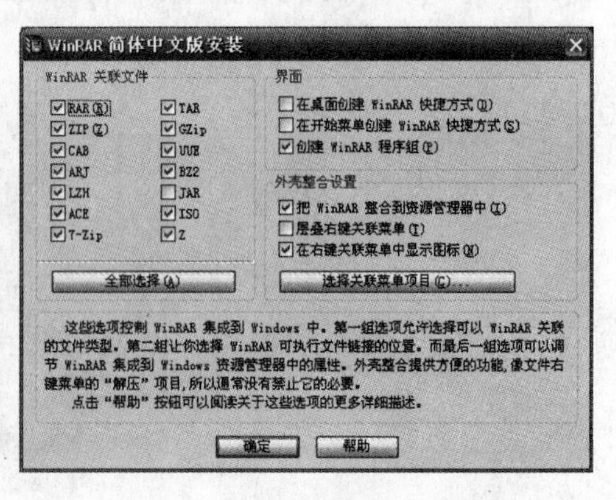

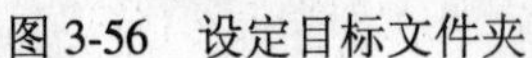
图 3-56　设定目标文件夹　　　　图 3-57　设置关联文件

（2）图3-57分为3个部分，左边的“WinRAR关联文件”是将WinRAR与Windows中格式文件创建联系，如果经常使用WinRAR，可以与所有格式的文件创建联系。如果偶尔使用WinRAR，可以酌情选择。右边的“界面”是选择WinRAR在Windows中的位置。“外壳整合设置”是在右键菜单等处创建快捷方式。做好选择后，单击“确定”按钮，出现图3-58所示的对话框，单击“完成”按钮成功安装。

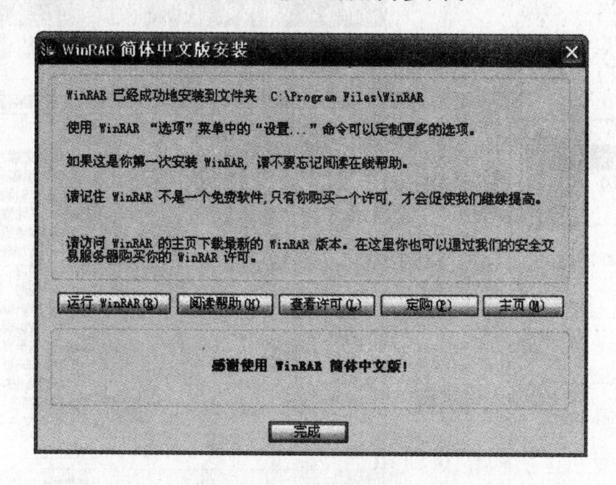

图3-58　感谢和许可

2. 使用WinRAR快速压缩和解压

WinRAR支持在右键快捷菜单中快速压缩和解压文件，操作十分简单。

（1）快速压缩

当在文件上单击右键时，就会看到图3-59所示的快捷菜单，图中标注的部分就是WinRAR在右键快捷菜单中创建的快捷方式。

想压缩文件时，在文件上单击右键并选择“添加到压缩文件”，出现图3-60所示的“压缩文件名和参数”对话框。在压缩文件名处输入压缩后的文件名即可。如果一个文件比较大，想把它分成几个小文件压缩，可以使用分卷压缩，如图3-60所示。这样就可以得到定义好的文件名为前缀，part001.rar、part002.rar…之类为后缀名的文件。合并这些文件也非常简单，只要将所有的分卷压缩文件复制到一个文件夹中，然后右键单击*.rar文件，并选择“解压缩文件”命令即可。

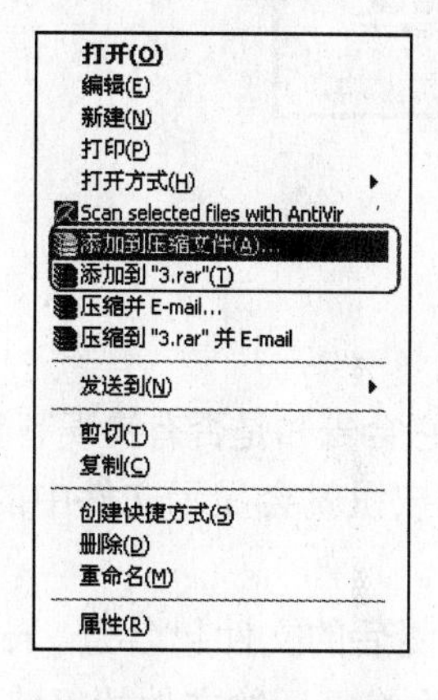

图3-59　右键快捷菜单

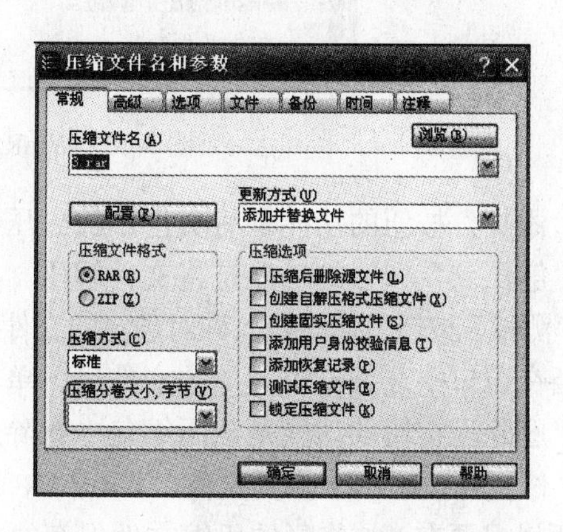

图3-60　“压缩文件名和参数”对话框

（2）快速解压

在压缩文件上单击右键后，会出现图 3-61 所示的快捷命令，选择“解压文件”，出现图 3-62 所示的“解压路径和选项”对话框，在“目标路径”处选择放置解压后的文件的路径和名称，单击“确定”按钮就可以解压了。

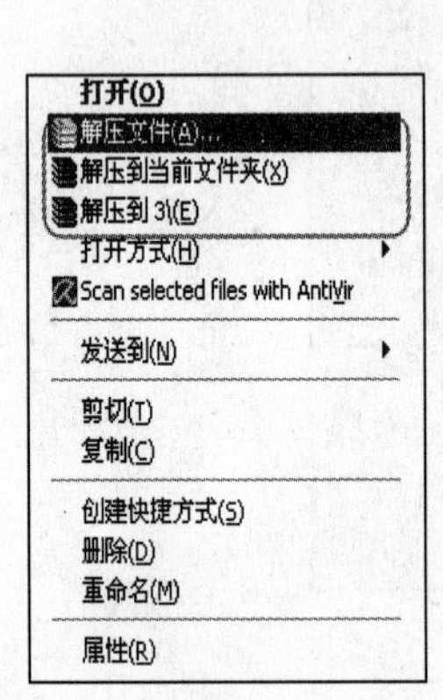

图 3-61 “解压文件”快捷命令

图 3-62 “解压路径和选项”对话框

（3）WinRAR 的主界面

对文件进行压缩和解压的操作时，右键菜单中的功能就足以胜任了，一般不用在 WinRAR 的主界面中进行操作，但是在主界面中还有一些额外的功能。所以有必要对它进行了解，下面介绍主界面中按钮的功能。

单击 WinRAR 的图标后出现如图 3-63 所示的主界面。

图 3-63 WinRAR 主界面

- “添加”按钮的功能是将文件添加到压缩包中。
- “解压到”按钮的功能是将文件解压。
- “测试”按钮的功能是允许对选定的文件进行测试，它会告知是否有错误等测试结果。
- 当在窗口中选好一个具体的文件后，单击“查看”按钮就会显示文件中的内容。
- “删除”按钮的功能是从压缩包中删除选定的文件。
- “修复”按钮用于修复文件。WinRAR 会自动为修复后的文件起名为 _reconst.rar，所以只要在“被修复的压缩文件保存的文件夹”处为修复后的文件找好路径就可以了，当然也可以自己为它起名。

● 当在 WinRAR 的主界面中双击打开一个压缩包的时候，又会出现几个新的按钮，如图 3-64 所示。

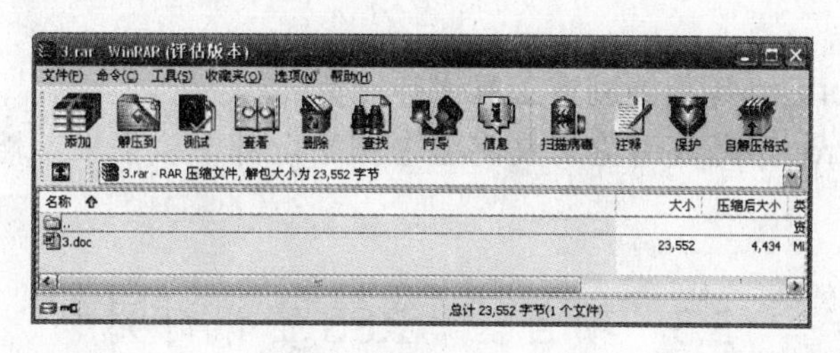

图 3-64 浏览文件

其中有“自解压格式”按钮的功能是将压缩文件转化为自解压可执行文件，“保护”按钮的功能是防止压缩包受到损害。“注释”按钮的功能是对压缩文件进行说明。“信息”按钮的功能是显示压缩文件的一些信息。

3.2.5 阅读材料

1．利用专门的下载软件保存网页

如果网页中的图片或文件比较大，利用下载软件可以加快下载的速度。方法是先在电脑中安装下载软件，如网络蚂蚁（NetAnts）或网际快车（FlashGet）等，然后右键单击网页中要下载的图片或文件，在弹出的快捷菜单中选择“Download by NetAnts”或“使用网际快车下载”，最后选择用户要保存的路径即可。

2．保存网页中加密图片

网页中有些图片是经过加密处理过的，不能直接通过鼠标右键来下载，也不能把网页保存到硬盘中，有的甚至连工具栏都没有。这样的加密图片该怎么保存呢？很简单！只要先后打开两个 IE 窗口，其中一个用来显示用户要下载图片的网页，另一个用来保存图片。用鼠标左键按住想要保存的图片不放，往另外一个 IE 窗口中拖动，图片就会显示在第二个 IE 窗口中了，然后就可以使用鼠标右键的“图片另存为”功能，保存加密图片了。

3．利用工具软件网文快捕（WebCatcher）保存网页

网文快捕 WebCatcher 是款不错的工具软件，主要用来保存网页文件，并且可以给网页增加附件、密码、注释。另外，WebCatcher 还可以帮用户把网上那些好看的 Flash 动画保存下来！这么强大的工具用来保存网页图片太简单了！注意，由于有些网页中的图片是加密处理过的，无法直接下载，而有些时候我们要保存的是 CHM 或 EXE 格式的电子书中的图片，由于作者加了限制也无法直接保存图片，此时就可以利用网文快捕 WebCatcher 来一展身手了。

安装 WebCatcher 之后，关闭所有的浏览器，然后重新运行，打开需要保存图片的网页，单击鼠标右键，在弹出的快捷菜单中会增加两项：“使用网文快捕保存当前网页”和“使用网文快捕保存”。选择“使用网文快捕保存”，可以对网页中的元素进行有选择地保存，例如当前网页的所有内容，图片或所有文字、链接、Flash 动画等。我们要保存的是图片，所以选择“图片”选项就可以了。

单击“确定”按钮之后，进入网文快捕程序的主窗口中，在窗口的左边就会看到用户选定的网页或电子书中该页面的题目，在右边窗口中就是图片，现在就可以随意复制或保存了。

4．使用 TeleportPro 等离线浏览工具保存网页

通过 TeleportPro 等离线浏览工具将整个网站全部下载下来，然后在硬盘中慢慢查看网页图片。

3.3　项目三　RSS 资讯订阅

使用 RSS 阅读器可以有针对性地订阅自己感兴趣的多个网站信息，通过定时或不定时的方式获取更新信息，并在同一界面中阅读信息，而无须使用浏览器频繁地访问多个网站。RSS 是一种全新的网络信息获取方式，更代表着一场网络阅读的新革命，它带来了 Web 浏览的新方式。有专家预言，RSS 将会引发互联网自 WWW 之后最大的一次革新。

3.3.1　任务一　看天下网络资讯浏览器的下载与安装

登录看天下 PC 版阅读器下载页面（http://www.kantianxia.com），在了解了看天下软件的主要功能之后，单击“下载”图标，进入“看天下”下载软件页面。根据提示，单击相应的下载地址，如图 3-65 所示。

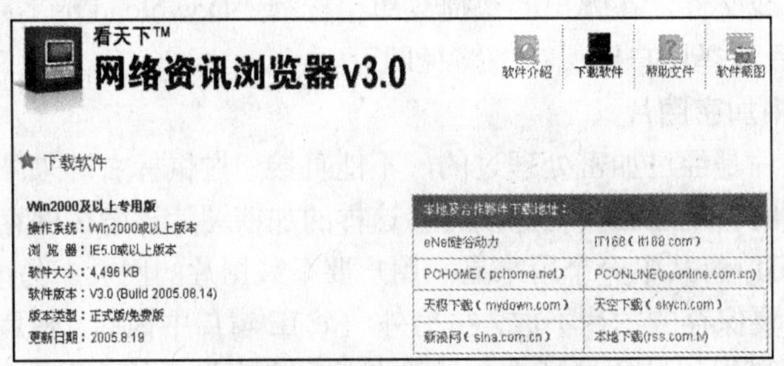

图 3-65　“看天下”下载界面

文件下载完成之后，双击安装文件，打开图 3-66 所示的“看天下”安装对话框。

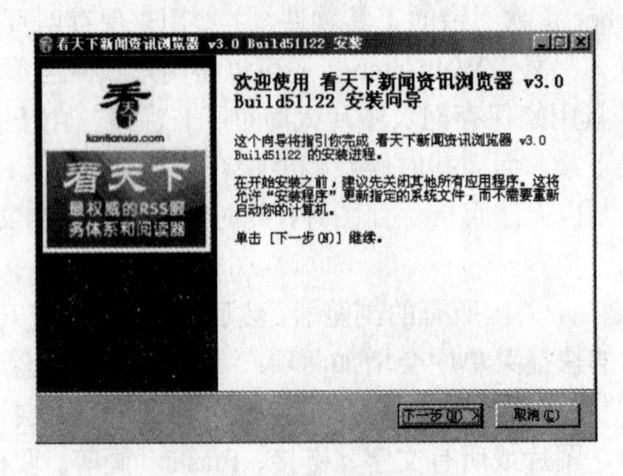

图 3-66　安装“看天下”

单击“下一步”按钮，打开“许可证协议”对话框。选中“我同意许可证协议”，单击“下一步”按钮；以后的安装过程根据提示信息完成即可。

3.3.2　任务二　看天下网络资讯浏览器的使用

在“安装完成”对话框中，选中“运行看天下”，单击“完成”按钮，将会打开看天下网络资讯浏览器的主窗口，如图 3-67 所示。

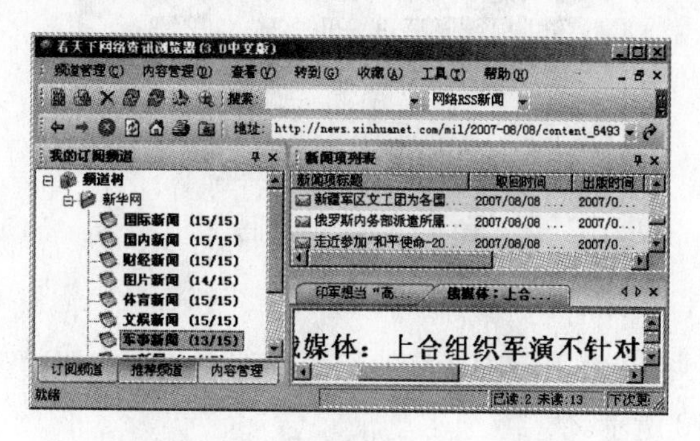

图 3-67　“看天下”主界面

在“看天下”软件主窗口中，除了一般 Windows 应用软件都有的菜单项和工具栏之外，还提供了一个简单的浏览器，可以完成一般的网络浏览操作。不过，主窗口中最重要的是与 RSS 应用有关的 3 个界面。

1．频道/内容管理

频道/内容管理位于“看天下”软件主窗口左侧，由订阅频道、推荐频道和内容管理 3 个选项卡构成，单击选项的名称即可进入相应的选项卡。软件启动时处于“订阅频道”选项卡。

在“订阅频道”选项卡中，可以完成频道管理（添加、删除频道或频道组）的相关操作。单击“推荐频道”选项，将会进入推荐频道选项卡。此时可以看到“看天下”内嵌的众多优秀 RSS 频道资源，涵盖了新闻、IT 与科技、商情、汽车、财经和房产家居等几乎所有的互联网信息资源，如图 3-68 所示。

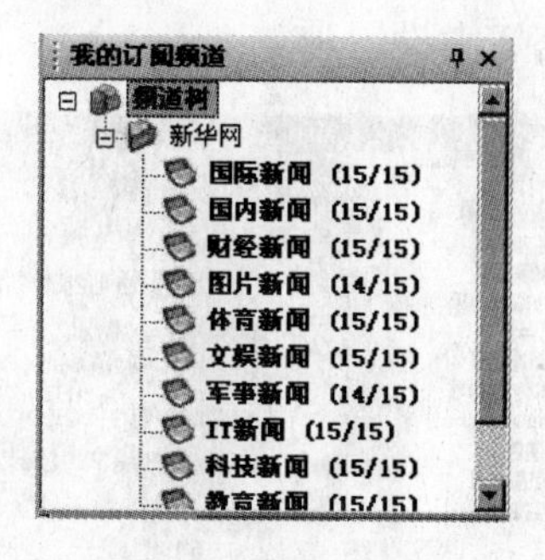

图 3-68　频道树列表

单击“内容管理”选项，将会进入内容管理选项卡，在这里可以完成本地文章管理的相关操作。

2. 新闻项列表

新闻项列表用于显示选中频道的新闻项列表，内容包括新闻项标题、取回时间和出版时间等，如图 3-69 所示。

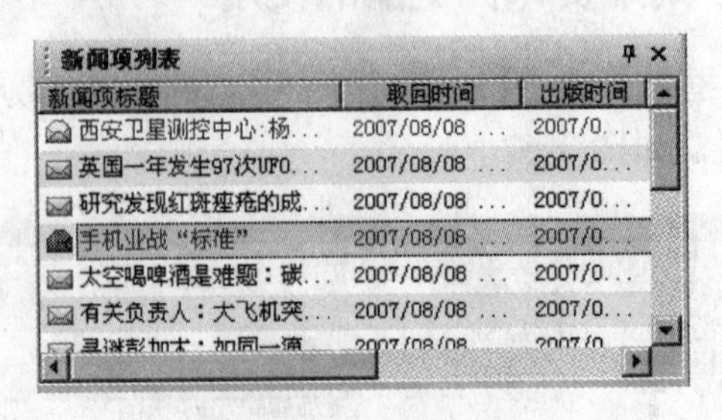

图 3-69 新闻项列表

3. 内容阅读

在新闻项列表中，任意单击一则新闻的标题，下方的内容阅读窗口将会显示出该新闻的摘要信息，如图 3-70 所示。

图 3-70 “内容阅读”窗口

单击“我要立即阅读详细内容…”链接，看天下将会自动从相应网站取回该新闻的网页，并显示在内容阅读界面中，供用户阅读。

3.3.3 任务三　系统配置

强大的系统配置管理功能，方便了用户个性化和智能化地使用“看天下”。单击“工具”菜单中的“系统设置”子菜单，将会打开图 3-71 所示的“系统设置”对话框，其中包括了基本设置、参数预设和网络通信 3 大设置项。

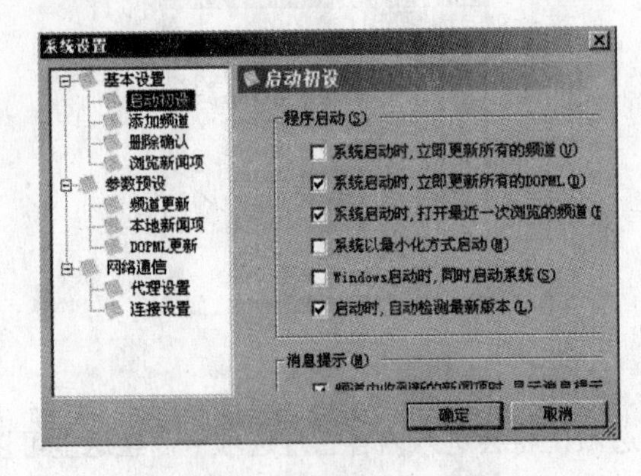

图 3-71 “系统设置”对话框

（1）基本设置

基本设置主要用于设置“看天下”软件的基本运行参数，它又分为启动初设、添加频道、删除确认和浏览新闻项4个设置选项。

（2）参数预设

参数预设主要用于设置新添加的频道或DOPML（动态OPML）的相关参数，它又分为频道更新、本地新闻项和DOPML更新3个设置选项。

（3）网络通信

网络通信主要用于设置程序网络连接和通信的相关参数，它又分为代理设置和连接设置两个选项。

以上的参数设置，一般用户选择默认配置即可。

3.3.4　任务四　频道订阅与管理

使用“看天下”强大的频道订阅与管理功能，可以有效地进行频道订阅、频道组管理以及OPML 导出等操作。

1．频道订阅

“看天下”提供了以下两种基本的频道订阅方式。

（1）订阅推荐频道

在看天下的频道/内容管理界面中，单击推荐频道选项卡名称进入推荐频道选项卡。任意选择一个频道，如财经类/中金在线/财经频道，单击鼠标右键，在弹出的菜单中选择订阅频道命令，将会打开图3-72所示的“订阅频道”对话框。在右侧的频道树界面中选中“我的RSS频道”，然后单击下方的添加按钮，在频道树/我的RSS 频道中将会出现财经频道，说明该推荐频道订阅成功。

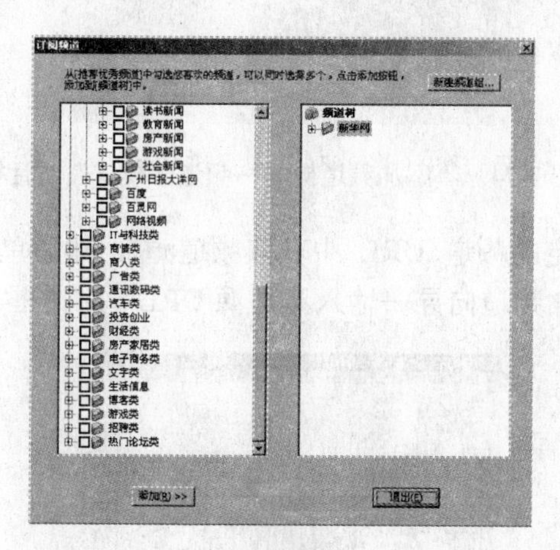

图3-72　“订阅频道”对话框

（2）通过RSS Feed 订阅频道

在已知RSS Feed 网址的情况下，可以采用这种方式来订阅频道，具体操作步骤如下：

① 获取RSS Feed 网址。可以到相关网站上查找RSS Feed 网址，如大洋网（http://rss.dayoo.com/），如图3-73所示。

大洋网RSS聚合内容列表

订阅大洋新闻内容 OPML

栏目	地址	
滚动新闻	http://rss.dayoo.com/news/news.xml	XML
图片新闻	http://rss.dayoo.com/news/photo.xml	XML
国际新闻	http://rss.dayoo.com/news/world.xml	XML
中国新闻	http://rss.dayoo.com/news/china.xml	XML
港澳台	http://rss.dayoo.com/news/gat.xml	XML
社会新闻	http://rss.dayoo.com/news/society.xml	XML
娱乐新闻	http://rss.dayoo.com/news/ent.xml	XML
体育新闻	http://rss.dayoo.com/news/sports.xml	XML
财经新闻	http://rss.dayoo.com/news/finance.xml	XML
科技新闻	http://rss.dayoo.com/news/tech.xml	XML
广东新闻	http://rss.dayoo.com/news/gd.xml	XML
广州新闻	http://rss.dayoo.com/news/gz.xml	XML

图 3-73　大洋网

② 复制一个自己感兴趣的条目，如科技新闻（http://rss.dayoo.com/news/tech.xml）。

③ 单击订阅频道选项卡名称进入订阅频道选项卡。选中我的 RSS 频道，单击鼠标右键，在弹出的菜单中选择“添加频道”命令，将会打开图 3-74 所示的“添加频道向导—频道源模式”对话框。

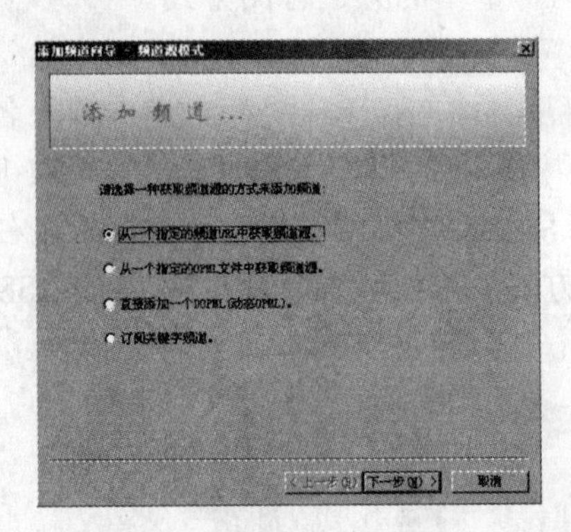

图 3-74　“添加频道向导—频道源模式”对话框

④ 选中“从一个指定的频道 URL 中获取频道源”，然后单击“下一步”按钮，将会打开图 3-75 所示的“添加频道向导—输入频道源 URL”对话框。

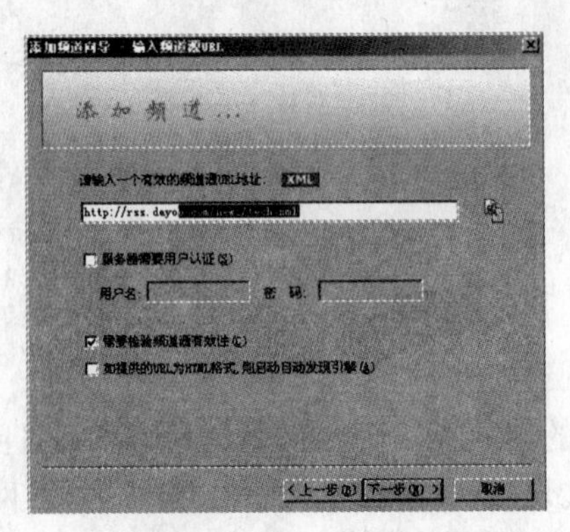

图 3-75　“添加频道向导—输入频道源 URL”对话框

⑤ 在编辑框中输入刚才获得的“科技新闻”频道的RSS Feed网址，然后单击“下一步”按钮，在系统对该频道的有效性进行验证之后，将会打开“添加频道向导—配置频道”对话框。

⑥ 可以为该频道选择一个更直观的中文名称，如“科技新闻”，然后将该频道添加在频道树的特定位置，最后单击“完成”按钮。在“我的订阅频道”→“我的RSS频道”下出现了刚添加的“科技新闻”频道，即频道订阅成功。

2. 频道组管理

使用频道组能够有效地管理大量的频道。在“看天下”中，通过添加频道组、重命名频道组、移动频道或频道组以及删除频道组等操作，可以完成对频道及频道组的有效管理。

（1）添加频道组

添加频道组与Windows资源管理器中添加文件夹类似。

在订阅频道界面，选中“频道树”→“我的RSS 频道”，单击鼠标右键，在弹出的菜单中选择“添加频道组”命令，将会打开“添加频道组”对话框。

输入频道组名，如“新华网新闻中心”，然后单击“添加”按钮，在“我的订阅频道”→“我的RSS 频道”下出现了刚添加的“新华网新闻中心”频道组，频道组添加成功。

（2）重命名频道组

在订阅频道界面，选择需要重命名的频道组，单击鼠标右键，在弹出的菜单中选择“重命名”命令，该频道组名称立刻变成可编辑状态，直接输入新的名称即可。

（3）移动频道或频道组

使用鼠标拖曳的方法将频道或频道组移至频道树的相应位置，即可完成频道或频道组的移动操作。将新华网新闻中心的众多频道移动至新华网新闻中心频道组中，频道树的结构更加清晰。

（4）删除频道组

在订阅频道界面，选择需要删除的频道组，单击鼠标右键，在弹出的快捷菜单中选择“删除频道组”命令，将会打开系统提示对话框。单击对话框中的“是”按钮，即可删除该频道组。

3. OPML 导出

通过将本地的频道信息导出到OPML 文件中，可以实现RSS 频道资源的备份与共享。OPML 导出的具体操作是，单击主菜单“频道管理”中的“导出频道”→“到OPML 文件… ”子菜单，打开图3-76所示的“导出频道到文件… ”对话框。

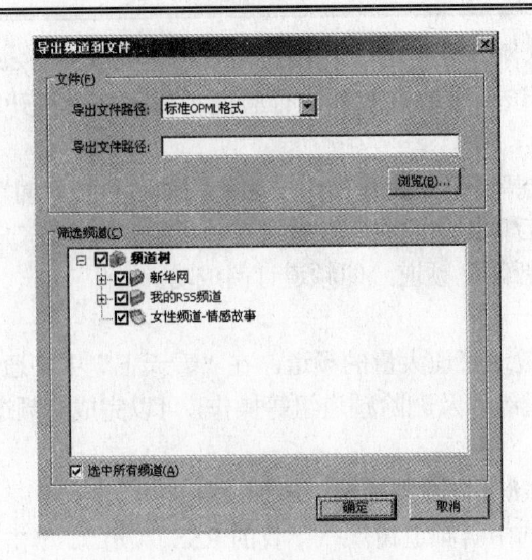

图 3-76　导出 OPML 文件

设置导出文件存放的位置与文件名，在筛选频道中选择要导出的频道组，然后单击“确定”按钮，相关的频道或频道组信息就导出到指定位置上的 OPML 文件中了。

重新安装系统，或者使用另外一台计算机时，就可以通过这个导出的 OPML 文件订阅频道，具体操作不再赘述。

3.3.5　任务五　阅读与内容管理

系统配置和频道订阅与管理的最终目的，都是为了更好地阅读和管理所订阅网站的更新信息。“看天下”提供了强大的阅读与内容管理功能，用户使用它可以方便地阅读文章，进行搜索、过滤和本地管理等相关操作。

1. 阅读文章

在频道/内容管理界面，任意选中某个频道，如“我的 RSS 频道”，单击鼠标右键，在弹出的菜单中选择“刷新”命令，系统将会自动获取该频道的最新更新信息。在每个频道右侧出现了以“X/Y”方式排列的两个数字，前一个数字表示未读文章的条数，后一个数字表示更新文章的总条数。

同时在右侧的“新闻项列表”中加载了获取文章的相关信息。单击感兴趣的文章标题，在下方的“内容阅读”界面中将会出现该文章的摘要信息。

单击“我要立即阅读详细内容”链接，系统将会自动从相应网站下载网页，并显示在“内容阅读”界面中，供用户阅读。

2. 搜索文章

可以使用“看天下”提供的文章搜索功能，快速而直接地找到自己感兴趣的文章。

文章搜索的具体操作是，选择“工具”→“搜索新闻项”菜单命令，打开图 3-77 所示的“搜索新闻项”对话框。

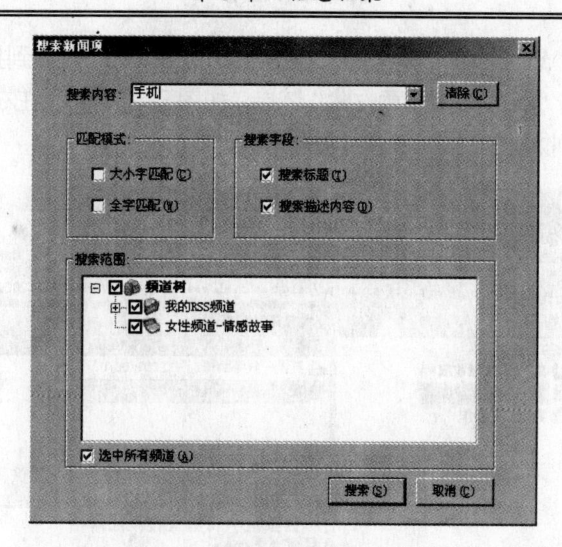

图 3-77　“搜索新闻项”对话框

在“搜索内容”编辑框中输入搜索关键词（如“手机”），然后完成匹配模式（建议采用默认设置）、搜索字段（如同时选中“搜索标题”和“搜索描述内容”）和搜索范围（如选中所有频道）的设置之后，最后单击“搜索”按钮，在“新闻项列表”中将会返回搜索到的关于“手机”的文章。

单击任一文章标题，即可在下方的“内容阅读”界面中浏览到该文章的摘要信息。

3. 文章过滤

在海量网络信息面前，进行适当的信息过滤十分重要。“看天下”提供的文章过滤功能，可以帮助用户过滤掉无用或无价值的文章。

在打开特定“新闻项列表”的情况下，选择“工具”→“过滤新闻项”命令，然后在打开的下拉菜单中选择“特定”命令，即可完成文章过滤的操作。如选择“今天取回的新闻项”命令，在“新闻项列表”中将会显示今天获得的所有文章信息。

4. 管理本地文章

“看天下”提供了强大的本地文章管理功能，可以完成标记文章状态、收藏与管理文章的相关操作。

（1）标记文章状态

在“新闻项列表”中任意选中某个文章的标题，单击鼠标右键，在弹出的快捷菜单中选择“标记新闻项”命令，在后续的菜单中选择相应命令即可完成对该文章状态的标记操作。

对于重要的文章，可以选择“标记重要新闻项”命令，将该文章状态标记为“重要新闻项”，此时在“新闻项列表”中用红色显示了该文章。

（2）收藏与管理文章

在“新闻项列表”中选中重要或有价值的文章，单击鼠标右键，在弹出的快捷菜单中选择“给新闻项贴上内容标签”命令，将会打开“选择内容标签”对话框。选择好文章收藏的位置（如

“我的网络文章收藏”)，然后单击“贴标签”按钮，即可将该文章收藏到指定位置。此时，进入“内容管理”界面，单击“我的网络文章收藏”链接，如图 3-78 所示，在右侧的“内容文章列表”界面中，将会显示出刚收藏的文章。

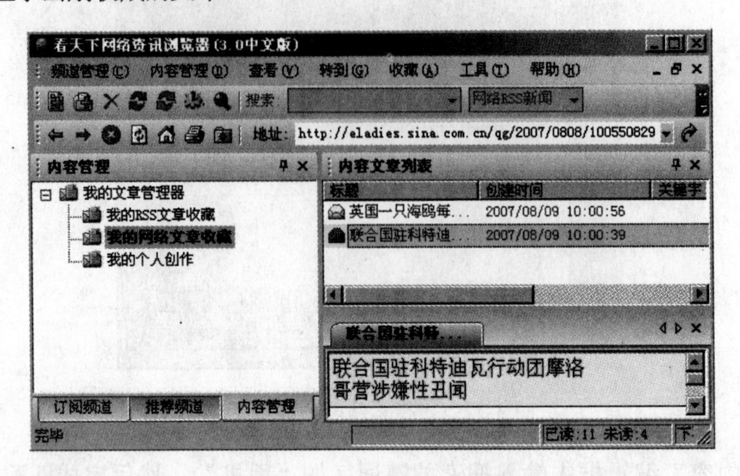

图 3-78　我的网络文章收藏

3.3.6　任务六　看天下使用的高级技巧

1. 关键字订阅

关键字订阅是“看天下”提供的一项智能化频道订阅功能，使用这种频道订阅方法，可以利用百度、FeedsS 等搜索引擎将互联网上关于该关键字的所有最新信息聚合到“看天下”中，省去了搜索网络的麻烦。关键字订阅的具体操作如下：

（1）在“订阅频道”中选中“频道树”→“我的 RSS 频道”，单击鼠标右键，在弹出的下拉菜单中选择“添加频道”命令，将会打开“添加频道向导—频道源模式”对话框。

（2）选中“订阅关键字频道”，然后单击“下一步”按钮，打开“添加频道向导—订阅关键字”对话框。

（3）输入订阅关键字（如“姚明”），选择采用的搜索引擎（如“百度”），然后单击“完成”按钮，如图 3-79 所示，在“订阅频道”中的“我的百度关键字”中将会出现刚添加的关于“姚明”的关键字频道。

（4）选中该关键字频道，单击鼠标右键，在弹出的快捷菜单中选择“刷新”命令，系统将自动获取关于该关键字的最新信息，如图 3-80 所示，在右侧的“新闻项列表”中将会显示出与该关键字相关的文章信息。

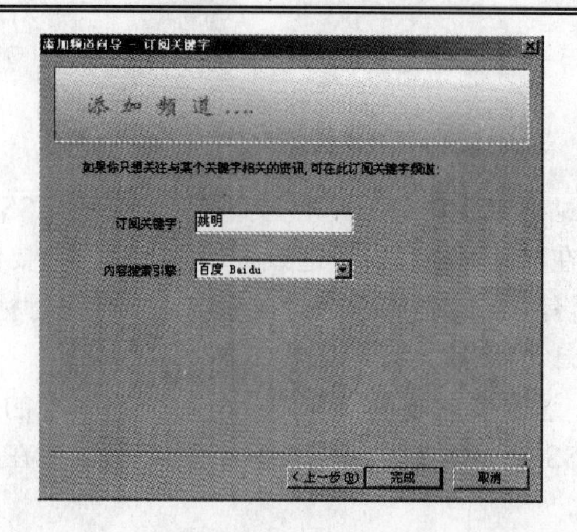

图 3-79　关键字订阅

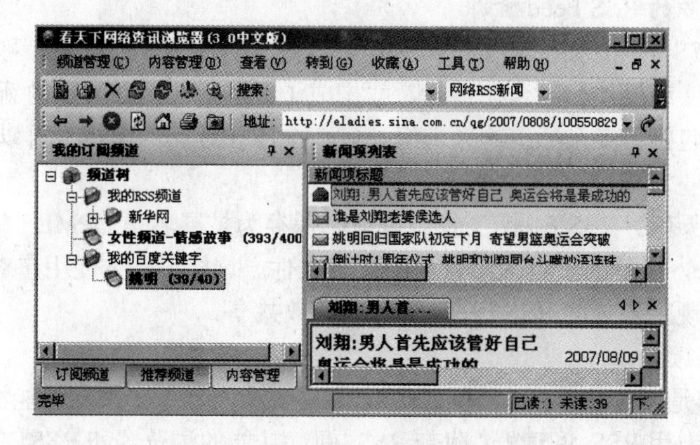

图 3-80　显示与关键字相关的信息

2．动态 OPML 管理

动态 OPML 指的是 OPML 文件中所包含的频道资源不是固定不变的，可能会随 RSS 提供商的需要不断变化更新。“看天下”能够自动管理动态 OPML 文件，实时添加或删除发生变化的频道。通过动态 OPML 文件订阅频道的具体操作，可以参考“通过 OPML 订阅频道”的相关内容，不再赘述。

3.3.7　阅读材料

1．RSS 第一印象

打开人民网（http://www.people.com.cn）和计算机世界网（http://www.ccw.com.cn），在首页的分类栏目区中，可以发现它们有一个共同的栏目链接——RSS，说明它们都支持 RSS 服务。

其实，除了人民网和计算机世界网之外，新浪、搜狐、网易、新华网、百度等众多国内门户网站也都开始支持 RSS 服务。门户网站的大量使用，使 RSS 和 Blog 一道，成为 Web 2.0 时代互联网上最热门的两个应用。

实际应用 RSS，离不开 RSS Feed 与 RSS 阅读器。RSS Feed 文件反映网站最新的更新信息，RSS 阅读器则用于订阅、读取和分析 RSS Feed 文件，进而获取及时的网站更新信息。

（1）RSS Feed 文件

提供 RSS 服务的网站通常采用以下两种方式向用户提供 RSS Feed 文件的相关信息。

① 单独放置方式。在网站（栏目、频道或板块）首页的显要位置标注其 RSS Feed 文件的网络链接，一般采用有 XML 或 RSS 字样的橙色小图标进行标记。不过，随着 RSS 的逐步普及，这种 RSS Feed 的单独放置方式越来越少。

② 集中放置方式。这是目前支持 RSS 的网站普遍采用的一种 RSS Feed 提供方式，即将网站所有的 RSS Feed 链接图标按照类别集中放置在同一个页面，统一向用户提供。

提示：绝大多数的 RSS 阅读器内嵌了大量的 RSS Feed 资源。另外，通过 RSS 搜索工具也可以获得更多的 RSS Feed 资源。

每个使用 RSS Feed 文件来描述其内容更新情况的栏目（或板块）称为频道，同一个网站中多个栏目（或板块）组合在一起，就构成了频道组。例如，国内新闻是一个频道，而新闻中心则是包括了多个频道的频道组。多个主题相近的频道组又可以构成更高一级的频道组。

另外，网站所有的 RSS Feed 文件可以统一保存为扩展名是 OPML（Outline Processor Markup Language，大纲处理标记语言）的列表文件。这样，既方便用户对 RSS Feed 资源的备份，也可实现用户之间 RSS Feed 资源的有效共享。

（2）RSS 阅读器

RSS 阅读器是读取 RSS Feed 和 RSS OPML 文件的工具。根据功能特点的不同，RSS 阅读器可以分为专用 RSS 阅读器、附带 RSS 阅读功能的浏览器和 RSS 在线阅读器 3 类。表 3-2 列举了 RSS 阅读器的主要优点。

表 3-2 RSS 阅读器的主要优点

直接获取有用信息	使用 RSS 阅读器可以直接获取有用的网络信息，不会受到广告等无用信息的干扰
及时获取更新信息	RSS 阅读器可以订阅和自动获得网站的更新信息，内容及时性和实时性得到了保证
同时订阅不同信息	使用 RSS 阅读器，可以订阅多个网站的 RSS Feed 文件，并聚合在一个界面下阅读
方便管理信息	RSS 阅读器提供了信息的管理功能，能够方便地管理下载的所有信息资源

2．精彩 RSS 工具一览

RSS 工具主要包括 RSS 阅读器和 RSS 搜索工具。前者用于订阅、读取和分析 RSS Feed 文件，后者则提供了对 RSS Feed 文件资源的搜索服务。

表 3-3 列出了目前比较流行的中文 RSS 阅读器。

表 3-3　RSS 阅读器

阅读器简称	分　类	提供商	网址或下载地址
看天下	专用 RSS 阅读器	玉珀电子科技	http://rss.com.tv/pcreader-download.htm
周博通	专用 RSS 阅读器	POTU	http://www.potu.com/index/potu_down.php
新浪点点通	专用 RSS 阅读器	新浪网	http://rss.sina.com.cn/
Maxthon	带 RSS 功能的浏览器	Mysoft	http://www.maxthon.cn/
Firefox	带 RSS 功能的浏览器	Mozilla	http://www.mozilla.net.cn/
和讯博览 RSS	RSS 在线阅读器	和讯网	http://rss.hexun.com/

目前，流行的中文 RSS 搜索工具包括 FeedsS（http://www.feedss.com）、看天下 RSS 搜索引擎（http://www.kantianxia.com/search）和 SORSS（http://www.sorss.com/rss.htm）等。

3.4　小　结

本章主要描述了 Internet Explorer、看天下网络资讯浏览器、WinRAR 压缩软件、Thunder（迅雷）下载软件的使用，学习者应该掌握浏览器的常用设置以及如何保存和搜索网上资料。

3.5　能力鉴定

本章主要为操作技能训练，能力鉴定以实训为主，对少数概念可以教师问学生答的方式检查掌握情况，学生能力鉴定记录如表 3-4 所示。

表 3-4　能力鉴定记录表

序号	项　目	鉴 定 内 容	能	不能	教师签名	备注
1	项目一 网上浏览与信息搜索	设置 IE 默认主页				
2		加快网页浏览速度				
3		设置 IE 安全级别				
4		会使用百度搜索信息				
5		会使用 Google 搜索信息				
6	项目二 保存网络资源	会使用收藏夹收藏自己喜欢的页面				

续表

序号	项　目	鉴 定 内 容	能	不能	教师签名	备注
7		能保存自己需要的网页				
8		会使用工具软件下载网络资源				
9						
10		能熟练使用 WinRAR 压缩和解压文件				
11	项目三 RSS 资讯订阅	会下载与安装看天下网络资讯浏览器				
12		熟练使用看天下网络资讯浏览器				
13		能进行系统配置管理				
14		学会频道订阅与管理				
15		学会阅读与内容管理				
16		学会“看天下”高级使用技巧				

习　题　3

一、选择题

1．一般的浏览器用____来区别访问过和未访问过的连接。

A．不同的字体　　B．不同的颜色

C．不同的光标形状　　D．没有区别

2．信息产业部要建立 WWW 网站，其域名的后缀应该是____。

A．.GOM.CN　　B．.EDU.CN

C．.GOV.CN　　D．.AC

3．在浏览 Web 的时候系统常常会询问是否接受一种叫做“Cookie”的东西，Cookie是____。

A．在线订购馅饼

B．馅饼广告

C．一种小文本文件，用以记录浏览过程中的信息

D．一种病毒

4．用户在网上最常用的一类信息查询工具叫做____。

A．ISP　　B．搜索引擎

C．网络加速器　　D．离线浏览器

5．Web 检索工具是人们获取网络信息资源的主要检索工具和手段。以下_______不属于 Web 检索工具的基本类型。

A．目录型检索工具　　B．搜索引擎

C．多元搜索引擎　　D．语言应答系统

6．IE 的收藏夹中存放的是____。

A．最近浏览过的一些 WWW 地址

B．用户增加的 E-mail 地址

C．最近下载的 WWW 地址

D．用户增加的 WWW 地址

7．目前最大的中文搜索引擎是____。

A．新浪　　B．雅虎　　C．百度　　D．搜狐

二、思考题

1．搜索引擎通常应该具备哪些基本的检索功能？

2．比较几种搜索引擎的优缺点。

3．什么是 RSS？

4．RSS 与传统 Web 浏览有哪些不同？

5．RSS Feed 文件是什么？

第4章　网 上 交 流

1．能力目标

通过本章的学习与训练，学生能快速通过网络与他人交流。

✧ 掌握申请邮箱、收发邮件、管理邮箱的技能。

✧ 掌握网络即时通信软件 QQ 的使用方法。

✧ 了解网络即时通信软件 Windows Live Messenger 的使用方法。

✧ 掌握网络电话 Skype 的使用方法。

✧ 了解网络电话 UUCall 的使用方法。

2．教学建议

1）教学计划表

表 4-1　教学计划表

任　务		重点（难点）	实 训 要 求	建 议 学 时
收发电子邮件	任务一 申请网易 163 邮箱	重点	能成功申请 163 邮箱	2
	任务二 登录网易 163 邮箱收发邮件	难点	会撰写信件，能收发邮件	
网络即时通信	任务一 安装 QQ 客户端程序	重点	会下载 QQ 客户端程序 能安装并设置 QQ 客户端程序	2
	任务二 申请 QQ 号码	重点	能成功申请 QQ 号码	
	任务三 QQ 客户端基本设置		根据学生自己的喜好设计基本设置方案 学生在自己的 QQ 程序中按设计方案配置	
	任务四 使用 QQ 与好友通信	重点	会发送、接收信息；会传送文件 会远程协助	
网络电话	任务一 TOM-Skype 的使用	重点	会下载安装 Skype 客户端软件，能用 Skype 拨打电话	2
	任务二 UUCall 的使用		会下载安装 UUCall 客户端软件，能用 UUCall 拨打电话	
合计学时				6

2）教学资源准备

（1）软件资源：QQ 客户端程序、Skype 和 UUCall 客户端程序。

设计 QQ 基本设置方案和 UUCall 系统设置方案。

（2）硬件资源：安装 Windows XP 操作系统的计算机。

每台计算机配备一套带麦克风的耳机。

3. 应用背景

小刘是某学院系部的教学秘书，经常要收集教学信息、学生的反馈信息和教师的教学文件，发布教学通知，组织教学上的学术讨论等，他应该怎样利用网络来快速实现交流呢？他可以利用电子邮箱（E-mail）、网络即时通信工具和网络电话来实现。

4.1　项目一 收发电子邮件

4.1.1　预备知识

1. 什么是电子邮件

电子邮件（Electronic mail，简称 E-mail，标志：@，也被大家昵称为“伊妹儿”）又称电子信箱、电子邮政，它是一种用电子手段进行信息交换的通信方式。电子邮件是 Internet 应用最广的服务，通过网络的电子邮件系统，用户可以用非常低廉的价格（不管发送到哪里，都只需负担电话费和网费即可），以非常快速的方式（几秒钟之内可以发送到世界上任何指定的目的地），与世界上任何一个角落的网络用户联系，这些电子邮件可以是文字、图像、声音等各种形式。同时，用户可以得到大量免费的新闻、专题邮件，并轻松实现信息搜索。这是任何传统的方式无法相比的。正是由于电子邮件的使用简单、投递迅速、收费低廉、易于保存、全球畅通无阻，使得电子邮件应用十分广泛，它使人们的交流方式得到了很大的改变。另外，电子邮件还可以进行一对多的邮件传递，同一邮件可以一次发送给许多人。最重要的是，电子邮件是整个网间网以至所有其他网络系统中直接面向人与人之间信息交流的系统，它的数据发送方和接收方都是人，所以极大地满足了大量存在的人与人通信的需求。

电子邮件综合了电话通信和邮政信件的特点，它传送信息的速度和电话一样快，又能像信件一样使收信者在接收端收到文字记录。电子邮件系统又称基于计算机的邮件报文系统。它承担从邮件进入系统到邮件到达目的地为止的全部处理过程。电子邮件不仅可利用电话网络，而且可利用任何通信网传送。在利用电话网络时，还可利用其非高峰期间传送信息，这对于商业邮件具有特殊价值。

2. 怎样选择电子邮箱

选择电子邮件服务商之前要明白使用电子邮件的目的是什么，根据自己不同的目的有针对性的去选择。

如果经常和国外的客户联系，建议使用国外的电子邮箱，如 Gmail，Hotmail，MSN mail，Yahoo mail 等。

如果是想当做网络硬盘使用，经常存放一些图片资料等，就应该选择存储量大的邮箱，如 Gmail，Yahoo mail，网易 163 mail，126 mail，yeah mail，TOM mail，21CN mail 等都是不错的选择。

如果自己有计算机，最好选择支持 POP/SMTP 协议的邮箱，可以通过 Outlook，Foxmail 等邮件客户端软件将邮件下载到自己的硬盘上，这样就不用担心邮箱的大小不够用，同时还能避免别人窃取密码以后偷信件。当然前提是不在服务器上保留副本。

如果经常需要收发一些大的附件，Gmail，Yahoo mail，Hotmail，MSN mail，网易 163 mail，126 mail，Yeah mail 等都能很好地满足要求。

若是想在第一时间知道自己的新邮件，推荐使用中国移动通信的移动梦网随心邮，当有邮件到达的时候会有手机短信通知。中国联通用户可以选择如意邮箱。

如果只是在国内使用，QQ 邮箱也是很好的选择，QQ 号码@qq.com 形式的邮箱地址能让你的朋友通过 QQ 和你发送即时消息。当然也可以使用别名邮箱。另外随着腾讯收购 Foxmail，使得腾讯在电子邮件领域的技术得到很大的加强。所以使用 QQ 邮箱应该是很放心的。

使用收费邮箱的朋友要注意邮箱的性价比是否值得花钱购买，也要看看自己能否长期支付其费用，目前网易 VIP 邮箱、188 财富邮都很不错，尤其是提供的多种名片设计方案非常的人性化。

关于支持发送接收的附件的大小其实很多人都有一个误解，很多人认为一定要大。其实一般来说发送的附件都不超过 3MB，附件大了以后可以通过 WinZip，WinRAR 等软件压缩以后再发送。现在的邮箱基本上都支持 4MB 以上的附件，有些邮箱提供超过 10MB 的附件收发空间。还有一个不容忽视的问题是你的邮箱支持大的附件而你的朋友的邮箱是否也支持大的附件呢？如果你能发送大的附件而你的朋友的邮箱不支持接收大的附件，那么你的邮箱能支持再大的附件也毫无意义，所以能发送附件的大小并不重要。

4.1.2 任务一 申请网易 163 邮箱

申请网易 163 邮箱的步骤如下。

（1）登录网页 http://mail.163.com 进入“网易 163 免费邮”主页。

（2）如果还没有 163 邮箱，就需要注册一个新的邮箱，单击“注册”按钮，如图 4-1 所示。

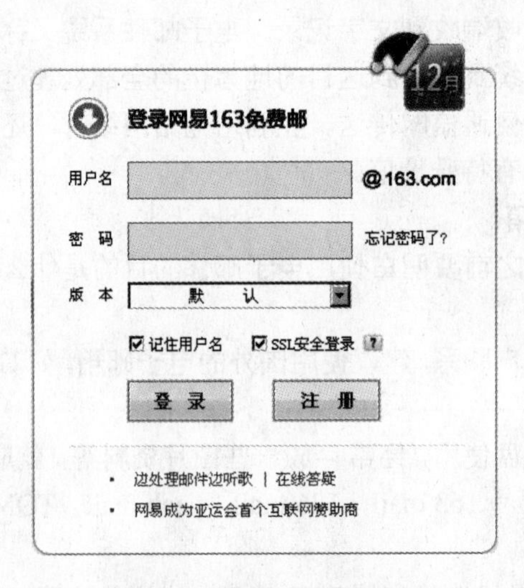

图 4-1 登录、注册界面

（3）在“您的用户名”文本框中输入自己的用户名（最好由好记的字母和数字组成），如果输入的用户名已经被其他人先使用了，就会弹出提示信息，要求重新输入或使用系统推荐的用户名。如果输入的用户名还没有被其他人使用，就可以填写邮箱的安全设置信息了，如图 4-2 所示。

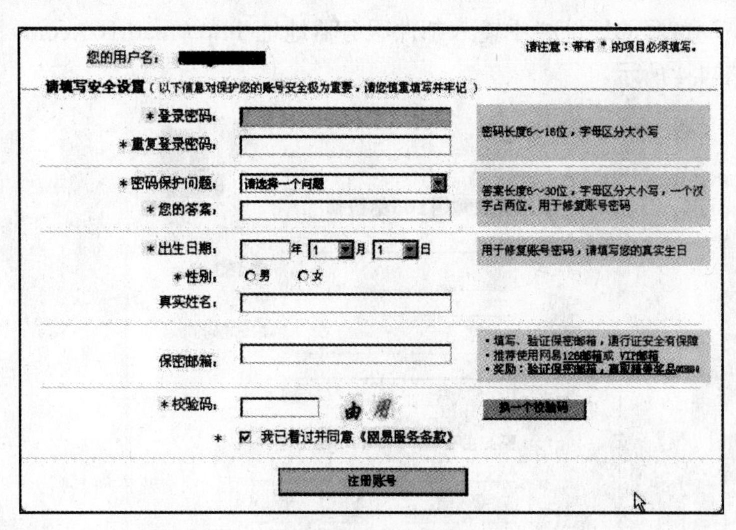

图 4-2　注册界面

（4）在安全设置栏中，详细填写相关信息。前面有“*”符号的项目必须填写；如果填写的信息不符合系统安全要求，系统会在下方进行提示；其中“保密邮箱”是其他已使用的认为比较安全的邮箱，“校验码”输入右边的提示字符即可；最后还有一个服务条款，建议阅读一下。输入完成后一定要记住自己所填写的信息，特别是用户名和登录密码，以便以后登录使用。最后单击“注册账号”按钮。

（5）一切正常的话，邮箱就申请成功了，弹出如图 4-3 所示的页面，单击“进入 3G 免费邮箱”按钮就可以使用邮箱了。

图 4-3　申请成功界面

（6）在图 4-3 中，提示了用户申请到的邮箱名，一定要记住，朋友之间发邮件前告诉对方这个邮箱地址，这里申请到的是****@163.com，另外还有一个“如何再次进入您的免费邮”提示说明，给出了以后登录 163 免费邮箱的地址 http://mail.163.com，请记住这个地址，以便以后登录。

4.1.3 任务二 登录网易 163 邮箱收发邮件

1. 登录网易 163 邮箱

（1）在 IE 浏览器的地址栏中输入邮件服务器地址 http://mail.163.com，打开网易 163 登录页面，如图 4-4 所示。

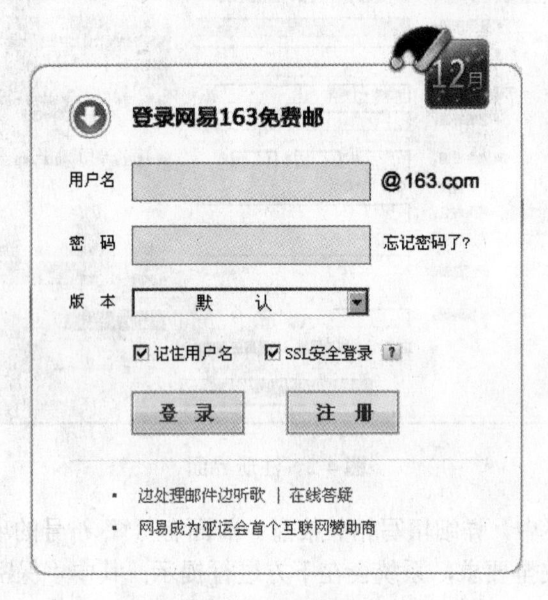

图 4-4 登录邮箱

（2）在“用户名”和“密码”文本框中输入自己邮箱的用户名和密码。

提示：邮箱的用户名就是邮箱地址的前半部分。

（3）单击“登录”按钮即可登录，打开自己邮箱的主页。退出时，只需要单击页面顶部“*****@163.com”后面的“退出，个人账户”就可以了，如图 4-5 所示。

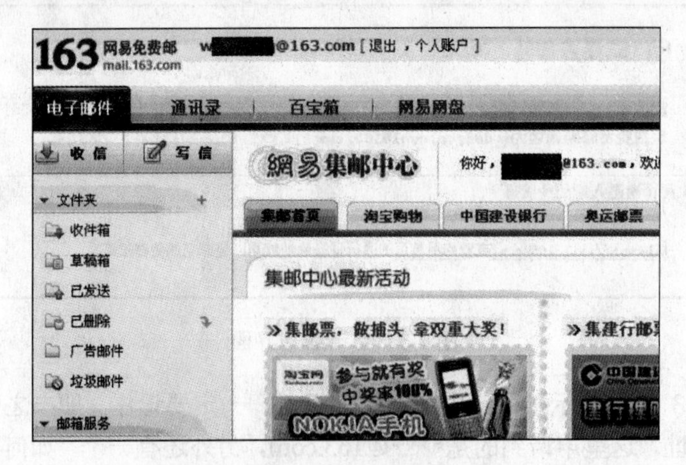

图 4-5 登录成功后的邮箱主页界面

2. 收发邮件

1）发送邮件

（1）单击左边主菜单上方的“写信”按钮，打开写信窗口，如图 4-6 所示。

图 4-6　写信窗口

（2）在“收件人”栏填写对方的邮箱地址，在“主题”栏输入邮件内容的标题。在正文窗口输入邮件正文，不但可以编写纯文本邮件，还可以利用编写窗口上面的一些功能使邮件更绚烂，如格式设定、插入超链接、图片、表情符、签名等，甚至可以单击编辑框右上角的“全部功能”打开更多功能，这些功能大家可以自己试着使用一下，如图 4-7 所示。

图 4-7　信件格式设置界面

（3）很多时候，在发送文字邮件的同时还需要发送其他资料。单击“添加附件”按钮，打开“选择文件”窗口，选择附带的文件，单击“确定”按钮完成添加附件，附件可以反复添加多个，如果添加了错误的附件，可以单击附件后面的“×”删除该附件，如图 4-8 所示。

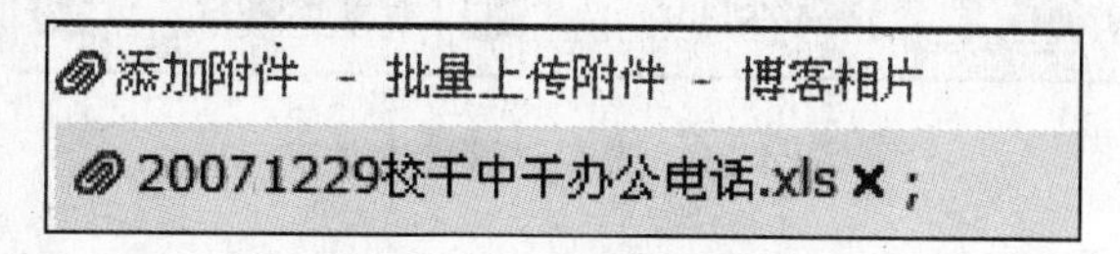

图 4-8　附件操作界面

（4）信件撰写好后，可以单击“发送”按钮发送邮件，也可单击“存草稿”按钮保存信件，以后再发送邮件（见图 4-9）。

图 4-9　信件操作界面

2）收取邮件

每次登录邮箱时，邮件系统会自动收取邮件。收到的邮件都存放在“收件箱”中，如果有未读的新邮件，在页面的主要位置就会有提示（见图 4-10）。

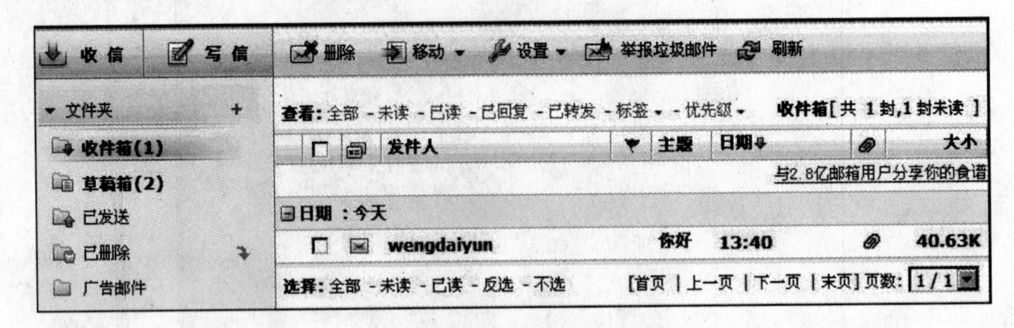

图 4-10　收件箱界面

在邮件列表中单击想查看的信件，即可阅读信件。

3. 管理邮箱

邮件服务器提供给用户的管理功能很多，而且不同的服务器有所区别。这里我们介绍一些主要的操作。

1）删除邮件

选中要删除的邮件，单击页面上方或下方的“删除”按钮，即可将邮件移动到“已删除”文件夹，此时邮件还保存在“已删除”文件夹中，并没有彻底删除邮件，如果要彻底删除邮件，可进入“已删除”文件夹，选中要彻底删除的邮件，单击“删除”按钮即可彻底删除邮件。也可单击“清空”按钮将“已删除”文件夹中的全部邮件彻底删除（见图 4-11）。

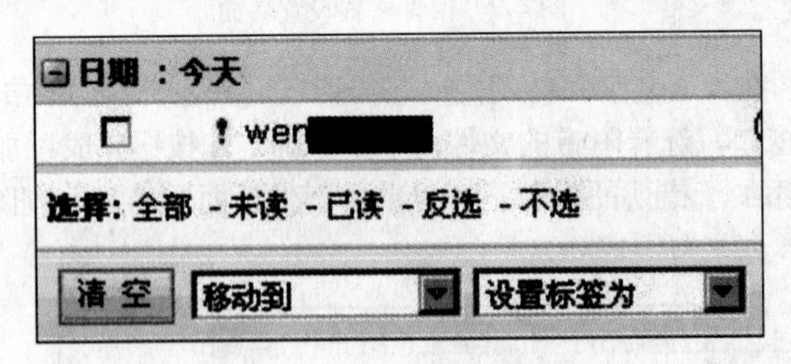

图 4-11　清空已删除文件夹

2）移动邮件

选中要移动的邮件，单击页面上方的“移动”按钮，从弹出的菜单中选择要移动到哪个文件夹（见图 4-12），即可将邮件移动到目标文件夹中。

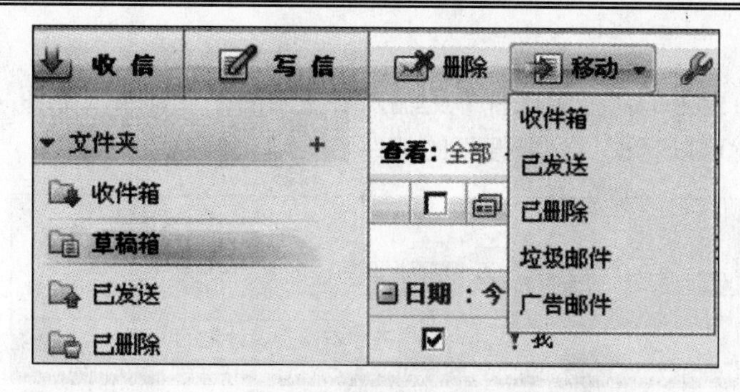

图 4-12　移动邮件

3）设置邮件标记

通过设置邮件标记，可以将邮件进行简单的分类，可以设置的标记一般有 3 种：阅读状态、优先级和标签，具体操作如下。

打开要设置标记的文件夹，选中要设置标记的邮件，单击“设置”→“标记状态”→“已读”（或“未读”）命令，将选中邮件设置为已读状态（或未读状态）（见图 4-13）。

还可设置邮件的优先级和标签，操作方法与设置阅读状态类似。

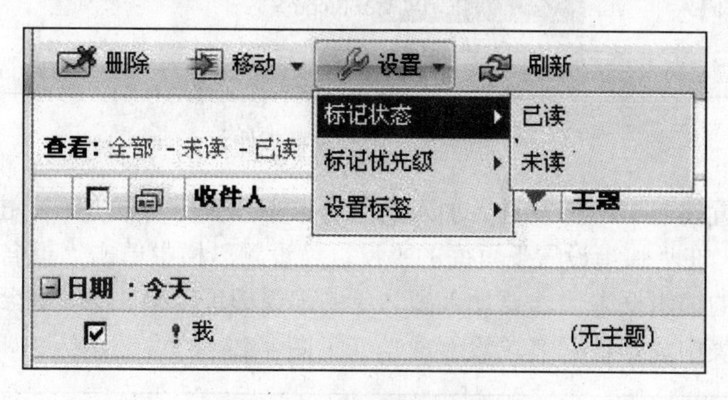

图 4-13　设置邮件标记

4）邮件排序

当您查看某个文件夹的邮件时，文件夹内的邮件会自动地按照发送的日期排序。“日期”链接的右侧有一个向下的箭头标记。

若要按发件人对文件夹内的邮件排序，单击列标题“发件人”。同样，还可以在任何文件夹内，按照主题或大小对邮件进行排序。若要对邮件进行反向排序，请再次单击标题，箭头就会更改方向（见图 4-14）。

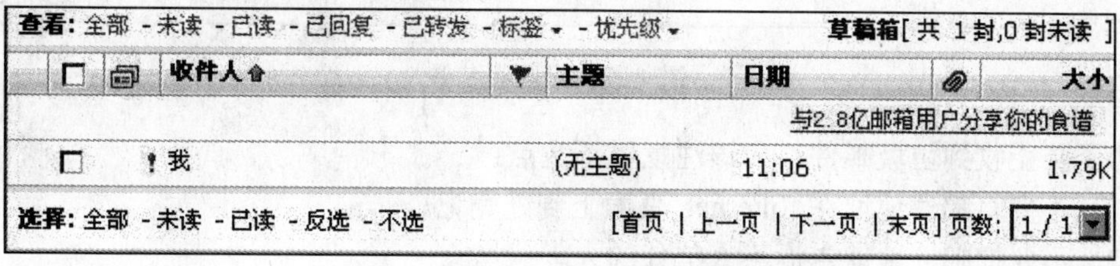

图 4-14　邮件排序

5）搜索邮件

在邮箱页面右上方的“搜索邮件”处输入要搜索的字或词条（见图 4-15），单击“搜索邮件”按钮，就可以轻松找到要搜索的邮件了。

图 4-15 搜索邮件

6）拒收垃圾邮件

单击疑似垃圾邮件，进入阅读界面，单击“拒收”按钮（见图 4-16），邮件系统会将该邮件的发送人地址加入到黑名单中，系统会自动拒收此垃圾邮件发送人的邮件。

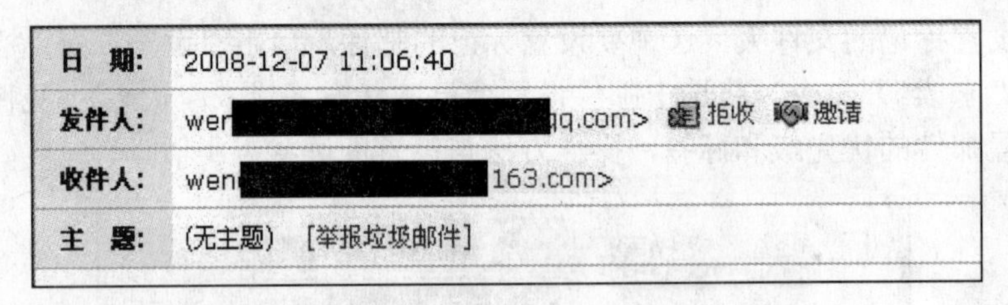

图 4-16 拒收垃圾邮件

也可直接设置黑名单，将发送人加入到黑名单中，具体方法是：单击邮箱页面右上方的“设置”按钮，在“邮箱设置”页面的“反垃圾设置”栏中单击“黑名单设置”。在“黑名单设置”页面的编辑框中输入要加入黑名单的邮箱地址，单击“添加到黑名单”按钮，该用户就会在列表中显示，黑名单设置成功（见图 4-17）。

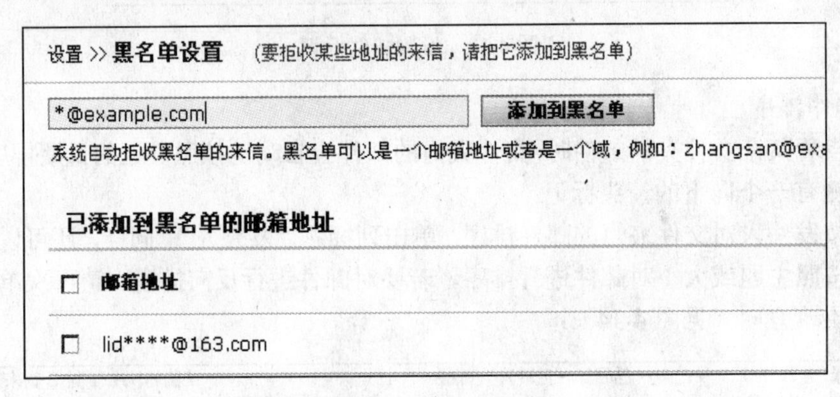

图 4-17 设置黑名单

为了防止收到垃圾邮件，应该注意以下几点：

（1）不要将邮件地址在 Internet 页面上到处登记。

（2）不要把邮件地址告诉不太信任的人。

（3）不要订阅一些非正式的不健康的电子杂志，以防止被垃圾邮件收集者收集。

（4）不要在某些收集垃圾邮件的网页上登记邮件地址。

（5）发现收集或出售电子邮件地址的网站或消息，告诉相应的主页提供商或主页管理员，将您删除，以避免邮件地址被他们利用，卖给许多商业及非法用户。

（6）建议用专门的邮箱进行私人通信，而用其他邮箱订阅电子杂志。

（7）在读信页面中单击“垃圾投诉”，网易方面查实后，将其过滤。

4.1.4 阅读材料

1．电子邮件的工作原理

电子邮件的工作过程遵循客户/服务器模式。每份电子邮件的发送都要涉及发送方与接收方，发送方构成客户端，而接收方构成服务器，服务器含有众多用户的电子信箱。发送方通过邮件客户程序，将编辑好的电子邮件向邮件发送服务器（SMTP 服务器）发送。邮件发送服务器识别接收者的地址，并向管理该地址的邮件服务器（POP3 服务器）发送消息。邮件服务器将消息存放在接收者的电子信箱内，并告知接收者有新邮件到来。接收者通过邮件客户程序连接到服务器后，就会看到服务器的通知，进而打开自己的电子信箱来查收邮件。

通常 Internet 上的个人用户不能直接接收电子邮件，而是通过申请 ISP 主机的一个电子信箱，由 ISP 主机负责电子邮件的接收。一旦有用户的电子邮件到来，ISP 主机就将邮件移到用户的电子信箱内，并通知用户有新邮件。因此，当发送一条电子邮件给另一个客户时，电子邮件首先从用户计算机发送到 ISP 主机，再经过 Internet 传送到收件人的 ISP 主机，最后到收件人的个人计算机。

ISP 主机起着“邮局”的作用，管理着众多用户的电子信箱。每个用户的电子信箱实际上就是用户所申请的账号名。每个用户的电子邮件信箱都要占用 ISP 主机一定容量的硬盘空间，由于这一空间是有限的，因此用户要定期查收和阅读电子信箱中的邮件，以便腾出空间来接收新的邮件。

电子邮件在发送与接收过程中都要遵循 SMTP、POP3 等协议，这些协议确保了电子邮件在各种不同系统之间的传输。其中，SMTP 负责电子邮件的发送，而 POP3 则用于接收 Internet 上的电子邮件。

2．电子邮件地址的构成

电子邮件地址的格式是“USER@SERVER.COM”，通常由三部分组成。第一部分“USER”代表用户信箱的账号，对于同一个邮件接收服务器来说，这个账号必须是唯一的；第二部分“@”是分隔符；第三部分“SERVER.COM”是用户信箱的邮件接收服务器域名，用以标志其所在的位置。

4.2 项目二 网络即时通信

4.2.1 预备知识

什么是 QQ？QQ 有什么主要功能？

1999 年 2 月，腾讯推出基于互联网的即时通信工具——腾讯 OICQ，支持在线消息收发、即时传送语音、视频和文件，并且整合移动通信手段，可通过客户端发送信息给手机用户。目前，QQ 已开发出穿越防火墙、动态表情、给好友分享视音频资料、捕捉屏幕、共享文件夹、提供聊天场景、聊天时可显示图片等强大的功能。QQ 已成为给用户提供互联网业务、无线和固网业务的最基本平台。

4.2.2 任务一 安装 QQ 客户端程序

（1）登录网站 http://pc.qq.com/，下载适合自己计算机操作系统的 QQ 客户端安装程序。

（2）双击下载的 QQ 客户端安装程序，进行必要的设置并安装 QQ 客户端程序。

4.2.3 任务二 申请 QQ 号码

用户使用腾讯 QQ，首先应该安装腾讯 QQ 程序，再申请 QQ 号码，QQ 号码一般是免费的，不过腾讯公司同时提供了有特色的 QQ 号码，需要付费使用，申请一个免费 QQ 号码的步骤如下：

（1）选择“开始”→“所有程序”→“腾讯软件”→“腾讯 QQ”菜单项。

（2）进入腾讯 QQ 登录界面，单击“申请号码”按钮，如图 4-18 所示。

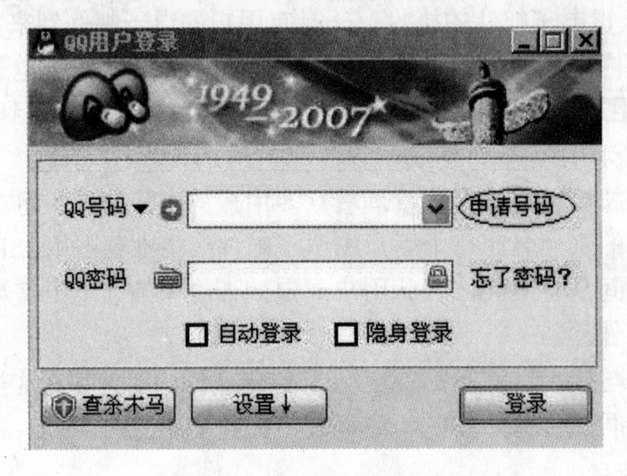

图 4-18 QQ 用户登录界面

（3）在“申请号码”页面中，单击“网页免费申请”。

也可以通过声讯电话申请 QQ 号码：使用固定电话或小灵通拨打 16885883（部分地区以当地的腾讯特服号码为准），就可以直接申请普通 QQ 号码，一经申请，终生免费，但需要用户支付第一次的电话信息费。

（4）切换至“填写基本资料”页面中，用户输入昵称、年龄、性别、密码、设置机密问题、更多密码保护信息（选填）等，在“验证码”文本框中输入验证码，单击“下一步”按钮。

注意：要牢记机密问题和密码保护信息，它们是 QQ 号被盗后申诉取回的必要信息。

（5）切换至“验证密码保护信息”页面中，用户可以在此回答刚刚设置的机密问题，正确回答后，单击“下一步”按钮，如图 4-19 所示。

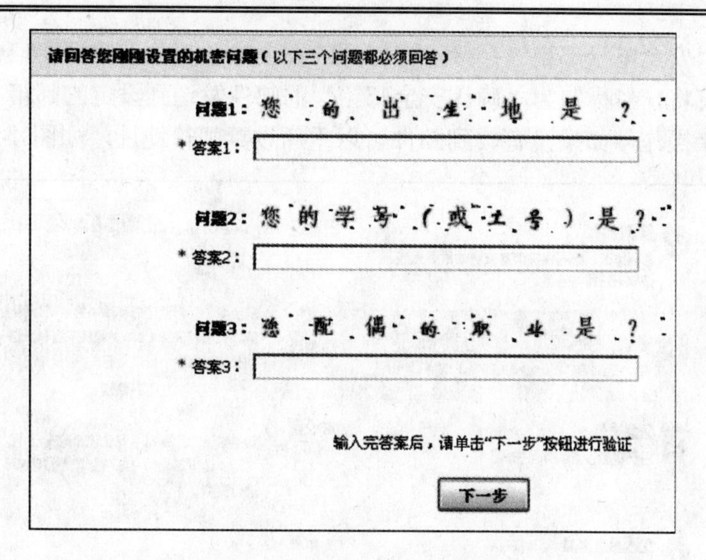

图 4-19　验证密码保护信息

（6）系统提示申请成功。需要牢记申请的 QQ 号码和对应的密码。为了用户使用 QQ 号码的安全性，建议申请密码保护，单击“我要永久保护”按钮即可，如图 4-20 所示。

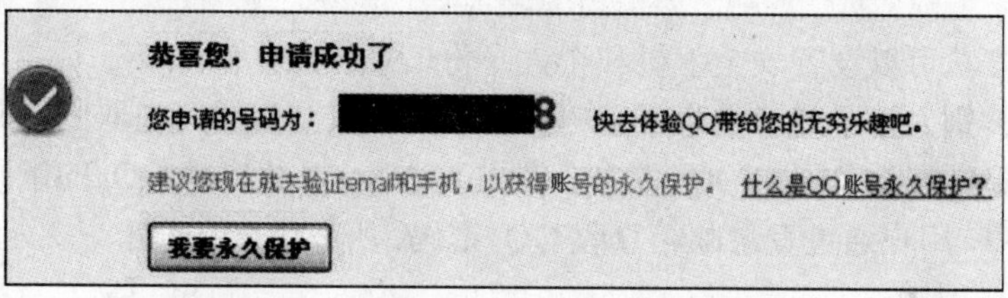

图 4-20　申请保护

（7）切换至“我的账号”页面，在此页面中可以对机密问题、安全电子邮箱、安全手机、个人身份信息进行修改、验证，如图 4-21 所示。

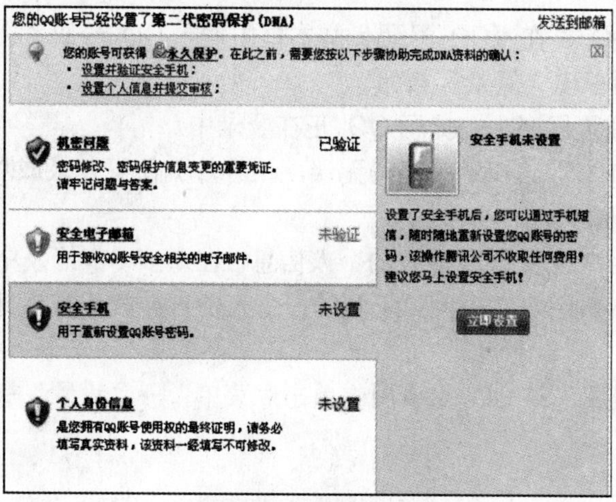

图 4-21　保护信息设置

（8）单击“安全电子邮箱”链接，在打开的安全电子邮箱未验证窗口中单击“立即验证”按钮，系统将一封标题为“确认安全邮箱”的邮件发送到设定的邮箱中，根据邮件中的提示完成剩余操作，如果没有收到邮件可以重新设置邮箱地址，如图 4-22 所示。

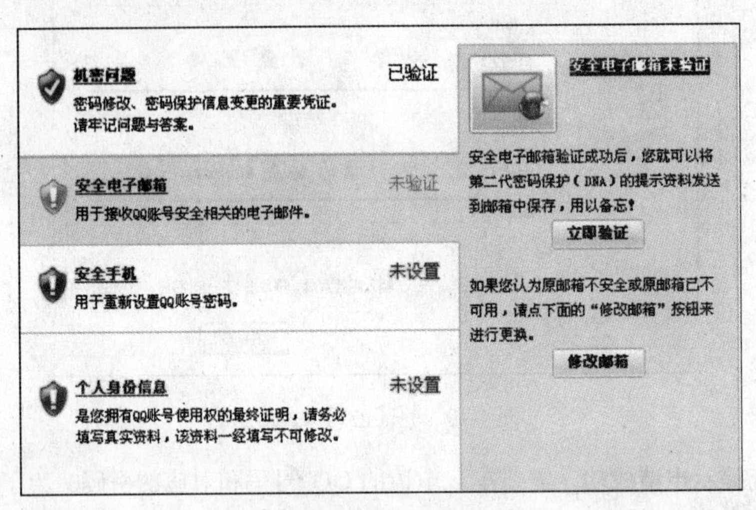

图 4-22　保护信息设置

用相同的方法可以设置安全手机和个人身份信息。

当 QQ 号被别人盗了或者是忘了密码，用户可以取回密码，在取回密码的过程中．首先向腾讯公司提供需要取回的 QQ 答案，确认正确后，系统会将 QQ 的密码发送到密码保护指定的邮箱中，用户通过登录邮箱查收 QQ 密码，所以用户必须牢记提示的问题和邮箱。

4.2.4　任务三　QQ 客户端基本设置

1．登录 QQ

用户申请了 QQ 号码后，就可以使用该号码登录 QQ ，畅快地进行沟通了，具体的登录方法如下：

（1）重新运行 QQ ，在“QQ 号码”文本框中输入 QQ 号码，在“QQ 密码”文本框中输入对应密码，再单击“登录”按钮。

（2）弹出 QQ 登录程序，并提示 QQ 正在登录中。

（3）如果确定 QQ 号码和对应密码无误，稍等片刻便可登录成功。

2．修改个人资料

登录 QQ 后，用户可以修改 QQ 的个人信息，在众多 QQ 好友中，大多数人都是通过查看用户的 QQ 资料对用户有个大致了解的，个人资料类似于网络身份证的功能。修改个人资料的操作如下：

（1）进入个人设置，在 QQ 主界面中单击“菜单”→“设置”→“个人设置”命令，如图 4-23 所示。

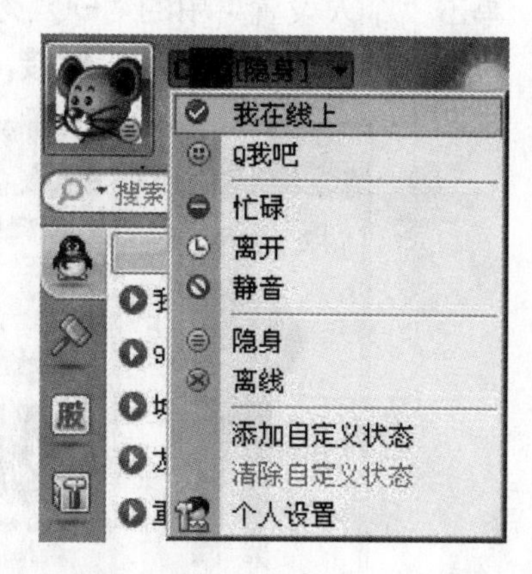

图 4-23　个人设置

也可单击 QQ 中的个人头像旁边的小三角按钮，弹出下拉菜单，选择“个人设置”命令。

（2）修改个人资料，用户可以修改个人信息，如图 4-24 所示。

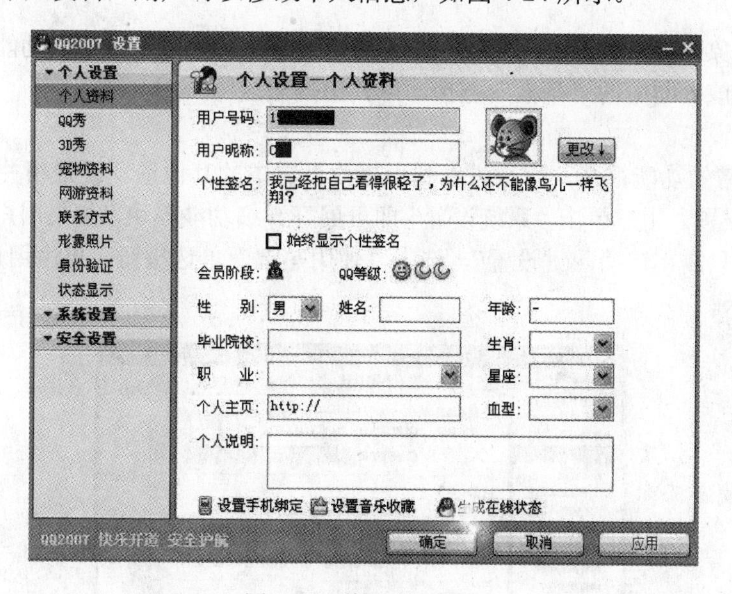

图 4-24　修改个人资料

① 在“个性签名”文本框中，用户输入的文字信息将直接显示在头像右侧。

② 单击“更改”按钮，用户可以更换头像，在弹出的“选择头像”对话框中单击头像即可选中，最后单击“确定”按钮。

用户在线时间等级到达 16 级以后，单击“本地上传”按钮就可以将本地图片上传到服务器作为用户头像。

（3）修改 QQ 秀。

用户可以根据个人形象制作自己的 QQ 秀，这样别人在查看用户资料时，就能看到用户的卡通形象。拥有自己的 QQ 秀的操作步骤如下：

第一步，单击“个人设置”中的“QQ 秀”。

第二步，单击“单击拥有 QQ 秀”链接，弹出相应网页，如图 4-25 所示。

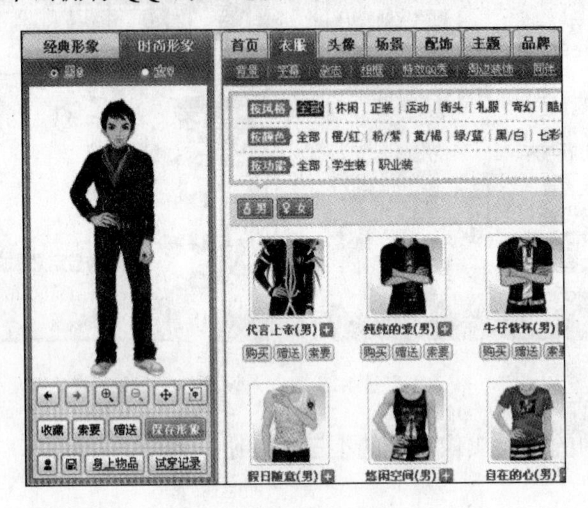

图 4-25　QQ 秀

在 QQ 形象中很多物品是需要支付一定费用的，用户可以通过搜索功能搜索对应价格的物品，单击该页面中的“搜索”链接即可弹出搜索区。

（4）其他设定。

QQ 所附带的功能很多，用户可以利用更改设置中的其他选项设置相关参数。

① 系统设置。用户单击“系统设置”即可展开详细功能模块，如果用户需要设置提取消息的热键，只需单击“热键设置”，选中“使用热键”单选按钮，再由用户自定义热键，如图 4-26 所示。

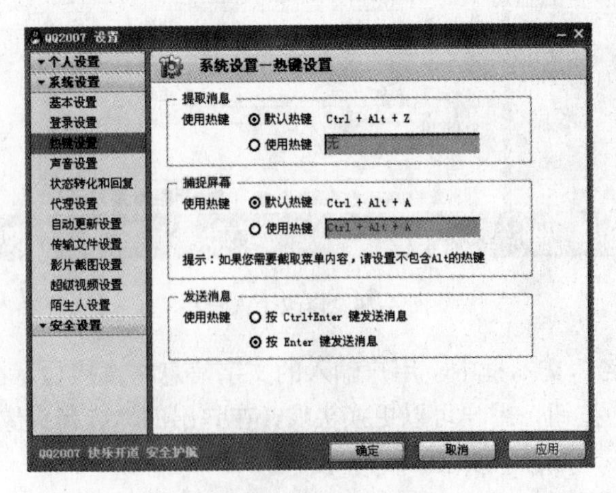

图 4-26　热键设置

② 安全设置。如果用户需要修改个人密码，单击“安全设置”展开详细功能模块，再单击“密码安全”，单击“修改密码”按钮，在打开的页面中修改密码，如图 4-27 所示。

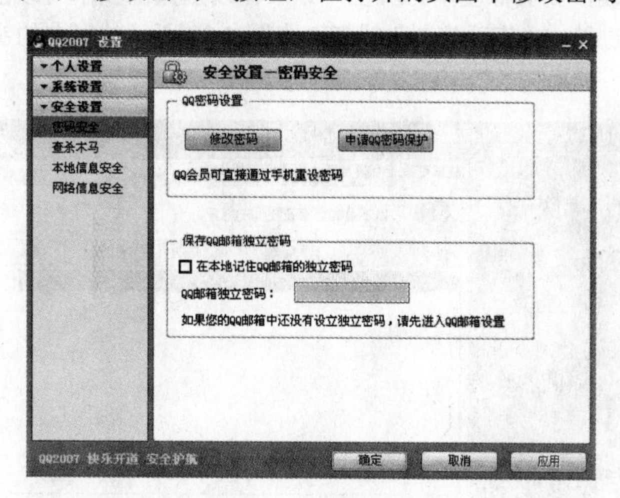

图 4-27　安全设置

4.2.5　任务四　使用 QQ 与好友通信

1. 查找和添加好友

用户登录 QQ 后，新申请的 QQ 号码中没有好友，可以通过以下方法来添加好友。

1）精确查找好友并添加

用户如果知道好友准确的 QQ 号码，可以通过准确查找 QQ 号码，将其添加为好友，方法如下。

（1）在 QQ 的主界面中单击“查找”按钮。

（2）选中“精确查找”单选按钮，在“对方账号”文本框中输入对方的 QQ 号码，单击“查找”按钮，如图 4-28 所示。

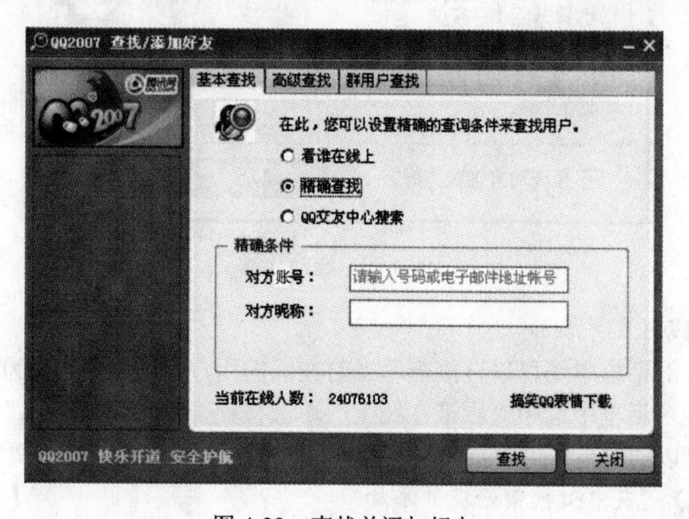

图 4-28　查找并添加好友

（3）如果输入 QQ 号码进行查找，则查找到的好友是唯一的，单击“加为好友”按钮。如果用户当前不在线，则头像显示为灰色，如果在线则头像显示为彩色。

用户还可以通过单击“查看资料”或者双击图 4-29 所示的好友的头像，查看好友的详细资料。

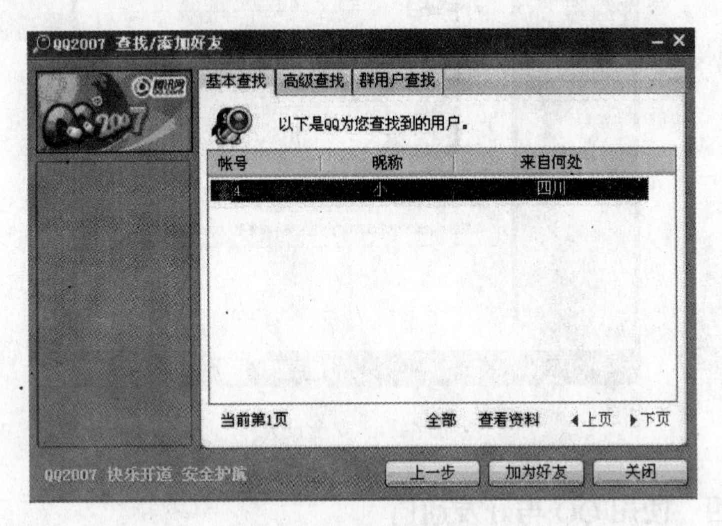

图 4-29　好友的头像

（4）在“选择分组”下拉列表中选择分组，单击“确定”按钮。

（5）如果对方需要验证，则必须输入验证信息，如图 4-30 所示。如输入自己的姓名，一般认识的朋友就会通过验证加为好友。

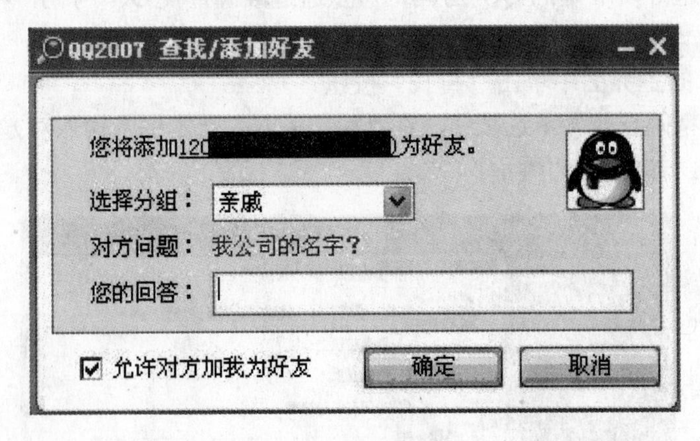

图 4-30　选择分组

2）查找在线好友并添加

用户在查找对话框中还可以直接查看当前在线的用户，并选择添加为好友，方法如下：

（1）在查找对话框中选中“看谁在线上”单选按钮，再单击“查找”按钮进行搜索。

（2）用户可以通过单击“下页”进行翻页，选中合适的好友，单击“加为好友”按钮。

3）通过 QQ 交友中心搜索好友并添加

除了以上两种查找方法，用户还可以通过 QQ 交友中心添加指定地区的好友，操作方法如下：

（1）在“查找”对话框中选中“QQ 交友中心搜索”单选按钮，并在“精确条件”选项区中选择搜索范围，再单击“查找”按钮。

（2）用户可以在弹出的网页中浏览 QQ 交友中心的朋友，单击“开始聊天”按钮。

（3）输入用户的 QQ 号码和密码，并输入验证码，单击“登录”按钮即可。

通过 QQ 交友中心添加好友是收费服务，用户可以选择使用。

4）接受加为好友的申请

在 QQ 中，用户除了加别人为好友外，有时候也会被别人加为好友，这时候用户可以进行如下操作：

（1）当他人申请加用户为好友时，在 QQ 的主界面中会有个小喇叭闪动。

（2）单击小喇叭即可在弹出的对话框中查看信息，用户可以选择“接受请求”或者“拒绝”，选中相应的单选按钮即可，最后单击“确定”按钮。

2. 好友分组

用户在添加好友后可以将好友进行分类，QQ 的默认分类包含我的好友、陌生人和黑名单，用户还可以添加自定义的组，例如家人、朋友、同学等，这样在以后的使用中，可以很方便地进行管理，操作方法如下。

1）新建组

（1）将鼠标移至“我的好友”上，右键单击鼠标，弹出快捷菜单，选择“添加组”命令，如图 4-31 所示。

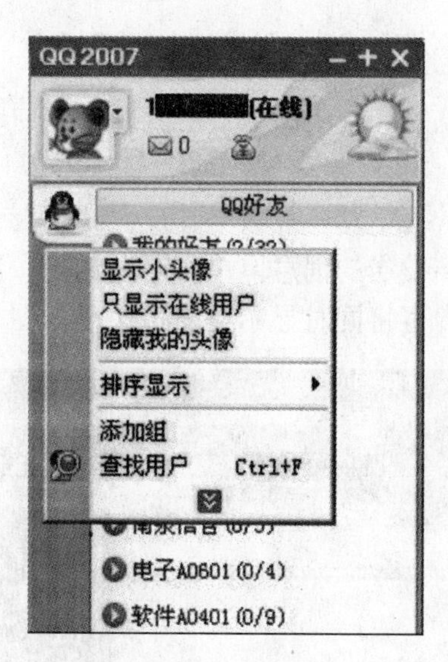

图 4-31　添加组

（2）在 QQ 好友栏中的下部文本框中输入新建组的名称，如“我的朋友”，再按 Enter 键。

2）将好友进行归组

方法 1：单击选中需要归类的好友头像，按住鼠标左键不放，拖动至需要的组内。

方法 2：在好友的头像上单击鼠标右键，弹出快捷菜单，选择“把好友移动到”→“我的朋友”命令即可。

3. 使用 QQ 收发即时消息

在 QQ 联系人中添加好友后，用户即可使用 QQ 的即时消息收发功能与好友聊天或交流信息。QQ 中包含很多有特色的功能，通过本节的学习，用户将学会如何有技巧地使用 QQ 的收发功能，让发送的消息与众不同，更显现出个人的色彩。

1）发送消息

方法 1：选中需要发送消息的好友，右键单击鼠标，弹出快捷菜单，选择“发送即时消息”命令，如图 4-32 所示。

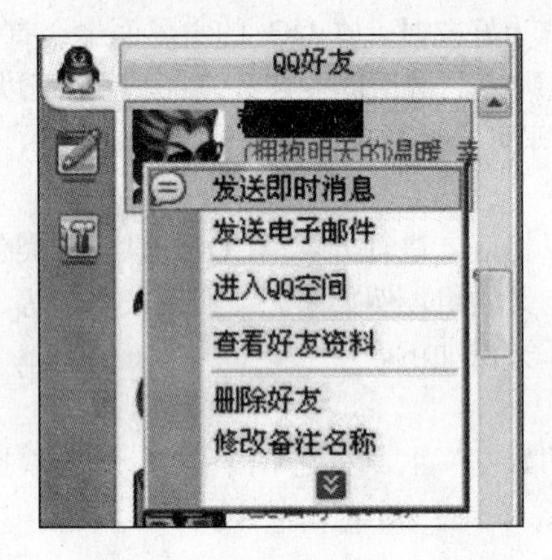

图 4-32　“发送即时消息”命令

方法 2：在需要发送消息的好友头像上双击。一般在使用过程中大多数用户采用这种快捷的方法。

2）消息窗口

（1）在文本框中输入需要发送的消息，单击“发送”按钮发送。

（2）当好友回复消息后，也将同时显示在窗口中，如图 4-33 所示。

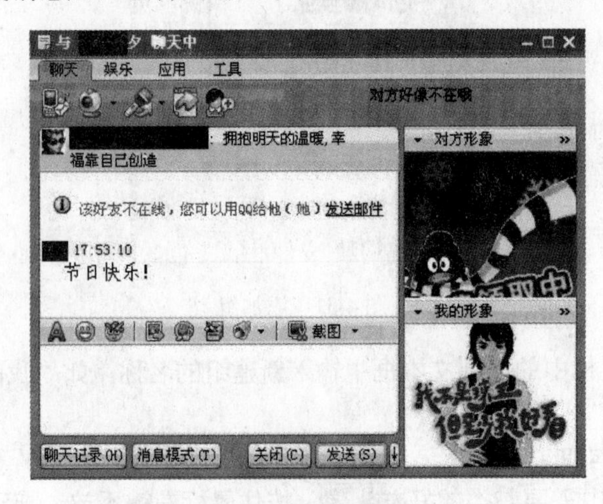

图 4-33　消息窗口

3）改变消息中的字体

（1）改变字体。

单击窗口中的“A”按钮，弹出“字体”工具栏，用户可以在此选择字体格式、字体大小等，如图 4-34 所示。

（2）改变字体颜色。

单击“字体”工具栏中的字体颜色按钮，弹出可选颜色对话框。用户单击颜色，即可更改发送消息字体的颜色。

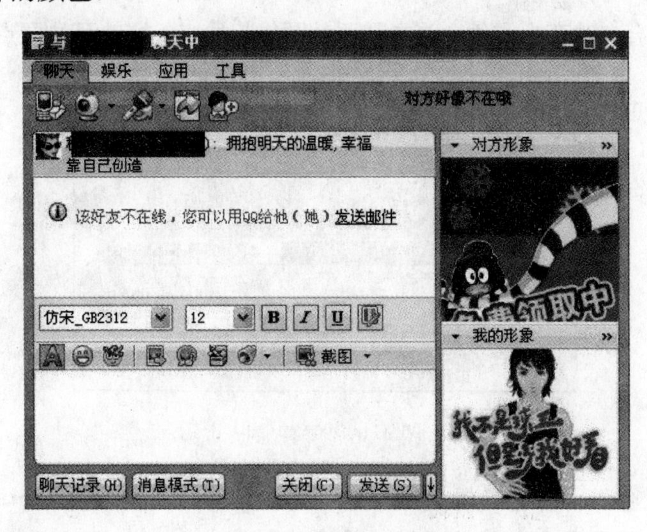

图 4-34　字体设置

4）在消息中添加表情

单击窗口中的图标，弹出可选表情列表，单击选择的表情，即可添加到发送消息窗口中，如图 4-35 所示。

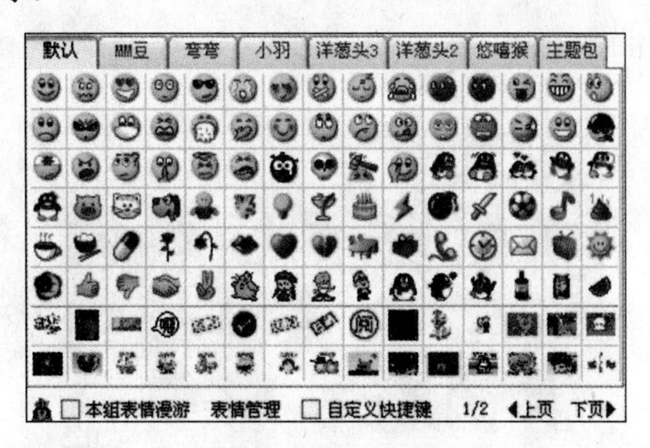

图 4-35　添加表情

表情符号可动态显示在可选表情列表的左上角。用户可以预览到该表情的动态显示画面。

5）发送 QQ 魔法表情

（1）单击窗口中的图标，弹出可选的魔法表情列表，单击即可使用。

（2）发送后，魔法表情会在对方屏幕上直接显示。

6）发送图片文件

（1）单击窗口中的图标。

（2）选择图片的路径，单击“打开”按钮，系统自动将该图片添加到文本框中，单击“发送”按钮即可将该图片发送给对方。

7）捕捉屏幕发送

（1）单击窗口中的 截图 ▾ 图标。

（2）鼠标指针会自动变为彩色，单击需要截图的起始点，拖动至结尾点，如图 4-36 所示。

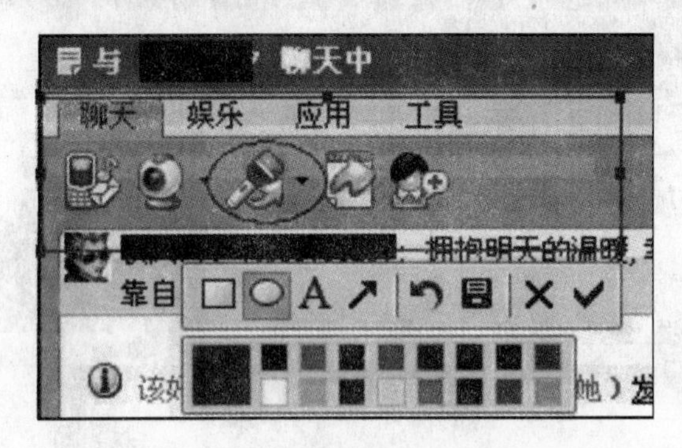

图 4-36　屏幕捕捉

提示：系统还会弹出图片编辑按钮，可以完成简单的图片编辑，如添加矩形框、椭圆框、文字、箭头等图形元素，最后还可以另存为图像文件，也可以直接发送给好友。

（3）在已选中的区域中双击。

（4）被选中的区域自动添加到文本框中，单击“发送”按钮，即可将截下的图片发送给好友。

8）聊天场景

（1）单击窗口中的图标，选择“场景推荐”选项，选择“树林春天”场景，如图 4-37 所示。

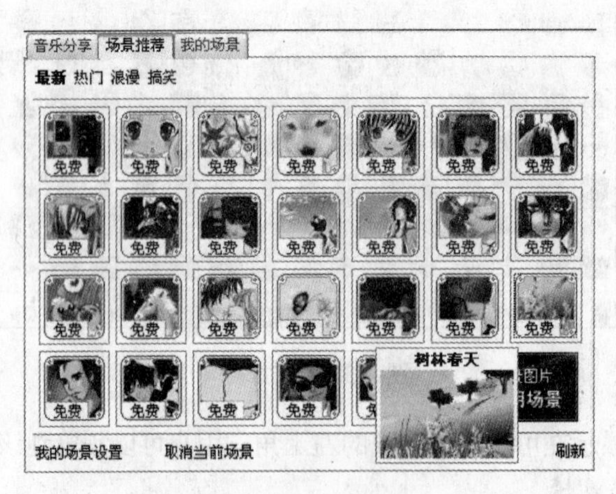

图 4-37　聊天场景

（2）随后窗口变换成选中的场景。

9）选择主题

（1）如果用户不喜欢当前的界面风格，可以将 QQ 的界面设置得更“炫”，单击窗口中的图标。

（2）单击选中的主题图标，该主题自动生效。

（3）如果用户想取消该主题，单击 QQ 主界面中的“+”按钮，选择 QQ2007 即可，如图 4-38 所示。

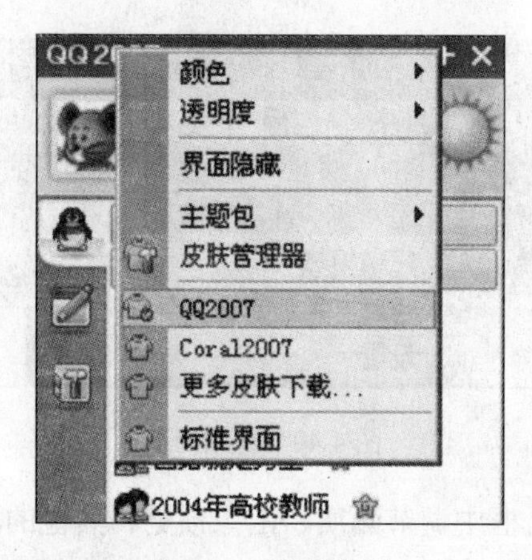

图 4-38　选择主题

在快捷菜单中，用户可以在现有的几种界面风格之间随意切换，并可设置 QQ 面板的透明度。

4．使用 QQ 进行语音聊天

如果用户需要和对方进行语音对话，可以使用 QQ 提供的语音聊天功能，进行即时的语音通话，不过此功能既然属于即时通话，也就不能像 QQ 对讲机一样进行语音回放，这对于不愿意打字的用户非常方便。使用该功能需要将麦克风与计算机连接，操作方法如下：

（1）双击需要进行语音聊天的好友，弹出发送消息窗口。单击窗口中图标旁边的向下三角符号，弹出下拉菜单，选择“超级语音”菜单项，如图 4-39 所示。

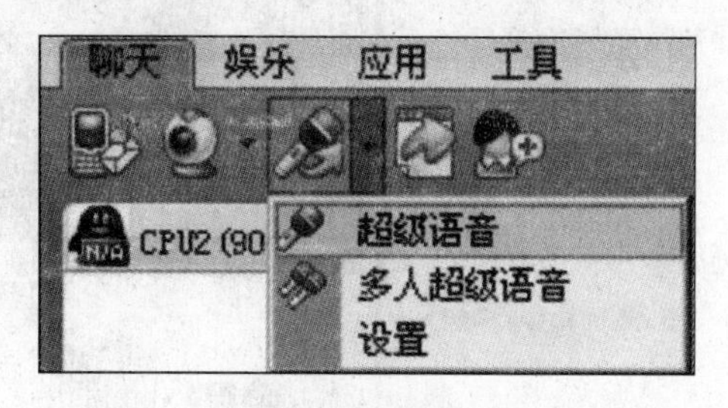

图 4-39　语音聊天

（2）系统向对方发送语音聊天的请求，等待对方应答。

（3）如果对方通过以后，窗口提示已经连接，这时用户就可以通过麦克风和音响与对方语音聊天了。

语音聊天需要麦克风的支持，在对话窗口中单击“挂断”按钮即可结束语音聊天。

5．使用 QQ 进行视频聊天

如果用户还想和好友面对面地进行聊天，可以使用 QQ 的视频聊天功能，但首先需要用户将摄像头正确连接并安装驱动程序，具体操作方法如下。

1）视频调节

(1) 单击用户头像右下角的摄像头图标，弹出快捷菜单，选择“设置”命令，如图 4-40 所示。

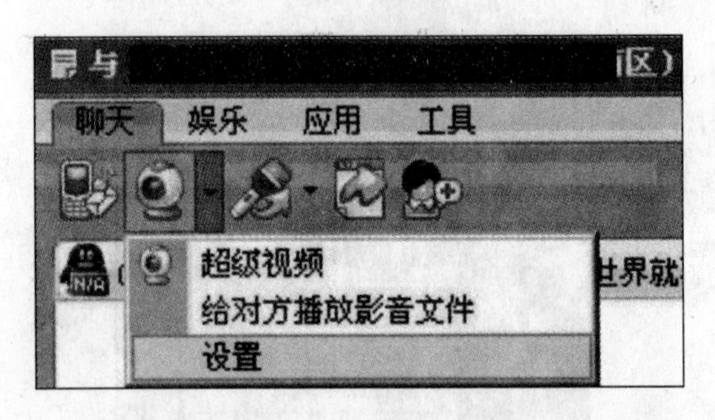

图 4-40　视频调节

(2) 可以在弹出的对话框中调节画质、图像预览和其他的功能设置，一般保持默认设置即可。

(3) 如果用户想更改图像效果，如曝光、灰度等参数，单击“画质调节”按钮。

2）与好友视频聊天

(1) 单击摄像头图标，弹出快捷菜单，选择“超级视频”命令。

(2) 发送申请，建立连接后的效果如图 4-41 所示（这里没安装视频设备，若正确安装，就可以看见对方了），单击“结束”按钮即可关闭视频聊天。

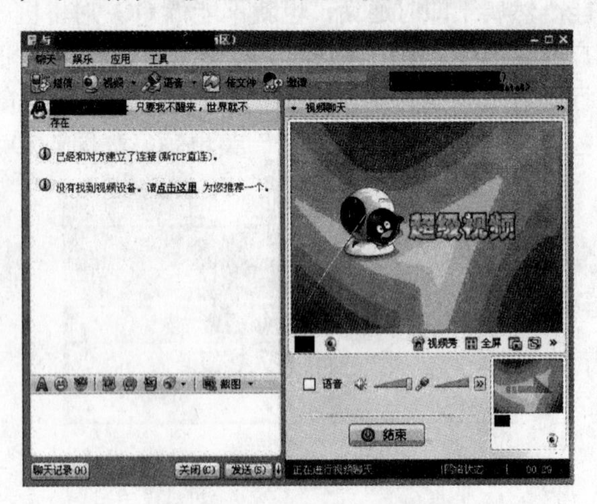

图 4-41　与好友视频聊天

6．QQ 群的使用

“群”是腾讯 QQ 的特点之一，在群里的用户可以一起聊天，群的使用就像一个聊天室，一群人在一个固定的组内进行自由发言，而且发出的信息对群内每位好友公开，建立群和加入群的操作步骤如下。

1）群的建立

（1）单击“QQ群”类别，在群的页面中单击“单击这里开始群操作”（若没有加入任何群，第一次进行群操作时才会出现，若已经创建或加入了一个群，可以在群界面中的空白处单击右键选择“创建一个群”命令）。

（2）弹出对话框，选中“创建一个群”单选按钮。

（3）在弹出“群空间”页面中根据提示可以完成群的创建。

注意：用户累计在线等级超过 16 级才能免费建立一个永久群。具体规定见腾讯关于QQ群的说明。

2）在群内发言

（1）双击群的图标。

（2）弹出群聊窗口，在信息文本框中输入需要发送的信息，单击“发送”按钮发送消息，如图 4-42 所示。

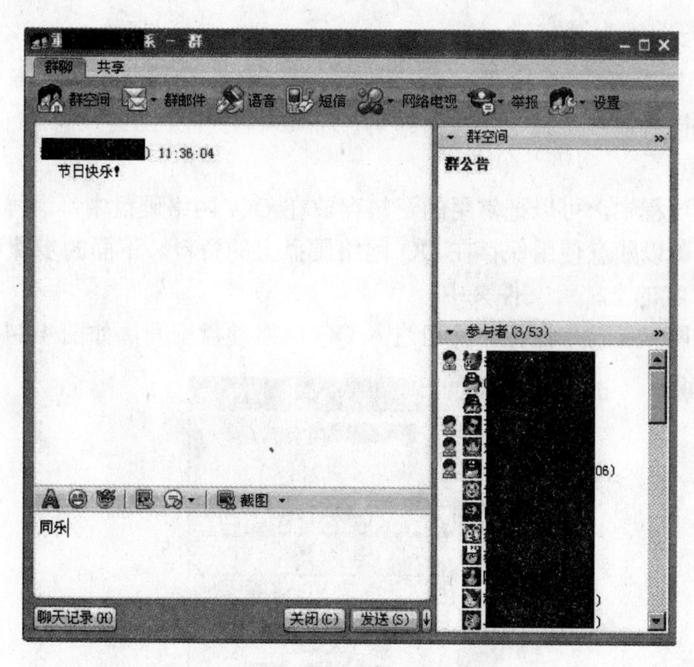

图 4-42　群内发言

3）群内共享资源

（1）上传至群共享

打开群聊窗口后，单击“共享”选项，单击“上传文件”按钮，选择文件路径后单击“打开”按钮，上传至群内共享，如图 4-43 所示。

图 4-43　共享文件

（2）从群共享中下载资源

在共享中选中需要下载的文件，单击鼠标右键，弹出快捷菜单，选择“下载文件”命令，选择保存路径后单击“确定”按钮即可。

7. 网络硬盘

用户在上网过程中，可以把常用的资料存放在 QQ 网络硬盘中，这样只要能登录 QQ 的地方，用户就可以随意使用保存在 QQ 网络硬盘上的资料。下面的步骤可以将资料存放至 QQ 硬盘的“我的文档”文件夹中。

（1）单击“网络硬盘”图标，即可进入 QQ 网络硬盘空间，如图 4-44 所示。

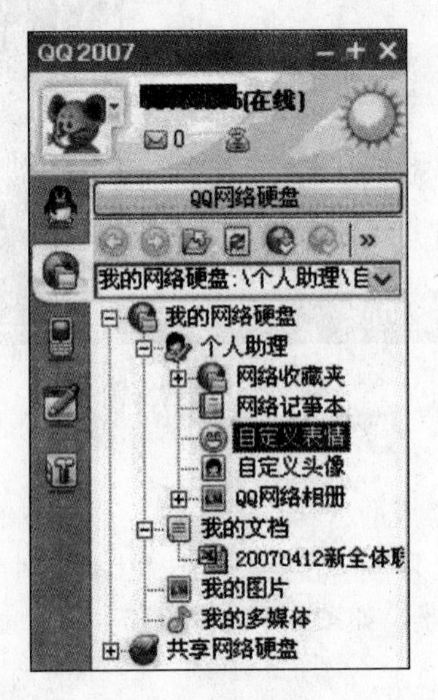

图 4-44　网络硬盘

（2）将鼠标指针移动到“我的文档”文件夹上，右击鼠标弹出快捷菜单，选择“上传”→“上传文件”命令。

（3）选择文件路径，单击“打开”按钮。

（4）稍等片刻后，文件被传入到指定的文件夹中。

（5）如果用户需要下载该文件时，只需要按照同样的方法，打开相应的文件夹，选中需要下载的文件，右击鼠标弹出快捷菜单，选择“下载”命令，再选择保存的路径就可以了。

在使用 QQ 网络硬盘的过程中，非会员只有 16MB 的空间，应该注意上传文件的大小，如果需要更大的空间，可以申请 QQ 会员扩大存储空间。

8．QQ 号码绑定手机

用户除了使用计算机网络登录 QQ 以外，还可以通过 QQ 绑定手机登录 QQ，这样用户就可以很方便地使用手机进行聊天了，操作方法如下：

（1）在 QQ 菜单中选择“手机玩 QQ”→“绑定手机”命令，如图 4-45 所示。

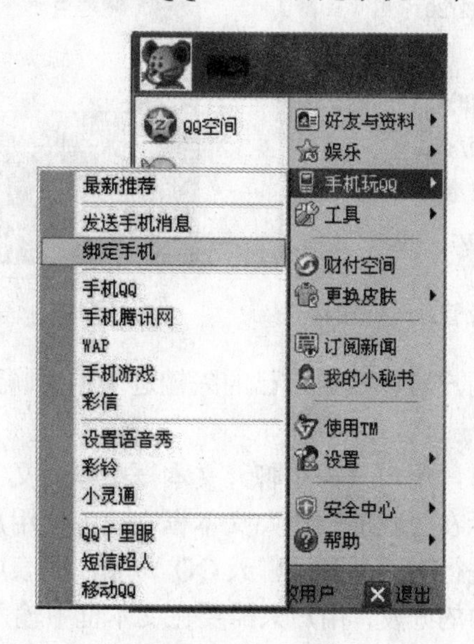

图 4-45　绑定手机

（2）在“手机”文本框中输入用户的手机号，单击“绑定”按钮。

（3）稍后系统将通过短信方式，将验证码发送至用户的手机，用户可以将此验证码输入到“手机收到的验证串”文本框中，并在“QQ 密码”文本框中输入该 QQ 号的密码，最后单击“马上加入”超链接。

绑定 QQ 号码是免费的，但是用户在使用 QQ 时产生的信息费用按信息条数计算。

9．用户自定义面板

（1）单击 QQ 主界面中的“面板管理器”图标，如图 4-46 所示。

（2）用户可以通过勾选复选框添加或者删除主界面中的功能按钮。

（3）单击“组件管理”选项，用户可以通过勾选复选框控制显示或不显示相应的功能面板，单击“确定”按钮即可。

10. QQ 聊天室

在 QQ 聊天室中，用户可以通过分类选择进入不同的聊天室，如技术类、本地交友类、休闲娱乐类等，用户在使用前首先需要进入聊天室，操作步骤如下。

1）登录聊天室

现在就以进入四川成都的聊天室为例，只需要进行如下操作即可。

（1）单击 QQ 主界面下方的“进入聊天室”按钮进入聊天室，如图 4-47 所示。

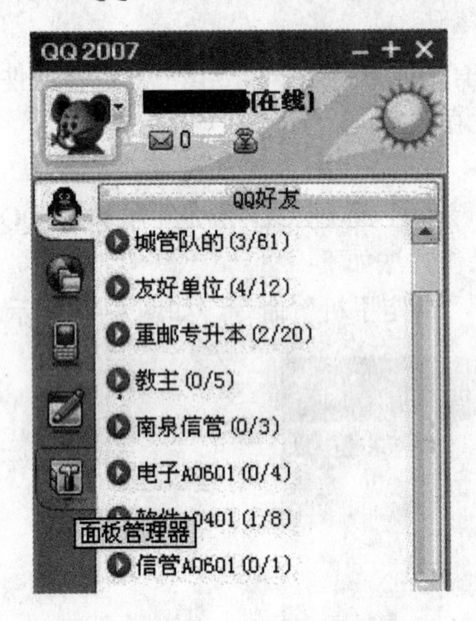

图 4-46　“面板管理器”图标

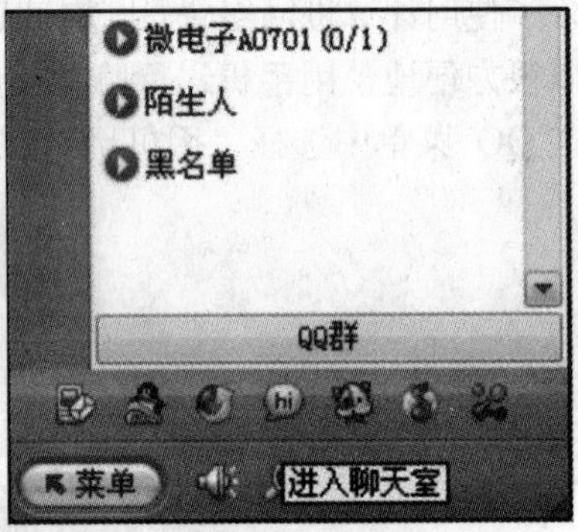

图 4-47　登录聊天室

（2）进入聊天室后，用户可以根据自己的兴趣进入相关聊天室进行聊天。

2）在聊天室中发言

（1）要在聊天室中发言，用户只需在聊天文本框中输入文字信息，单击“发送”按钮即可。用户发言将会被显示在“我的频道”文本框中，方便用户对个人聊天记录的查询。

（2）若要和指定的人进行对话，在“聊天 QQ 成员”列表中单击需要对话的好友，聊天对象文本框中切换至选中的好友，用户只需要在文本框中输入消息，单击“发送”按钮，即能对指定的人发送消息。

3）使用聊天室进行私聊

一般情况下，聊天室中的所有聊天记录都是向聊天室内的所有人公开的，但如果用户想和聊天室某成员进行私人聊天，可以进行如下操作：

（1）单击文本框上方的“私聊”按钮，这样发出的信息就只有聊天的双方能看到。

（2）单击表情下拉列表，用户可以在弹出的菜单中选择合适的表情语句添加到发言中。

4.2.6　阅读材料

1. 其他网络即时通信软件

1）MSN

微软开发的即时通信软件 MSN Messenger 有近 30 种语言的不同版本，可查看朋友谁在联机并交换即时消息，在同一个对话窗口中可同时与多个联系人进行聊天，还可以使用此免费程序拨打电话、用交谈取代输入、监视新的电子邮件、共享图片或其他任何文件、邀请朋友玩 DirectPlay 兼容游戏等。2005 年，微软推出了 MSN 的后继版本 Windows Live Messenger，在功能和外观上都有很大的变化，增加了一些更实用的功能，在外观界面上，也比以前的版本变得更加生动。

2）ICQ

在 1996 年 6 月成立的 Mirabilis 公司于同年 11 月推出了全世界第一个即时通信软件 ICQ，取意为“我在找你”——I Seek You，简称 ICQ。直到现在，ICQ 已经推出了它的 ICQ v6.0 Build 5400 版本，在全球即时通信市场上占有非常重要的地位。

3）新浪了了吧

了了吧是新浪全新推出的一款最炫的免费聊天工具。全新的界面，超酷的体验，手机图铃全免费。

4）朗玛 UC

朗玛 UC 是 2002 年推出的，它的开发者想通过朗玛 UC 给大家带来这样一个全新的聊天理念：新一代开放式即时通信娱乐平台。朗玛 UC 也的确给了我们一种前所未有的聊天新感觉：网上聊天，也可以情景交融。它采用自由变换场景、个性在线心情等人性化设计，配合视频电话、信息群发、文件互传、在线游戏等使您在聊天的同时能边说、边看、边玩。

5）网易泡泡

它是由中国领先的互联网技术公司网易开发的功能强大、方便灵活的即时通信工具。集即时聊天、手机短信、在线娱乐等功能于一体，除具备目前一般即时聊天工具的功能外，还拥有许多更加体贴用户需要的特色功能，如邮件管理、自建聊天室、自设软件皮肤等。它的注册用户必须申请网易通行证或者是 163 邮箱的使用者才可以注册。

6）雅虎通

著名搜索网站 Yahoo 推出了聊天工具 Yahoo! Messenger（雅虎通）。Yahoo! Messenger 的功能侧重点似乎并不在它的聊天功能上，它更像一个免费信息提供器。Yahoo! Messenger 支持多种操作系统，并支持其他便携式无线设备，具有与其他即时通信软件所不同的商业价值。不仅可以通过它随时查看新闻和天气预报，甚至可以随时查阅股票行情，还能利用 Yahoo! Messenger 安排自己的日程计划，随时探测新到的邮件。

7）诺斯 TICQ

诺斯 Telecommunication Interlocking Chinese Quarter（简称 TQ）简体中文版，集信息发送、定制和交友聊天于一体。除了具有传统即时通信软件所具有的显示朋友在线信息、即时传送信息、即时交谈、即时发送文件等功能外，还有即时发送网址、新闻、消息滚动显示、集体闹钟、局域网通信和笑话等功能；其最具特色的是在通信过程中采用了 128 位高强度加密算法和用户数据报协议，使您的信息在通信过程中高速、安全和可靠。

8）TM

QQ 的商业版。

9）飞鸽传书

局域网中最好的通信软件。

2. 即时通信的原理

我们经常听到 TCP（文件传输控制协议）和 UDP（用户数据报协议）这两个术语，它们都是建立在更低层的 IP 协议上的两种通信传输协议。前者是以数据流的形式，将传输数据经分割、打包后，通过两台机器之间建立起的虚电路，进行连续的、双向的、严格保证数据正确性的文件传输协议。而后者是以数据报的形式，对拆分后的数据的先后到达顺序不做要求的文件传输协议。

QQ 就是使用 UDP 协议进行发送和接收“消息”的。在计算机中安装了 QQ 以后，实际上，这台计算机既是服务端（Server），又是客户端（Client）。登录 QQ 时，QQ 作为 Client 连接到腾讯公司的主服务器上，当你“看谁在线”时，QQ 又一次作为 Client 从 QQ Server 上读取在线网友名单。当和 QQ 伙伴进行聊天时，如果你和对方的连接比较稳定，聊天内容都是以 UDP 的形式在计算机之间传送。如果你和对方的连接不是很稳定，QQ 服务器将为你们的聊天内容进行“中转”。其他的即时通信软件原理与此大同小异，具体通信过程为：

（1）用户首先从 QQ 服务器上获取好友列表，以建立点对点的联系。

（2）用户（Client1）和好友（Client2）之间采用 UDP 方式发送信息。

（3）如果无法直接点对点联系，则用服务器中转的方式完成。

4.3 项目三 网络电话

4.3.1 预备知识

VoIP（Voice over Internet Protocol）是一种以 IP 电话为主，并推出相应的增值业务的技术。它依托互联网宽带与光纤电讯网络的互接，降低了电信通信的成本，并提供比传统业务更多、更好的服务。VoIP 网络电话是未来发展的趋势，在美国和日本有 60% 的普及率，它的优势主要在于资费比传统电话便宜很多。

网络电话是一项革命性的产品，它可以让用户通过网络进行实时的传输及双边的对话，并且能够通过当地的网络服务提供商或电话公司以市内电话费用的成本打给世界各地的其他网络电话使用者。网络电话提供一个全新的、容易的、经济的方式来和世界各地的朋友及同事通话。

网络电话大致可以分成 PC to PC（P2P），PC to Phone 和 Phone to Phone 三种，PC to PC 与一般电话的最大差异在于传输的过程不同，它利用 Internet 作为传输媒体，因此可以省下一大笔日常的通信费用。而后两者则是通过一种 IP 语音闸道器的机制，把在网上传输的数字封包传送到接收方当地的电信局的公共电信交换网，最后再把解开的语音传送到接收方的电话中，现在所谓的 IP 公话超市，都是利用了这种技术。接下来本章将以 PC to PC 和 PC to Phone 两种连接方式介绍网络电话的使用方法。

4.3.2 任务一 TOM-Skype 的使用

TOM-Skype 是 TOM 在线和 Skype Technologies S.A.联合推出的互联网语音沟通的工具。TOM-Skype 采用了最先进的 P2P 技术，提供超清晰的语音通话效果，使用端对端的加密技术，保证通信的安全可靠。用户不必进行复杂的防火墙或路由等设置，就可以顺利安装轻松上手。Skype 的优点在于超清晰的音质，通过与最优秀的声学专家合作，彻底解放传统意义上 300～3000Hz 频率的电话语音效果，让用户可以听到所有频率的语音，从最低沉的到最尖锐的。基于以上两点，TOM-Skype 提供了最好的语音通话效果，无延迟、无断续、无杂音。

1．Skype 注册

用户需要到 http://skype.tom.com 网页下载并安装 Skype 的客户端程序。安装完 Skype 以后，需要进行注册，方法如下：

（1）在桌面上选择“开始”→“所有程序”→“Skype”→“Skype”命令。

（2）弹出 TOM-Skype 登录界面，单击“还没有 Skype 用户名”链接进入“创建账号”对话框。若是第一次运行 Skype ，会自动弹出“创建账号”对话框。

（3）在“创建账号”对话框中，输入用户注册信息，并勾选“是，我已阅读并接受”复选框，单击“下一步”按钮，填写电子邮箱地址，单击“登录”按钮，如图 4-48 所示。

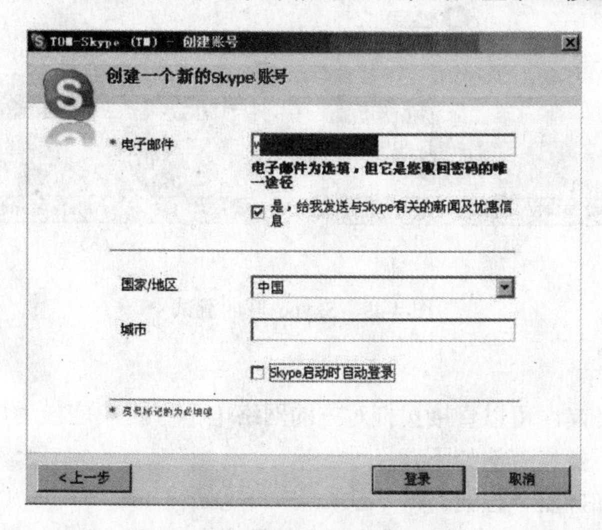

图 4-48　注册新的 Skype 账号

（4）完成注册后，将弹出“开始向导”对话框，单击“开始”按钮便可浏览 Skype 快速上手教程。勾选“以后启动时不显示该向导”复选框，则以后启动 Skype 时不会再弹出该教程。

2．登录 Skype

（1）重新启动 Skype，在登录界面中输入用户名和密码，单击“登录”按钮。

（2）如果用户名和密码无误，稍等片刻后即可登录 Skype。

3．测试 Skype

在用户安装和注册 Skype 后，Skype 提供呼叫测试。用户可以通过连接呼叫测试，检查连接是否通畅，具体操作步骤如下：

（1）单击“Skype 呼叫测试”，再单击“通话”按钮，如图 4-49（a）所示。

（2）显示接通以后，用户应该听到一段语音，用户在此可以感受 Skype 的通话质量，并显示接通时间，如图 4-49（b）所示。

（a）

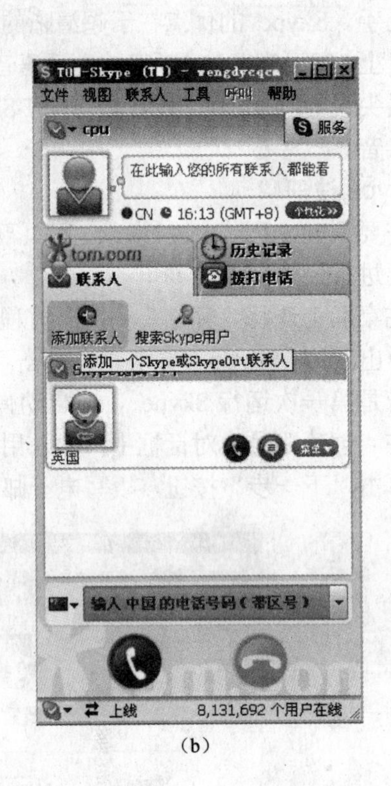

（b）

图 4-49　Skype 呼叫测试

4．添加好友

用户通过添加好友，可以直接拨打对方的网络电话号码，这样用户无论是进行聊天还是开会都十分方便，操作方法如下：

（1）单击“添加好友”按钮。

（2）弹出“添加好友”对话框，输入好友的用户名或 E-mail 地址，如对方的邮件地址为 Master@163.com，单击“搜索”按钮。

（3）在搜索到的联系人列表中，单击选中需要添加的好友，单击“添加所选的联系人”按钮。

（4）输入验证信息，单击“确定”按钮。

5．拨打和接听电话

1）PC to PC

可以通过好友列表给好友拨打网络电话，操作步骤如下：

（1）单击“好友”选项，再选中需要拨打电话的好友，如和 Y 进行通话，选中 Y 后单击“通话”按钮。

（2）界面显示正在连接中，等待对方接听。

（3）如果对方接听后，将显示通话时间。

（4）如果有好友来电，通过单击“通话”按钮接听电话。

2）PC to Phone

单击“拨打电话”选项，进入拨打座机界面，首先选择要拨打的国家或地区，再输入带区号的电话号码，然后按 Enter 键即可拨打座机，如图 4-50 所示。

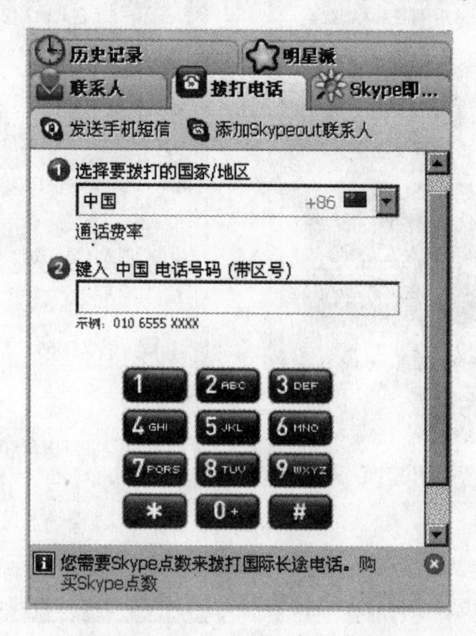

图 4-50　用 Skype 拨打座机

Skype 拨打座机是要收费的，首先要到 Skype 主页上去购买 Skype 点数才可以正常拨打座机。具体购买方法，请仔细阅读 Skype 主页的相关说明。

6. 多方通话

用户可以使用多方通话实现电话会议，操作方法如下：

（1）单击“多方通话”按钮。

（2）在“所有联系人”列表中选中联系人，单击“添加”按钮，该联系人将被添加到“会议参与者”列表中，单击“启动”按钮，开始电话会议。

（3）启动多人会议后，会议成员的头像将显示在“会议”选项卡中，会议成员通过麦克风进行交谈，任意一方可以通过单击“挂断”按钮退出多人会议。

7. 订阅语音杂志

用户除了使用 Skype 进行网络电话外，还可以免费浏览 Skype 提供的语音杂志，收听语音杂志，操作步骤如下：

（1）单击 tom.com 选项，用户可以在此窗口中浏览到可阅读的杂志，如图 4-51（a）所示。

（2）单击选中的杂志，系统提示是否接入预定号码，单击“确定”按钮，如图 4-51（b）所示。

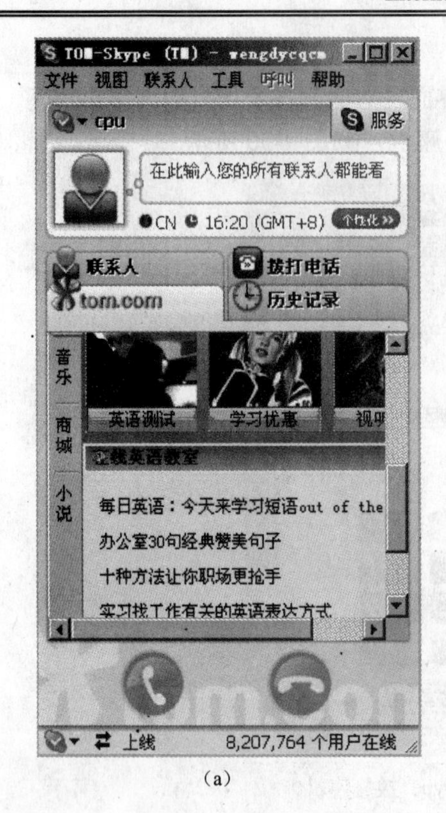

(a)

(b)

图 4-51　订阅语音杂志

（3）系统自动连接到指定号码。

（4）连接成功以后，用户就可以收听 tom .com 提供的语音杂志。单击“挂断”按钮，即可结束收听。

网络电话的出现预示着传统电话业务已经不能适应未来发展的需要，运营商如能积极参与到网络电话的运营中，必将创造出更多、更新的业务，由此带动整个电信产业进入一个蓬勃发展的新时期。

4.3.3　任务二　UUCall 的使用

UUCall 作为一款国内专业的网络电话通信软件以超强语音通信为主，主要提供 PC to Phone 服务。用户可拨打包括国内长途、国际长途的所有固定电话和移动电话，而且费率相当低廉。不过首先用户需要安装 UUCall 软件，安装完毕后便可以使用以下方法实现网络电话功能了。

1．启动 UUCall

用户在拨打网络电话前，需要首先启动 UUCall 软件，双击桌面上的“ UUCall”图标，启动 UUCall。

2．申请 UUCall 账号

（1）启动 UUCall 后弹出登录窗口，单击“注册新的账号”超链接，如图 4-52 所示。

（2）弹出“UUCall 账户免费注册”页面，填写好注册信息后，单击“提交”按钮，完成注册。

3. 登录 UUCall

使用注册的用户名和用户密码，便可以成功登录到 UUCall 中，具体操作方法如下：

（1）输入用户名和用户密码，单击“登录”按钮。

（2）如果用户名和密码无误，稍后将登录到 UUCall 主界面，如图 4-53 所示。

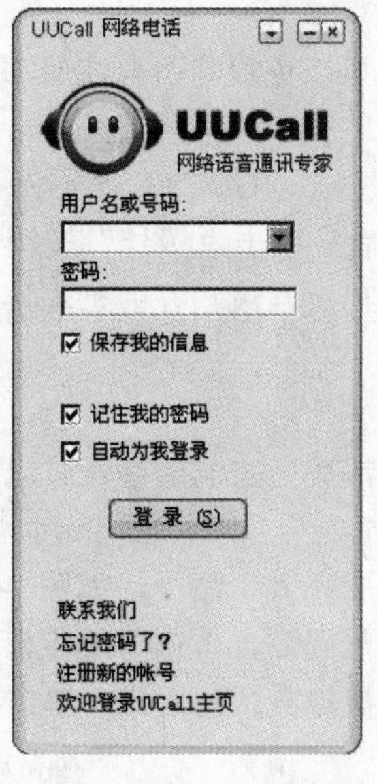

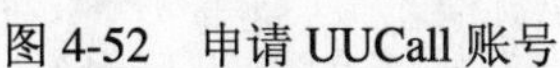
图 4-52 申请 UUCall 账号

图 4-53 UUCall 主界面

由于用户刚申请的用户账户中余额为 0 元，因此用户需要在充值后才能拨打电话，不过由于用户在没有使用过网络电话的情况下，并不知道通话的效果如何，所以 UUCall 在用户注册完毕后，通过一定的方法可以获得 UUCall 公司提供的 30 分钟国内免费体验电话。

4. 申请免费通话时间

用户如果需要体验网络电话，可以通过以下方法获得免费通话时间。

（1）在地址栏中输入 www.uucall.com，打开 UUCall 的网页。

（2）弹出 UUCall 网页，在网页中用户入口处输入用户名和用户密码，单击“登录”按钮。

（3）进入个人用户资料页面，单击“免费体验”链接，在打开页面的下方，可以找到申请免费体验的方法。

（4）用户输入手机号码后，根据网页上的提示信息，可以申请到 3.6 元的话费。

提示：用户将免费试用时间使用完后，不能重复申请免费时间。

5. 使用 UUCall 拨打电话

用户在注册了免费分钟数以后，便可重新登录 UUCall 拨打普通电话，操作步骤如下：

（1）输入用户名和密码，单击“登录”按钮。

（2）登录 UUCall 主界面，用户可查看到当前余额为 3.6 元。

（3）打开拨号盘拨号，用户可以选择使用鼠标单击拨号盘按钮拨号，或者使用小键盘数字键进行拨号。

（4）拨打国内普通电话，直接输入电话号码（含区号），单击拨号键，稍后就会拨通，听到长音“嘟”后表示接通，通话完毕以后，单击“挂断”按钮挂机。

（5）拨打手机号码时，需要在对方手机号码前加拨 0，如需要拨打 13888888888 这个号码，只需要拨打 013888888888 即可。

6．拨打 UUCall 号码

用户注册完毕后，会得到一个 UUCall 号码，就可以免费同所有注册 UUCall 的用户进行网络电话交流，操作方法如下：

（1）直接输入对方的 UUCall 号码，例如当前注册的 UUCall 号码为 24844763。

（2）在拨号盘区直接输入对方的 UUCall 号码后，单击“拨号”按钮。

提示： PC to PC 方式拨打对方号码需要对方也同时在线，否则无法接通，所以在通话前需要双方事先约定。

7．添加通讯簿

单击联系人选项进入通讯簿以后，用户可以将常拨打的电话存入通讯簿中，操作步骤如下：

（1）单击右键在弹出的快捷菜单中选择“添加联系人”命令，如图 4-54 所示。

（2）在弹出的对话框中填写好联系人的名字和号码后，单击“确定”按钮。

（3）利用通讯簿拨打电话，首先单击选中需要拨打电话的用户，单击“拨号”按钮即可。

图 4-54　添加通讯簿

8. UUCall 系统设置

用户可以根据个人喜好对 UUCal 进行设置，以适应用户的使用习惯。

（1）单击“设置”即可打开“UUCall 参数设置”对话框。

（2）在“一般设置”中用户可以对启动设置和综合设置进行配置，如图 4-55 所示。

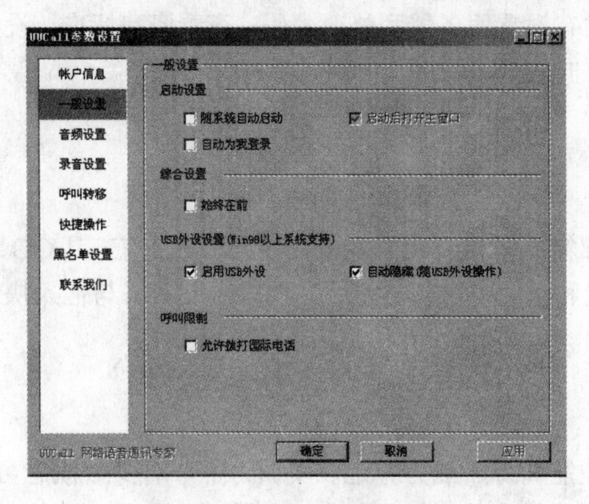

图 4-55　UUCall 参数设置

勾选“随系统自动启动”复选框后，在系统启动后将自动启动该软件，建议用户撤销该复选框。

（3）单击“快捷操作”可以对该软件的热键进行配置，更改后单击“应用”按钮。

（4）单击“黑名单设置”可以对来电号码进行自动拒绝。

9. UUCall 充值

用户在使用完免费使用分钟数后，如果选择继续使用，需要对该账号进行充值。在 IE 浏览器的地址栏中输入 http://www.uucall.com，进入 UUCall 主页，单击“我要充值”标签，仔细阅读相关信息，即可进行充值。

4.3.4　阅读材料

下面是一些常用的网络电话通信软件。

1）RedVIP

RedVIP 利用互联网平台面向全球宽带上网用户提供的基于网络的语音信息平台（VIP，Voice Information Platform）系统，使所有宽带上网用户享受到优质网络语音通信、语音频道专题互动、语音增值应用等服务。

软件同时集成的“语音频道”、“游戏”等功能平台，更为用户提供了多种通信、娱乐、咨询服务等增值服务。

2）VoipStunt

VoipStunt 是一款不错的国外的网络电话软件，可拨打全世界 200 多个国家的市内电话或是行动电话，申请容易，不需填写繁杂的资料。

软件具有独有的自动回拨功能，可实现电话对电话的通话功能；其模拟传统通信服务，更加符合用户的使用习惯。另外软件本身可使用耳麦拨打国内外固定电话与移动电话，可与身处世界各地的亲朋好友畅所欲言。

3）Globalvoip.cn

Globalvoip.cn 是由全球天空网络研发的一款网络电话软件。软件界面简单，操作极其方便。软件为用户提供有设置服务器和修改密码、查看资费标准、设置声卡、充值和购卡、通话记录、网速测试、电话本等功能。

4.4　小　　结

本章介绍了电子邮箱的申请及收发电子邮件、即时通信工具 QQ、网络电话 Tom-Skype 和 UUCall 的主要功能和使用方法，学完后应具有通过网络与他人快速、即时交流的能力。

4.5　能力鉴定

本章主要为操作技能训练，能力鉴定以实训为主，对少数概念可以以教师问学生答的方式检查掌握情况，学生能力鉴定记录如表 4-2 所示。

表 4-2　能力鉴定记录表

序号	项　目	鉴定内容	能	不能	教师签名	备注
1	项目一　收发电子邮件	申请 163 邮箱				
2		会撰写信件				
3		能收发邮件				
4	项目二　网络即时通信	下载 QQ 客户端程序				
5		能成功申请 QQ 号码				
6		会进行 QQ 基本设置				
7		会发送、接收 QQ 信息				
8		会利用 QQ 传送文件				
9		会利用 QQ 请求远程协助				
10	项目三　网络电话	能成功申请 Skype 账号				
11		会利用 Skype 拨打电话				
12		能成功申请 UUCall 账号				
13		会进行 UUCall 系统设置				
14		会利用 UUCall 拨打电话				

习　题　4

一、选择题

1. ________是可以用于进行文件压缩的软件。

A．WinRAR　　B．Windows 优化大师

C．Winamp　　D．Foxmail

2. 用户上网时，可以用________下载资料。

A．WinRAR　　B．Flashget

C．Winamp　　D．Foxmail

3. 发送邮件时，如果设置多个收件人，不同收件人的地址之间应该________隔开。

A．句号　　B．逗号

C．分号　　D．下画线

4. 下列关于 E-mail 地址的名称中，正确的是________。

A．shjkbk@online.sh.cn　　B．shjkbk.online.sh.cn

C．online.sh.cn@shjkbk　　D．cn.sh.online.shjkbk

5. 电子邮件能传送的信息________。

A．是压缩的文字和图像信息　　B．只能是文本格式的文件

C．是标准 ASCII 字符　　D．是文字、声音、图形和图像信息

6. 申请免费电子信箱必须________。

A．写信申请　　B．电话申请

C．电子邮件申请　　D．在线注册申请

7. 免费电子信箱申请后提供的使用空间________。

A．没有任何限制

B．根据不同的用户有所不同

C．所有用户都使用一样的有限空间

D．使用的空间可自行决定

8. 用免费电子信箱时如果忘记了密码，一般系统都提供________。

A．强制修改密码　　B．密码提示问题

C．发电子邮件申请修改密码　　D．到服务单位申请修改密码

9. 电子邮件的发件人利用某些特殊的电子邮件软件在短时间内不断重复地将电子邮件寄给同一个收件人，这种破坏方式叫做________。

A．邮件病毒　　B．邮件炸弹

C．特洛伊木马　　D．蠕虫病毒

10. 预防“邮件炸弹”侵袭的最好办法是________。

A．使用大容量的邮箱　　B．关闭邮箱

C．使用多个邮箱　　D．给邮箱设置过滤器

11. 关于电子邮件不正确的描述是________。

A. 可向多个收件人发送同一消息

B. 发送的消息可包括文本、语音、图像、图形

C. 发送一条由计算机程序应答的消息

D. 不能用于攻击计算机

12. 小李很长时间没有上网了，他很担心电子信箱中的邮件会被网管删除，但是实际上________。

A. 无论什么情况，网管始终不会删除信件

B. 每过一段时间，网管会删除一次信件

C. 除非信箱被撑爆了，否则网管不会随意删除信件

D. 网管会看过信件之后，再决定是否删除它们

13. 电子邮件的管理主要是对邮件进行分类、移动或________。

A. 剪切　　B. 粘贴　　C. 撤销　　D. 删除

14. 使用________不仅可以帮助我们管理众多的电子邮件地址，同时也简化了输入信箱地址的操作。

A. 电子信箱　　B. 邮件　　C. 邮件编码　　D. 通讯簿

15. 在发送电子邮件时，在邮件中________。

A. 只能插入一个图形附件

B. 只能插入一个声音附件

C. 只能插入一个文本附件

D. 可以根据需要插入多个附件

16. ICQ 是一个________类型的软件。

A. 聊天　　B. 浏览器　　C. 图像处理　　D. 电子邮件

17. 许多网友利用 ICQ 在线呼叫找人，因此 ICQ 也被称为“网络 BP 机”。ICQ 这个看来比较古怪的名字实际上是一句英文的谐音，这句英文的含义是________。

A. 我寻找你　　B. 互相呼叫　　C. 现在我在线　　D. 你在哪里

18. 利用 QQ 与好友通信时，能传送的信息________。

A. 是压缩的文字和图像信息　　B. 只能是文本格式的文件

C. 是标准 ASCII 字符　　D. 是文字、声音、图形和图像等信息

19. 在网上传输音乐文件，以下格式中最高效、简洁的是________。

A. MP3 格式　　B. MID 格式　　C. MPEG 格式　　D. AVI 格式

20. 以下邮件程序中，最著名的国产软件是________。

A. OutlookExpress　　B. Foxmail

C. EudoraPro　　D. Netscape Communicator

二、填空题

1. 因特网中 URL 的中文意思是________________。

2. 通过收藏夹，用户可以将收藏夹中收录的内容进行分类整理，方法是选择“收藏夹”菜单的________命令。

3. 要将 IE 的主页设置成空白页，可在“Internet 选项”对话框的“常规”卡片中，单

击______按钮。

4. 目前网络即时通信主要有____________、__________、____________等方式。

5. QQ 申请密码保护有__________、__________、__________、__________等手段。

6. 查找 QQ 号码有____________、_________等方法。

7. 网络电话目前有_____________、_____________、_____________三种模式。

三、简答题

1. 网络即时通信工具有哪些？
2. 怎样申请 QQ 号码？
3. 怎样保证 QQ 的安全？有哪些手段？
4. 怎样修改 QQ 个人资料？
5. 描述查找和添加 QQ 好友的过程。
6. 网络电话大致可以分成哪些种类？UUCall 属于哪一类？
7. 描述 UUCall 充值的方法及过程。
8. 电子邮件地址的格式分成哪两部分，各是什么意思？
9. IP 地址和域名地址有什么联系和区别？

第 5 章　电子商务初步

1. 能力目标

通过本章的学习与训练，学生能达到一般工作职员的常用网络商务活动能力，知道怎样开展网络商务活动，并掌握网络求职的方法。

✧ 掌握网络银行开通及资金查询和转账的方法。
✧ 掌握网络购物和网络交易的流程及操作方法。
✧ 了解网络炒股的开通、看盘和交易方法。
✧ 了解查询、订购机票的方法。
✧ 掌握登录移动网上营业厅的方法，能使用自助服务查询、修改相关信息。
✧ 掌握进入求职网站的方法，会制作、发送个人简历，会查阅反馈信息。

2. 教学建议

（1）教学计划

数学计划如表 5-1 所示。

表 5-1　教学计划

任　务		重点（难点）	实作要求	建议学时
网络银行	任务一 开通网络银行		掌握开通网上银行的流程	2
	任务二 使用网上银行	重点	了解网上银行的安全保护方法 掌握开通网上银行的方法	
网上购物	任务 网上购物与交易	重点	掌握网上购物的流程 掌握网上购物的方法	2
网上炒股	任务一 开通账户		掌握网上炒股的流程	2
	任务二 网络炒股		了解网上炒股的方法	
网上订票	任务 网上订票		了解网上订票的方法	4
移动网上营业厅	任务 移动网上营业厅		掌握通过网络移动营业厅进行一般业务查询的方法	
网上求职	任务 网上求职	重点	掌握网上求职的流程 掌握网上求职的方法和技巧	
合计学时				10

（2）教学资源准备

① 软件资源："大智慧经典版 Internet"软件。

每台计算机都能访问 Internet。

② 硬件资源：安装 Windows XP 操作系统的计算机。

3．应用背景

小刘是某公司的办公室秘书，经常要为公司领导收集并分类整理各种信息；要为公司领导出差准备机票，要管理公司干部的手机费用。在工作之余还要了解金融市场信息，进行金融投资，丰富自己的金融理财能力。他十分关心人才市场，希望能找到更适合自己的工作。他应该具备哪些能力才能胜任工作呢？

5.1　项目一　网络银行

5.1.1　预备知识

网上银行是指银行利用 Internet 技术，通过 Internet 向客户提供开户、销户、查询、对账、行内转账、跨行转账、信贷、网上证券、投资理财等传统银行服务项目，使客户可以通过网络安全便捷地使用银行的各项服务。网上银行是信息时代的产物，它的诞生使原来必须到银行柜台办理业务的客户，通过 Internet 便可直接进入银行，随意进行账户查询、转账、外汇买卖、网上购物、账户挂失等业务，客户真正做到足不出户办妥一切银行业务。网上银行服务系统的开通，对银行和客户来说，都将大大提高工作效率，让资金创造最高效益，从而降低生产经营成本。

网上银行系统分为个人网上银行和企业网上银行。个人网上银行可为个人注册客户提供以下服务：账户余额查询、密码修改、网上临时挂失、内部转账、支付转账及理财服务。注册网上银行账户必须已经是该银行的活期或定期储蓄用户。

为了保障用户信息安全，在办理网上银行业务时都要求用户出示数字证书。数字证书是客户在网上进行交易及商务活动的身份证明，网上银行系统还可以利用数字证书对数据进行加密和签名。经过数字签名的网上银行交易数据不可修改，具有唯一性和不可否认性，从而可以防止他人冒用证书持有者名义进行网上交易，维护用户及银行的合法权益，减少和避免经济及法律纠纷。目前网上银行需要的数字证书有 3 种：浏览器证书、U 盘证书和口令卡。浏览器证书存储于 IE 浏览器中，可进行任意备份。客户端不需要安装驱动程序（根据情况可能需要下载安装最新的签名控件），且无须证书成本，它比较适合有固定上网地点的客户。U 盘证书（不同的银行名称通常不同）存储于 USBKEY 介质中，介质中内置了智能芯片，并有专用安全区来保存证书私钥，证书私钥不能导出，因此备份的文件无法使用，其安全性高于浏览器证书。U 盘证书容易随身携带，但使用时需要安装驱动程序，并且 U 盘证书需要支付证书成本。口令卡实际上是一张印刷有二维表格的普通卡片，同张卡的每个行列单元格中印刷有随机产生的验证字符，不同用户的口令卡的内容不同，它具有比浏览器证书更高的安全性和比 U 盘证书更方便的电子银行安全产品。它采用成熟的动态密码技术，实现每次交易时密码的随机变化，有效解决了静态密码易被窃取等问题，能充分保障身份识别及认证安全。目前有的银行将浏览器证书和口令卡结合使用，进一步提高了浏览器证书用户的安全程度。

5.1.2 任务一 开通网络银行

1. 申请网上银行

各个银行对开通网上银行的要求和步骤相似，本任务以中国农业银行为例进行讲解。如果要开通网上银行功能，现在大多数银行都要求用户持银行卡和身份证明亲自到就近分行办理书面申请手续，申请同意后银行会给用户一组密码或口令卡或U盘证书（通常需要用户付费购买），用户利用这些安全方式登录网上银行进行账户查询或转账操作。

中国农业银行的网上银行分为两大业务，如果仅查询自己的账户余额，可直接登录银行网站查询，但涉及转账业务就需要开通网上银行功能，具体操作步骤如下：

（1）登录中国农业银行首页，在地址栏中输入 http://www.95599.cn 后按 Enter 键或单击“转到”按钮进入该页面。

（2）在网站首页中单击“个人网上银行”按钮，出现图 5-1 所示的页面。

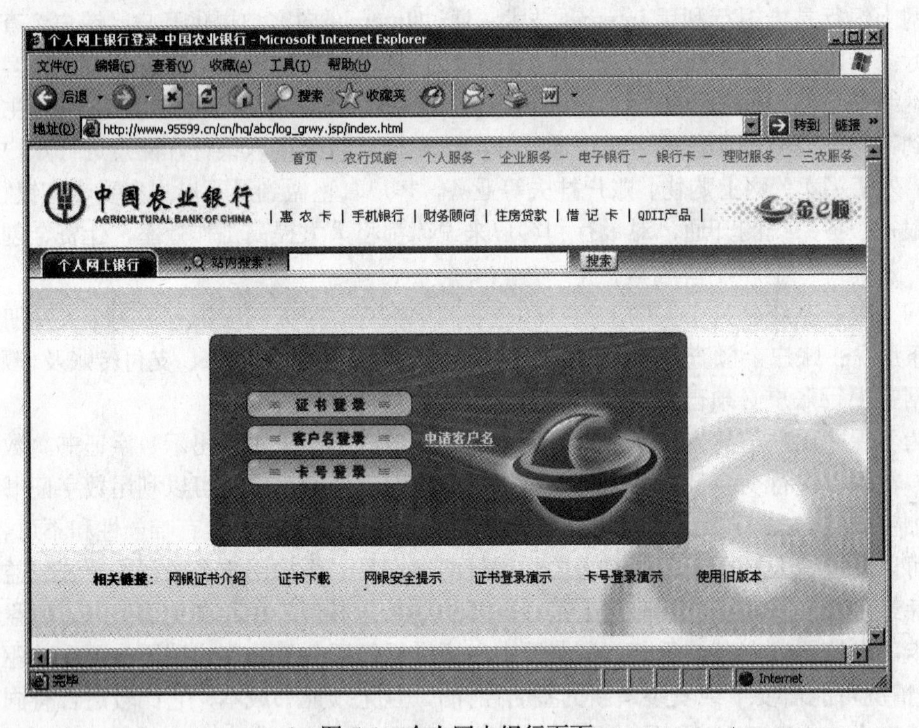

图 5-1 个人网上银行页面

（3）单击“卡号登录”，出现图 5-2 所示页面。然后根据提示在相应的地方输入自己的银行卡号、密码和验证码后，就进入银行的公共客户服务系统了。

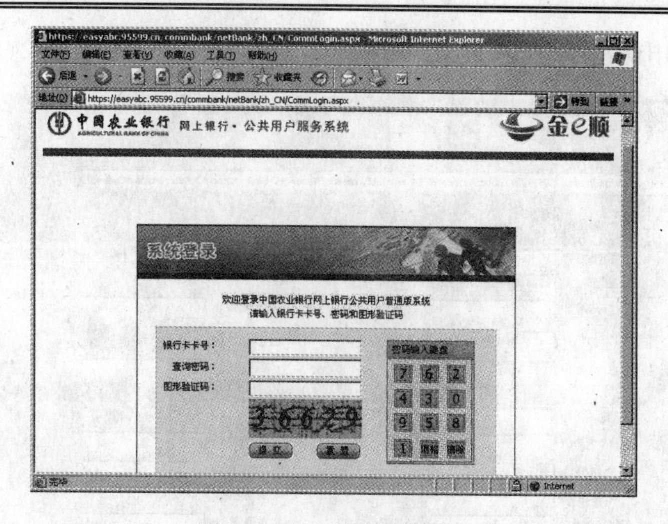

图 5-2　公共系统登录页面

（4）在“公共客户系统”页面的左边菜单栏中单击“银行卡余额查询”后就会出现用户的账户余额数据了，如图 5-3 所示。

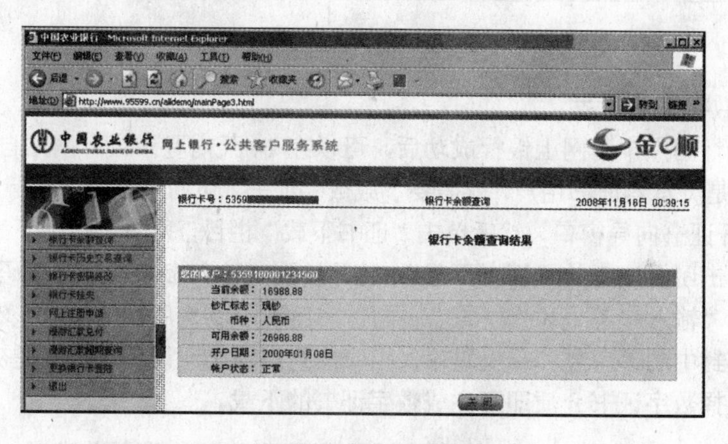

图 5-3　银行卡余额查询结果页面

（5）网上银行公共用户升级版业务。如果用户需要利用网上银行进行注册账户管理、基本信息维护、账户余额查询、账户明细查询、网上挂失、电子支付卡、漫游汇款等业务，就首先需要在图 5-1 所示个人网上银行页面选择“申请客户名”进入“中国农业银行网上银行公共用户升级版业务须知”，当阅读相关协议选择“同意”后进入“用户申请页面”。

（6）“用户申请页面”如图 5-4 所示，根据相应提示进行设置和输入。其中“CVD2 码”为卡片记录号，它由 3 位阿拉伯数字组成，是该银行卡加密验证算法计算产生的。填入完成后单击“提交”按钮，网上申请工作完成。

提示：设置的登录密码可以由 6 位阿拉伯数字组成，基于安全性考虑不要是类似身份证件号码的后六位、生日、相同或连续的阿拉伯数字等容易被他人恶意破解的简单密码。

（7）用户持有效身份证件及需要注册的账户原件如金穗卡、活期存折到银行网点填写申请表和服务协议，完成后一并提交银行工作人员。当工作人员审核申请通过后会制作密码信封。也可以申请口令卡或购买 U 盘证书。

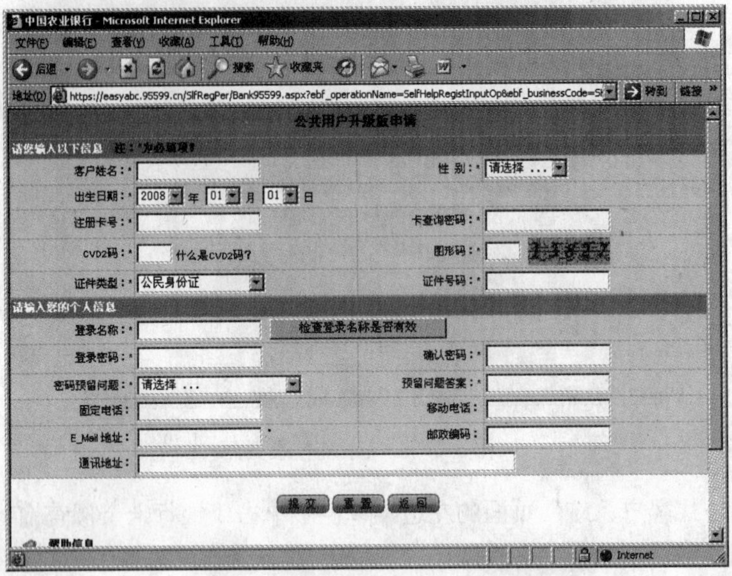

图 5-4　公共用户升级版申请页面

2. 银行数字证书下载

（1）在银行网点申请网上银行成功后，可以在 14 天内登录银行网站自助下载证书。

（2）如果是浏览器证书用户，就需要下载数字证书，访问中国农业银行首页，选择“证书向导”，打开证书向导窗口。然后单击“证书下载”栏目，网页会出现下载数字证书的流程图。最后单击网页底部的“证书下载”，随即转到“输入参考号和授权码”页面。

（3）打开“输入参考号和授权码”页面后，出现图 5-5 所示的页面，然后将银行提供的纸质密码信封中的参考号和授权码输入相应位置，确认无误后单击“提交”按钮。最后在新页面中选择数字证书介质即可完成数字证书的下载。

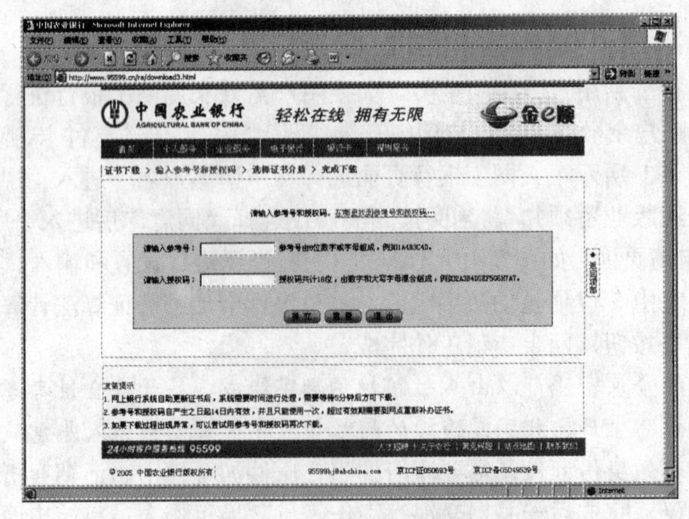

图 5-5　输入参考号和授权码页面

（4）如果是硬件数字证书（如 U 盘证书或 IC 卡介质）用户，需要下载证书客户端软件，下载方法是在银行首页上选择“证书向导”，打开证书向导窗口。然后单击“客户端软件”栏目，出现“客户端软件”下载网页。用户根据自己的数字介质选择相应的数字证书客户端软件便可下载。

5.1.3　任务二　使用网上银行

使用网上银行的具体方法如下：

（1）如果是 U 盘证书用户，须将证书硬件插入 USB 接口。如果是浏览器数字证书用户须将网上下载的证书文件导入浏览器。

（2）导入浏览器证书。在操作系统桌面上打开浏览器，选择“工具”→“Internet 选项”→“内容”选项，然后在内容选项卡中选择“证书”按钮，会打开证书对话框。在对话框中单击“导入”按钮，会出现数字证书导入向导。用户根据向导内容将从银行网上下载的数字证书 cer 文件导入浏览器即可。

（3）登录银行网站。在网站首页中选择“个人网上银行”→“证书登录”按钮，会出现数字证书选择对话框，用户选择此银行的数字证书文件后单击“确定”按钮，进入“个人客户服务系统”。

（4）用户进入图 5-6 所示“个人客户服务系统”后，根据自己的需要在左边选择相应的栏目，便可利用网上银行的各项功能。

提示：细心的用户可以发现通过数字证书方式登录后的“个人客户服务系统”比通过银行卡号方式登录后出现的功能要多一些。

图 5-6　个人客户服务系统页面

（5）账户余额查询。如果用户需要查询自己银行账户的余额，选择左边菜单栏的“查询”→“账户余额查询”按钮，出现图 5-7 所示的账户选择和密码输入页面。当用户输入相应账户的密码和选择要查询的账户后，单击“提交”按钮，随即会出现该用户的账户资金余额。

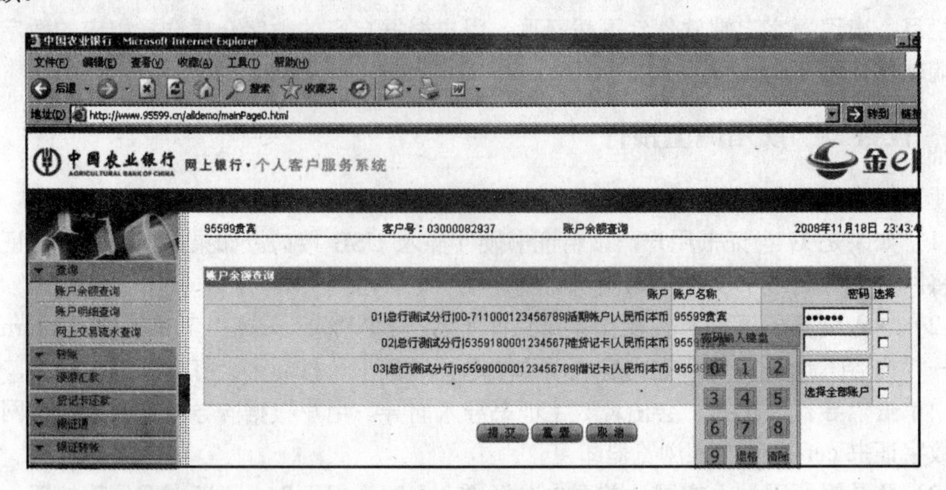

图 5-7　账户余额查询

（6）账户明细查询。如果用户需要查询自己银行账户的使用明细，选择左边菜单栏的“查询”→“账户明细查询”按钮，出现图 5-8 所示的查询条件输入页面。当用户输入相应内容后，单击“提交”按钮，随即会出现该用户在查询起止时间范围内的账户资金进出情况。如果单击“下载”按钮，也可以将账户明细保存到本计算机。

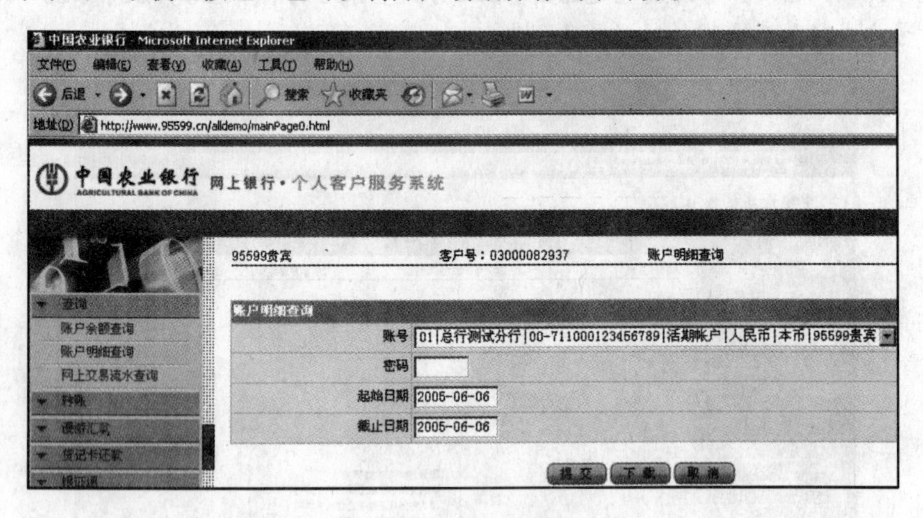

图 5-8　账户明细查询

（7）网络转账。如果需要将自己账户中的金额转到其他账户中，不需要到银行柜台去办理，可直接通过网络完成。如果是在同行内的账户之间转账，就在左边菜单栏中选择“转账”→“内部转账”按钮，如果是跨行转账，就选择“转账”→“支付转账”按钮。图 5-9 所示页面是同行转账的界面。用户输入相应的转入、转出账号和转账密码及金额后单击“提交”按钮，即完成转账操作，操作成功后，系统会出现交易成功的信息提示，用户也可以将转账内容打印出来。

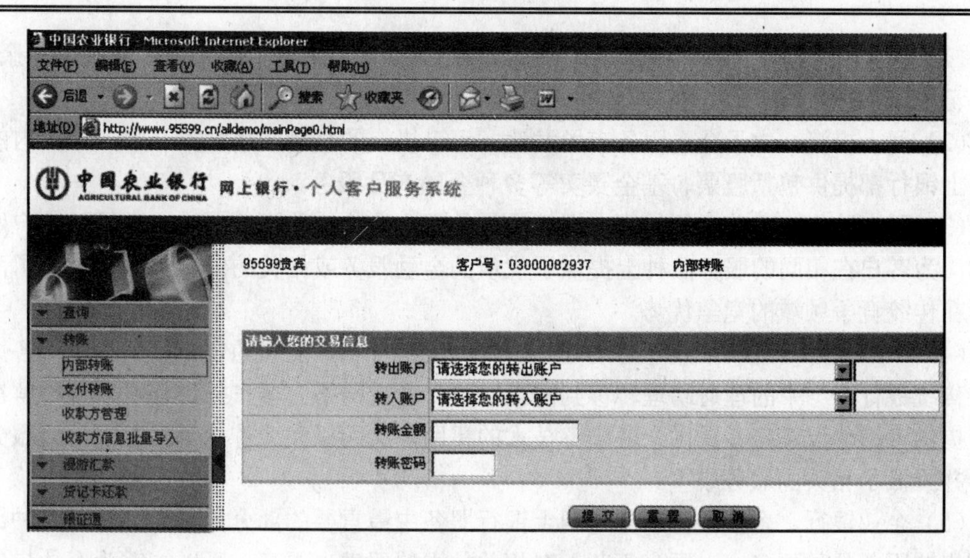

图 5-9　内部转账信息输入页面

（8）网络转账完成后，选择左边菜单栏中的“退出”按钮，退出网络银行系统。

5.1.4　阅读材料

1．常用网上银行

网上银行又被称为“3A 银行”，因为它不受时间、空间限制，能够在任何时间（Anytime）、任何地点（Anywhere）、以任何方式（Anyhow）为客户提供金融服务。

网上银行发展的模式有两种：一是完全依赖于互联网的无形的电子银行，也叫“虚拟银行”。所谓虚拟银行就是指没有实际的物理柜台作为支持的网上银行，这种网上银行一般只有一个办公地址，没有分支机构，也没有营业网点，采用因特网等高科技服务手段与客户建立密切的联系，提供全方位的金融服务，如美国安全第一网上银行。但目前中国没有此类银行。另一种是在现有的传统银行的基础上，利用互联网开展传统的银行业务交易服务。即传统银行利用互联网作为新的服务手段为客户提供在线服务，实际上是传统银行服务在互联网上的延伸，这是目前网上银行存在的主要形式，也是绝大多数商业银行采取的网上银行发展模式。

目前中国较大的网上银行有：

中国工商银行：http://www.icbc.com.cn

中国建设银行：https://ibsbjstar.ccb.com.cn

中国银行：http://www.boc.cn

中国农业银行：http://www.abchina.com

交通银行：http://www.bankcomm.com

招商银行：http://www.cmbchina.com/

2．常见网上银行业务

一般说来网上银行的业务品种主要包括基本业务、网上投资、网上购物、个人理财、企业银行及其他金融服务。

（1）基本网上银行业务。商业银行提供的基本网上银行服务包括：在线查询账户余额、交易记录，下载数据，转账和网上支付等。

（2）网上投资。由于金融服务市场发达，可以投资的金融产品种类众多，如国内的很多网上银行都提供包括股票、基金买卖等多种金融产品服务。

（3）网上购物。商业银行的网上银行设立的网上购物协助服务，大大方便了客户网上购物，为客户在相同的服务品种上提供了优质的金融服务或相关的信息服务，加强了商业银行在传统竞争领域的竞争优势。

（4）个人理财助理。个人理财助理是国外网上银行重点发展的一个服务品种。各大银行将传统银行业务中的理财助理转移到网上进行，通过网络为客户提供理财的各种解决方案，提供咨询建议，或者提供金融服务技术的援助，从而极大地扩大了商业银行的服务范围，并降低了相关的服务成本。

（5）企业银行。企业银行服务是网上银行服务中最重要的部分之一。其服务品种比个人客户的服务品种更多，也更为复杂，对相关技术的要求也更高，所以能够为企业提供网上银行服务是商业银行实力的象征之一，一般中小网上银行或纯网上银行只能部分提供，甚至完全不提供这方面的服务。

企业银行服务一般提供账户余额查询、交易记录查询、总账户与分账户管理、转账、在线支付各种费用、透支保护、储蓄账户与支票账户资金自动划拨、商业信用卡等服务。此外，还包括投资服务等。部分网上银行还为企业提供网上贷款业务。

（6）其他金融服务。除了银行服务外，大的商业银行的网上银行均通过自身或与其他金融服务网站联合的方式，为客户提供多种金融服务产品，如保险、抵押和按揭等，以扩大网上银行的服务范围。

3. 网上交易安全提示

银行卡持有人的安全意识是影响网上银行安全性的不可忽视的重要因素。目前，我国银行卡持有人安全意识普遍较弱，不注意密码保密，或将密码设为生日、电话号码等易被猜测的数字。一旦卡号和密码被他人窃取或猜出，用户账号就可能在网上被盗用，例如进行购物消费等，从而造成损失，而银行技术手段对此却无能为力。因此一些银行规定：客户必须持合法证件到银行柜台签约才能使用“网上银行”进行转账支付，以此保障客户的资金安全。

另一种情况是，客户在公用的计算机上使用网上银行，可能会使数字证书等机密资料落入他人之手，从而直接使网上身份识别系统被攻破，网上账户被盗用。

安全性作为网络银行赖以生存和得以发展的核心及基础，从一开始就受到各家银行的极大重视，都采取了有效的技术和业务手段来确保网上银行安全。但安全性和方便性又是互相矛盾的，越安全就意味着申请手续越烦琐，使用操作越复杂，影响了方便性，使客户使用起来感到困难。因此，必须在安全性和方便性上进行权衡。到目前为止，国内网上银行交易额已达数千亿元，银行方还未出现过安全问题，只有个别客户由于保密意识不强而造成资金损失。

在使用网上银行时应注意防范以下事项：

（1）防备假冒网站。使用网络银行时要注意该行的网址，不要通过不明网站、电子邮件或论坛中的网页链接登录网上银行。登录成功后，请详细认真检查网站提示的内容。

（2）防止黑客攻击。用户在使用网上银行时要保证自己的电脑是安全的，需要在电脑上安装防病毒软件和防火墙软件，并及时升级更新。定期下载安装最新的操作系统和浏览器安全程序或补丁。不要在网吧等公共场所的计算机上使用网上银行。使用网上银行完毕或使用过程中暂离时，请勿忘记退出网上银行，取走自己的USBKey。

（3）注意密码安全。要妥善选择网银登录密码和USBKey的密码，避免使用生日、电话号码、有规则的数字等容易猜测的密码，建议不要与取款密码设为一致。

（4）其他事项。不要将银行颁发的口令卡或USBKey交给其他人。若相关安全设施遗失，应尽快到银行柜台办理证书恢复或停用手续。

5.2　项目二　网上购物

5.2.1　任务　网上购物与交易

网上购物跨越了时空的限制，给商业流通领域带来了非同寻常的变革。网上购物的真正受益者是消费者，用户根本不用为找不到商品烦恼，敲几个键确认一下，很快就会送货上门，小到一副眼镜，大到一台洗衣机。另外网上购物还有两个好处，一是开阔了视野，可以货比三家。逛商店只能一个一个地逛，用户即使拿出一天的时间也只能跑自己附近的几个店。而在 Internet 上情况就大不一样了，用户调出一类商品，就可以浏览成百上千个网上商店的商品。二是价格便宜，因为网上商店使商家与消费者直接沟通，省去了中间环节，也省去了商场和销售人员的费用。

目前中国较大的网络交易市场有阿里巴巴、淘宝网、易趣、卓越网等。而作为中国电子商务旗舰网站的易趣，自2003年6月成为eBay全球大家庭中的一员，并于2004 年7 月推出全新品牌eBay 易趣后，不仅成为中国网络流通领域不可或缺的经济实体，更是就此走向世界，成为当今全球最大的中文网上交易平台。本节就将以如何使用易趣为主题进行相关介绍。

1．进入易趣

用户进行网上购物，首先需要打开浏览器，进入易趣（eBay）的首页。打开浏览器，在地址栏中输入易趣的网址 http://www.eachnet.com，再按 Enter 键或单击“转到”按钮，即可登录到易趣首页，如图5-10所示。

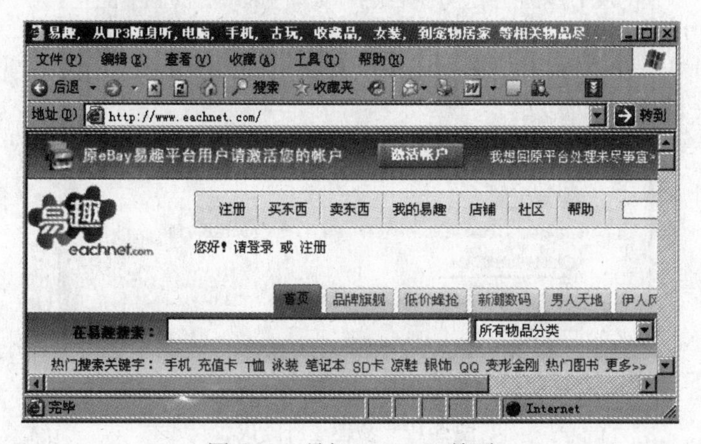

图5-10　易趣（eBay）首页

2. 注册易趣用户

用户只有注册为易趣用户，才能正常使用易趣的功能，注册方法如下：

（1）登录易趣的首页后，单击“注册”链接。

（2）进入注册页面，如图 5-11 所示，在“创建易趣用户名”文本框中输入用户的注册名，并单击“查看用户名是否可用”按钮，确认可用后，填写用户密码和确认密码。由于网络交易可靠性要求很高，无论是商家还是用户，都需要在用户信息区中根据提示输入自己真实的资料，最后输入验证码；确认填写正确以后，在本页末单击“我已阅读并接受上述条款，继续”按钮。

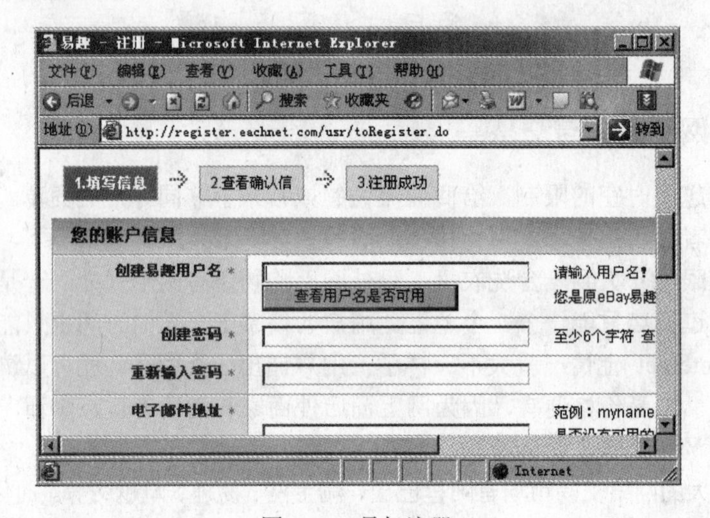

图 5-11　易趣注册

（3）为了确认用户的真实性，易趣会将确认邮件发送到用户所填入的邮箱，单击“去您的邮箱查看确认信”按钮。

（4）在未读邮件列表中，单击主题为“易趣网——确认注册成功”的邮件，仔细阅读邮件，记住确认码。单击邮件中的链接，进入图 5-12 所示页面，输入确认码，单击“完成注册”。

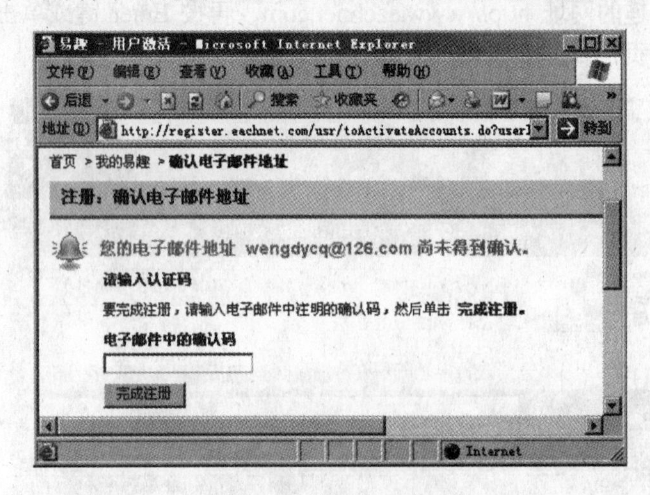

图 5-12　易趣注册确认

3. 登录易趣

用户注册成功以后便可以登录易趣，浏览网络货架，具体的登录方法如下：

（1）打开浏览器，进入易趣首页，单击“登录”链接。

（2）切换至“登录”页面，输入用户名和用户密码，再单击“登录”按钮。

（3）登录到易趣个人资料页面，因为用户是第一次注册使用易趣，需要单击“立即认证”链接确认易趣个人资料。

（4）切换至个人资料确认页面，用户确定自己注册的信息无误后单击“确认并提交”按钮。

4. 查找商品

用户在登录后就可以像逛商店一样，从网络中准确查找到所需的商品。由于网上交易平台所提供的商品很多，用户要准确找到自己所需要的商品，还需要使用商品搜索器，具体的操作方法如下：

（1）用户在登录后进入易趣的首页，单击页面上方的“买东西”链接，在“在易趣搜索”文本框中输入用户所需商品的名称，图 5-13 所示以“手机”为例，最后单击“搜索”按钮。单击“高级搜索”链接，用户可对搜索规则进行更详细的定义，这样可以更快更准确地找到所需要的商品列表。

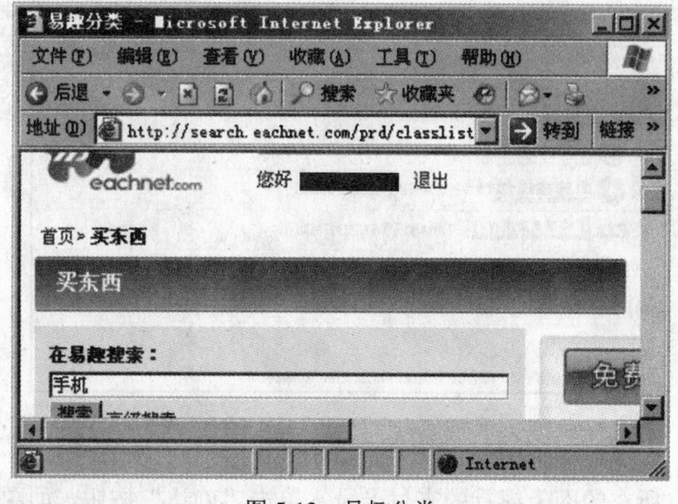

图 5-13　易趣分类

（2）切换至搜索结果页面，符合搜索条件的物品都将显示在“物品推荐位”列表中，用户单击选择的商品图标，即可展开商品的详细信息。

用户可以在列表中查询该物品的价格，选择相同类型的物品价格可能有差异。用户可以在此货比三家。

（3）单击第 1 个物品列表，在此查看物品说明、价格及商家信息，还可单击“查看大图”链接查看物品照片。

（4）用户如果对商品有疑问还可单击“给卖家留言”按钮。

（5）进入对商品提问页面，用户在文本框中输入提问内容，最后单击“提交”按钮。

（6）当商家回复该提问时，系统会将回复答案发送至用户的电子邮箱中。

5．选定商品并确认购买

用户在商品列表中找到合适的商品后，可以选择购买该商品，如选择到适合的手机并想购买，可以使用如下方法：

（1）在物品详情页面中单击“立即购买”按钮。

（2）进入确认购买页面。如果该商品库存较多，且用户希望同时购买多件该产品，可以在数量文本框中输入定购物品的数量，最后单击“提交”按钮。

（3）系统提示用户已经确认购买该物品，确认购买后，易趣会将卖家联系方式用电子邮件发送给您，并告知您如何完成交易。

6．网络支付方式

易趣开通了安付通和贝宝等安全性很强的新型支付方式，当用户了解了这些新的网络支付方式后将不必再担心网上交易的安全问题了。

使用安付通

安付通的支付过程为：买家汇款给易趣→卖家发货→买家同意付款给卖家→易趣汇款给卖家，具体的操作方法如下：

（1）当用户选择使用安付通进行支付时，将会进入图 5-14 所示的页面，按照流程，用户应该先将货款汇到易趣的银行账户，所以用户首先选中汇款银行的单选按钮，再单击“进入付款”按钮。

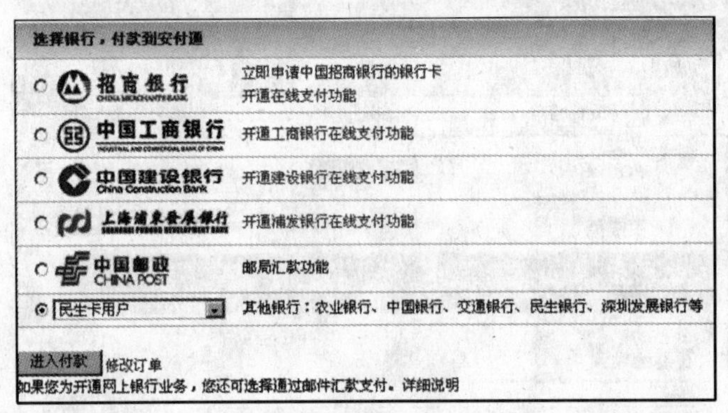

图 5-14　选择银行付款

（2）输入用户所在的网上银行的支付卡号，单击“确认”按钮，如图 5-15 所示。

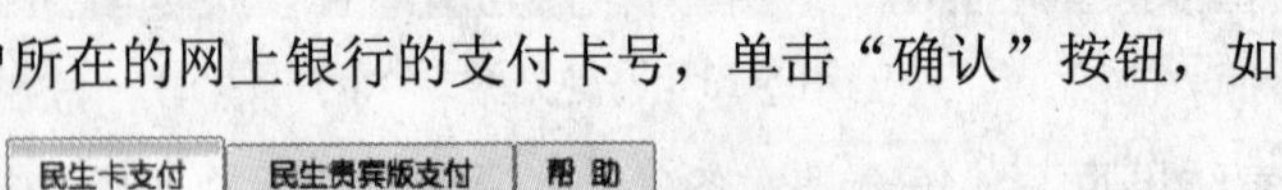

民生卡支付　民生贵宾版支付　帮 助

民生卡号：

交易密码：

如果交易密码框无法显示，请下载并安装安全密码控件

证件类型：身份证

证件号码：

附加码：7013

确 认

如果您是第一次使用或者点击提交后提示“加解密出错或非法订单信息”，请下载并安装B2C支付加密控件

图 5-15　输入银行卡信息

（3）按照交易流程用户将物品货款汇入易趣账户，易趣会通知商家货款已到，同时商家发货，待用户收到货物检查满意后，买家便可通知易趣允许将货款汇入商家账户。

网络支付的流程和方法大致如此，用户会在使用网络购物的过程中了解到更多的技巧。

7．自由浏览商品

在使用易趣进行购物的过程中，除了通过搜索商品购买外，还可以打开易趣的首页，在商品分类中像逛商店一样，随意浏览各种商品，如图 5-16 所示。进入到商品对应的购买页面时，使用上面的方法即可购买。

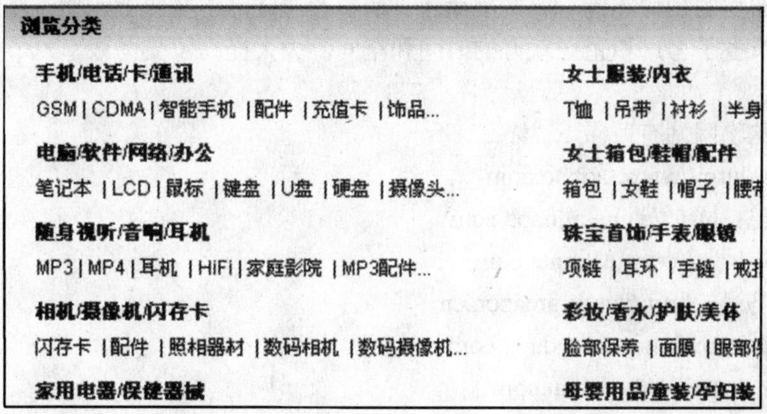

图 5-16　浏览商品

5.2.2　阅读材料

1．电子商务概述

电子商务源于英文 Electronic Commerce，简写为 EC。顾名思义，其内容包含两个方面，一是电子方式，二是商贸活动。电子商务指的是利用简单、快捷、低成本的电子通信方式，买卖双方不谋面地进行各种商贸活动。电子商务可以通过多种电子通信方式来完成。现在人们所探讨的电子商务主要是以 EDI（电子数据交换）和 Internet 来完成的。尤其是随着 Internet 技术的日益成熟，电子商务真正的发展将是建立在 Internet 技术上的。

从贸易活动的角度分析，电子商务可以在多个环节实现，由此也可以将电子商务分为两个层次，较低层次的电子商务如电子商情、电子贸易、电子合同等；最完整的也是最高级的电子商务应该是利用 Internet 网络能够进行全部的贸易活动，即在网上将信息流、商品流、资金流和部分的物流完整地实现，也就是说，可以从寻找客户开始，一直到洽谈、订货、在线付（收）款、开据电子发票以至到电子报关、电子纳税等通过 Internet 一气呵成。

要实现完整的电子商务还会涉及很多方面，除了买家、卖家外，还要有银行或金融机构、政府机构、认证机构、配送中心等机构的加入。由于参与电子商务中的各方在物理上是互不谋面的，因此整个电子商务过程并不是物理世界商务活动的翻版，网上银行、在线电子支付等条件和数据加密、电子签名等技术在电子商务中发挥着重要的不可或缺的作用。

2. 电子商务类型

（1）企业内部电子商务。它是企业内部之间，通过企业内部网（Intranet）的方式处理与交换商贸信息。通过企业内部的电子商务，可以给企业带来如下好处：增加商务活动处理的敏捷性，对市场状况能更快地做出反应，能更好地为客户提供服务。

（2）企业间的电子商务。它简称为B2B模式，即企业与企业（Business to Business）之间，通过Internet或专用网方式进行电子商务活动。

（3）企业与消费者之间的电子商务。它简称为B2C模式，即企业通过Internet为消费者提供一个新型的购物环境——网上商店。消费者通过网络在网上购物、在网上支付。由于这种模式节省了客户和企业双方的时间和空间，大大提高了交易效率，节省了不必要的开支。

常用的购物网站有：

淘宝网：http://www.taobao.com

阿里巴巴：http://china.alibaba.com

易趣网：http://www.eachnet.com

卓越亚马逊：http://www.amazon.cn

当当网：http://home.dangdang.com

拍拍网：http://www.paipai.com

3. 网上购物安全原则

（1）持卡人身份认证。为了进一步提高网上购物的安全性，信用卡机构正通过发卡银行推出持卡人身份验证服务，以让消费者在使用信用卡签账时多一个用来验证身份的个人密码，从而为消费者提供更加安全的交易保障，同时，也能帮助消费者确认商户的身份。

（2）使用安全的网上浏览器。网上购物者一定要留意网址的“http”或“URL”之后是否有一个字母“s”，如果网址以“https”开头，则它使用的信息传输方式是经过加密的，提高了安全保障。

（3）切勿泄漏个人密码。在密码设置上要和网上银行的密码一样不要设置太简单了，另外注意保护自己的密码，不要向别人透露。

（4）保护好支付卡信息。除了购物付账外，不要向其他人提供自己的支付卡资料。切勿用电子邮件传送支付卡信息，这样做极有可能被第三者截取。信誉良好的商户会在网站上使用加密技术，以保障在网上交易的个人信息不被别人看到或盗取。

（5）送货与退货条款。消费者网上购物的总费用时，一定要加上运费和手续费。如果商户在海外，可能还需要加上相关的税金和其他费用。购物前，应通过相关网站了解所有的收费标准。在完成每一笔网上购物交易之前，应该先阅读商户网页上有关送货与退货的条款，明确是否能退货以及由谁承担相关费用。

（6）保存交易记录。保存所有交易记录，如发生退货或需要查询某项交易时，这些记录会非常有用。应保存或打印一份网上订单的副本，这些记录与百货商场的购物收据具有同样的意义。

5.3　项目三　网上炒股

5.3.1　任务一　开通账户

1．基础知识

证券账户卡（股东卡）：是交易所发放的、用以存放股票信息的股票账户（卡）。我国目前有两个证券交易所，分别是上海证券交易所和深圳证券交易所。

资金账户：是证券公司发放的、用于存放股民资金信息的账户。

第三方存管：是指证券公司将投资者的证券交易保证金委托商业银行单独立户进行存管，存管银行负责完成投资者的资金存取、保证金（资金）账户与银行存款账户之间的封闭式资金划转。一个资金账户只能对应一个银行的第三方存管。一个银行账户也只能对应一家券商的第三方存管。

证券公司（券商）：买股票必须委托代理交易的金融企业。股民不可以直接到上海或深圳证券交易所买卖，所以股民必须找一家合法证券公司代理交易开户。

交易所与证券公司的关系：交易所是为证券集中交易提供场所和设施，主要由证券商组成的组织，本身不能买卖证券。证券公司具有证券交易所的会员资格。

2．开通手续

（1）开设股东账户。股民先要确定好一家规模较大的证券公司，然后到证券公司的营业部柜台办理开设股东账户，柜台营业员会帮助办理相关事宜。具体流程可参考下面步骤：首先提供本人有效身份证及复印件开立上海证券账户卡和深圳证券账户卡，这个工作通常由证券公司帮助办理。个人证券账户卡收费标准为：上海 A 股 40 元人民币/户、深圳 A 股 50 元人民币/户、上海 B 股 19 美元/户、深圳 B 股 120 港币/户。

（2）开立资金账户证。投资者办理沪、深证券账户卡后，到证券营业部买卖股票前，需先在证券营业部开户，开户主要在证券公司营业部营业柜台或指定银行代开户网点办理。个人开户需提供身份证原件及复印件，沪、深证券账户卡原件及复印件。在开户时需要填写开户资料并与证券营业部签订《证券买卖委托合同》（或《证券委托交易协议书》），同时签订第三方存管开立协议。当手续齐全后证券营业部会为投资者开设资金账户。一个身份证号码只对应一组股东卡号，资金账户可在不同证券公司同时开立，但不跨公司通用。开立资金账户需设置 6 位密码及资金数交易密码；交易密码可通过电话及网上交易修改；当天开立的证券账户卡，需第二个工作日才能办理指定交易。

（3）开设第三方存管业务。当在证券公司开通资金账户时需要设立与之相关联的银行账户用于股票和银行储蓄资金的划转。证券公司会提供合作银行名单，用户可自行选择。第三方存管需要本人带身份证、银行账户原件在股票交易时间内办理。在券商端办理第三方存管后还需要到对应的银行网点进行确认才能开通。

5.3.2　任务二　网络炒股

1．下载软件

网上炒股只要在网上下载免费的客户端软件就可以进行了。可随时调用软件系统进行委托下单、查询操作。软件一般是免费下载的。

一般炒股软件的平台要求不是很高，只要有一台 CPU 的主频在 2000MHz 以上、512MB 以上内存的计算机，操作系统可以是 Windows XP 以上版本，接通宽带。按照软件提示完成安装，并成功接入该证券网站之后就可以收看即时行情、做实时分析、盘后分析、浏览最新的证券信息等。本任务以大智慧证券信息平台为例，介绍如何下载安装证券信息平台。

大智慧证券信息平台是一套用来进行行情显示、行情分析并同时进行信息即时接收的证券信息平台。面向证券决策机构和各阶层证券分析、咨询、投资人员，适合广大股民的使用习惯和感受。它是一套免费软件，可以在大智慧官方网站（http://www.gw.com.cn/）上下载。

打开 IE 浏览器，在地址栏中输入大智慧网址，进入大智慧官方网站，如图 5-17 所示，单击“大智慧经典版”可以打开“大智慧经典版 Internet”软件页面，在页面下部选择一个适合自己网络的站点链接进行下载。

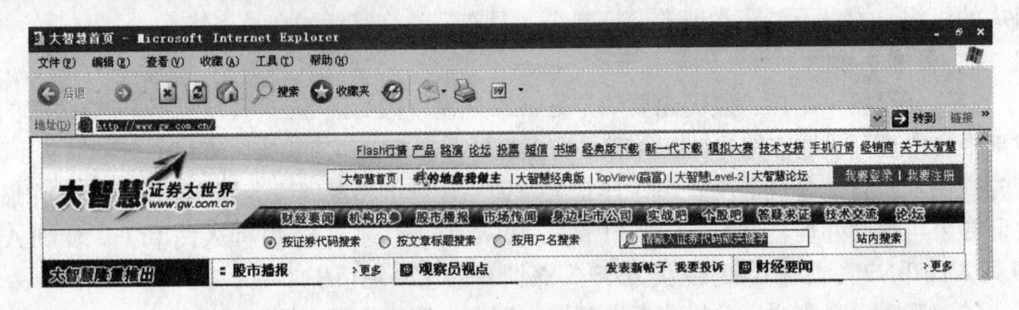

图 5-17　大智慧网站首页

默认下载的安装文件名为“Dzh_2in1.exe”，双击安装文件进行安装。安装过程非常简单，根据安装提示即可完成安装，安装完后在桌面上和开始菜单中均有启动“大智慧经典版”软件的快捷方式。

2．查看股票即时行情

股市行情变幻莫测，及时掌握股市的最新动态对于股民来说非常重要。要在大智慧证券信息平台查看股票的即时行情，可按照下面的操作步骤实现。

（1）双击桌面上的“大智慧经典版”快捷图标运行大智慧证券行情软件，系统会弹出“提示”对话框，提示用户选用最快的行情主站，单击“是”按钮后系统自动检测最快的主站，根据网络速度和拥挤程度，记住网络质量好的主站名称，在登录时选用，如图 5-18 所示。

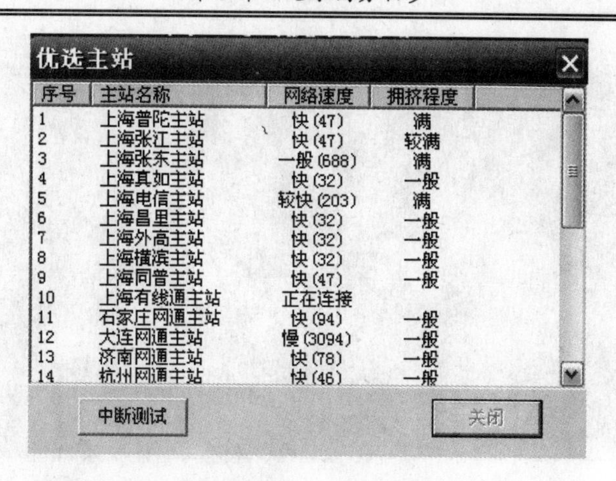

图 5-18　优选主站

（2）如果是第一次登录，单击“注册新用户”按钮进入注册对话框，根据提示输入账号、密码及确认密码、邮件地址等相关信息完成注册。

（3）完成注册后，系统返回登录对话框，输入刚才注册成功的用户名和密码进入大智慧证券信息港，如图 5-19 所示。

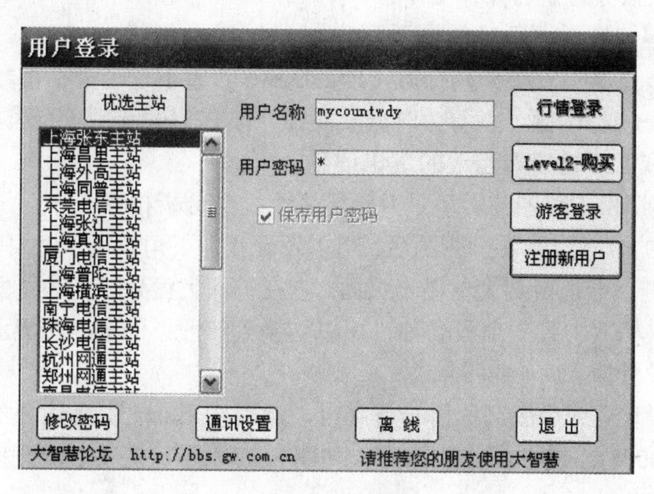

图 5-19　用户登录

（4）启动系统，进入大智慧，出现图 5-20 所示系统菜单，系统菜单清楚地显示了系统各项功能。在任一菜单的画面中，其各级选项均表示本级菜单所能实现的功能或包括的所有可选项。为方便用户操作，该软件同时采用了下拉式菜单设计，下拉式菜单包含了系统的所有功能。

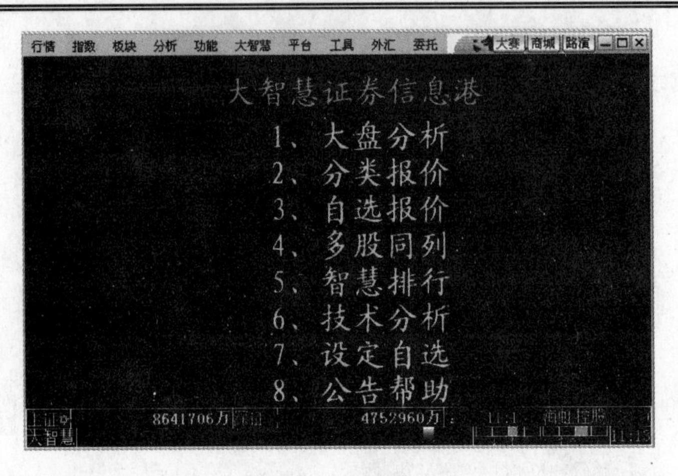

图 5-20　启动菜单

（5）查看大盘分时走势。

大盘当日动态走势主要内容包括当日指数、成交总额、成交手数、委买/卖手数、委比、上涨/下跌股票总数、平盘股票总数等。另有指标曲线图窗口，可显示多空指标，量比等指标曲线图。查看大盘分时走势操作如下：

① 按 Enter 键切换到大盘 K 线图画面。

② 按 PageUp 查看上一个类别指数，PageDown 查看下一个类别指数。

③ 按 01+Enter 或 F1 键，查看分时成交明细，按 02+Enter 或 F2 键，查看分价成交明细；按 10+Enter 或 F10 键查看当天的资讯信息。

④ 按“/”键切换走势图的类型，并调用各个大盘分析指标。

⑤ 进入大盘的分时图或者日线图后，可以发现在右下角新增了“大单”这项功能，按小键盘的“+”号键就能切换到大单显示页面。它在沪深大盘分时走势页面提供了个股大单买卖的数据。用鼠标双击某一个股名称，可以切换到该股票的分时图界面。

（6）查看个股行情。

直接输入个股代码或个股名称拼音首字母，然后按 Enter 键确认并执行操作，如“深物业 B”输入“200011”或“swyB”即可，如图 5-21 所示。需要退出时按 Esc 键回到大盘行情。

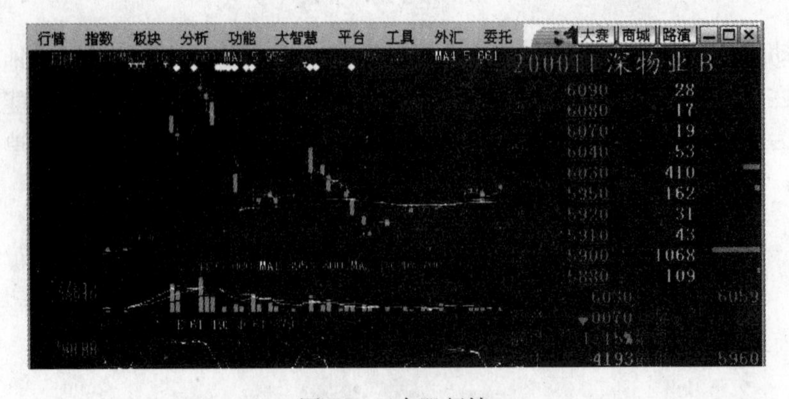

图 5-21　个股行情

3. 网上委托下单

大智慧证券信息平台的委托下单功能需要自己的代理证券公司与该系统有合作关系才能启用。如果他们有合作关系，可以将委托下单功能链接到大智慧证券信息平台，链接方法就是进行委托设置，委托设置操作如下。

（1）安装网络交易软件，将证券商提供的网络交易软件安装到计算机中（如中信证券的“中信证券网上交易系统”），通常在证券公司网站的下载栏目会提供。安装过程根据安装软件的提示可轻松完成。

注意： 网络交易软件来源必须可靠，且有相关的安全保证，如数字证书、密钥盘等。

（2）委托设置，运行“大智慧证券信息平台”，单击“工具”→“设置”→“委托设置”菜单命令，弹出“委托设置”对话框，如图5-22所示。

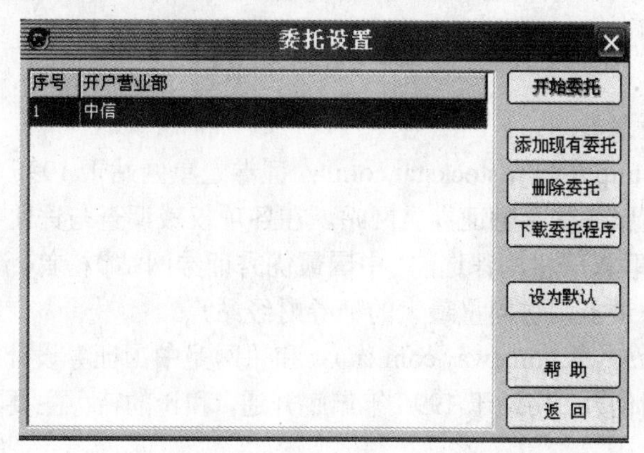

图5-22 “委托设置”对话框

单击“添加现有委托”按钮，弹出“添加委托”对话框，输入证券公司名称，通过浏览查找“网络交易软件”的安装目录，选择交易软件的启动文件（如中信证券网上交易系统的启动文件为TdxW.exe）。

（3）设置好委托后，就可以实现网络交易了，单击“大智慧证券信息平台”的“委托”菜单，就可以启动网络交易软件，以后的具体操作可根据券商提供的“网络交易软件使用说明书”进行。中信证券网上交易系统的启动界面如图5-23所示。

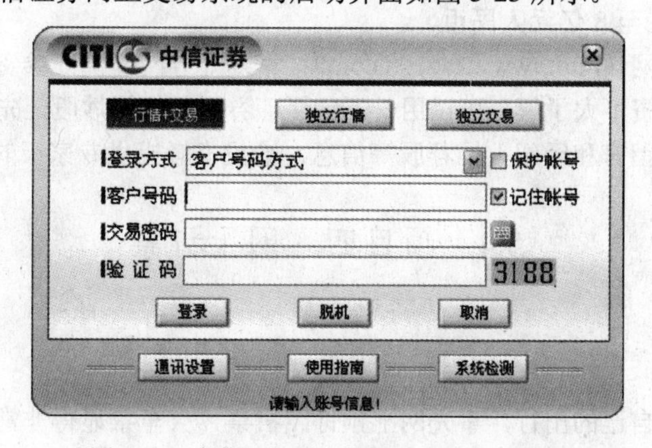

图5-23 中信证券网上交易系统的启动界面

（4）进入网上交易系统后选择业务方式，如"独立交易"，然后输入自己在证券公司申请的客户号码、交易密码和验证码之后即可登录交易系统。

（5）进入交易界面，用户可以买入、卖出、撤单，查询资金余额、证券余额、委托、成交状况、股票市值等，还可以修改交易密码、银证转账等功能。

注意：

- 当前默认的交易市场和股东代码显示在下方，如果用户需要可手工切换。
- 用户进入交易画面后，如果在 2 分钟内没有任何操作，系统会自动退出。
- 网上交易密码与客户柜台交易、电话委托交易密码联动，修改其一将引起其他密码变化，请牢记密码。
- 在进行网上交易时，一定要保证用户计算机无病毒，否则可能带来严重后果。

5.3.3 阅读材料

下面是常见的股票类网站。

（1）证券之星（http://www.stockstar.com）：证券之星网站于 1996 年开通，是中国最早为股民提供信息增值服务的金融证券类网站。在各项权威调查与评比中，证券之星多次获得第一，连续四年蝉联权威机构评选的"中国最优秀证券网站"榜首，注册用户将超过 1000 万，是国内注册用户最多，访问量最大的证券财经站点。

（2）和讯（http://www.homeway.com.cn）：和讯网是中国证券设计研究中心（联办）下属和讯信息科技公司创办。网站于 1996 年年底开通，和讯的特色主要在于其强大的咨询功能。

（3）中国银河证券网（http://www.chinastock.com.cn）：提供全国范围的网上炒股、实时股票行情、财经新闻、股评、个股推荐、投资资讯以及个性化社区服务。

（4）国通牛网（http://www.newone.com.cn）：该站提供了评论研究、个股资料、投资学院等常规服务。如果对网上炒股不熟悉的话，还可以到投资学院中的"模拟操盘"去实习一下。

（5）广东证券中天网（http://www.stock2000.com.cn）：广东证券是广东省成立最早的专业证券公司之一。1998 年 11 月，经中国证监会批准，公司改制为"广东证券股份有限公司"，注册资本金增至 8 亿元人民币。

（6）华夏证券网（http://www.csc108.com）：华夏证券网提供证券资讯和在线交易的服务，如果对股票投资不太了解，可以用一下华夏证券网的模拟炒股，先练习一下。华夏证券网还提供经纪人留言和经纪人推荐股等信息，给投资者提供专家级的信息。

5.4 项目四　网上订票

任务　网上订票

为了合理安排自己的出行，事先网上预订飞机票、火车票显得非常必要。通过网上订票业务，再也不用在售票厅排着长长的队伍等候买票了，从而节约宝贵的时间。

网上预订往返飞机票

本任务以“携程旅行网”为例，介绍如何网上订购飞机票。携程旅行网是一家专业的旅行服务网站，通过该网站提供的在线服务可以方便地预订想要的机票。

携程旅行网飞机票预订客户有两种形式：一是携程旅行网会员身份，二是非会员身份。会员身份适合需要经常预订机票的客户，可以将自己的信息保存在携程旅行网服务器上，方便多次预订机票。携程旅行网提供免费注册新用户的功能。

（1）双击桌面上 IE 浏览器，在地址栏输入 http://www.ctrip.com 并按 Enter 键，打开携程旅行网主页。

（2）若要订购国际机票，可单击页面上方的“国际机票”链接，这里以订购国内机票为例，单击“国内机票”链接进入航班查询页面，如图 5-24 所示。

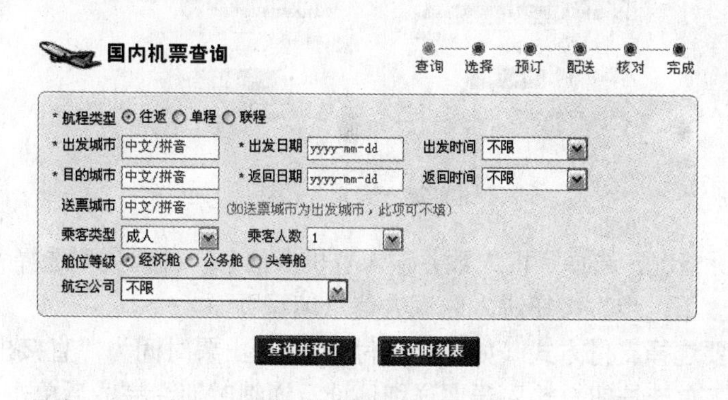

图 5-24　国内机票查询

（3）若要定购往返程机票应该选择“往返”单选按钮，输入出发城市及目的地城市并选择出发日期，然后选择乘客类型及人数后，根据需要选择要乘坐的机舱类型及航空公司，完成后单击“查询并预订”按钮，打开图 5-25 所示的页面。

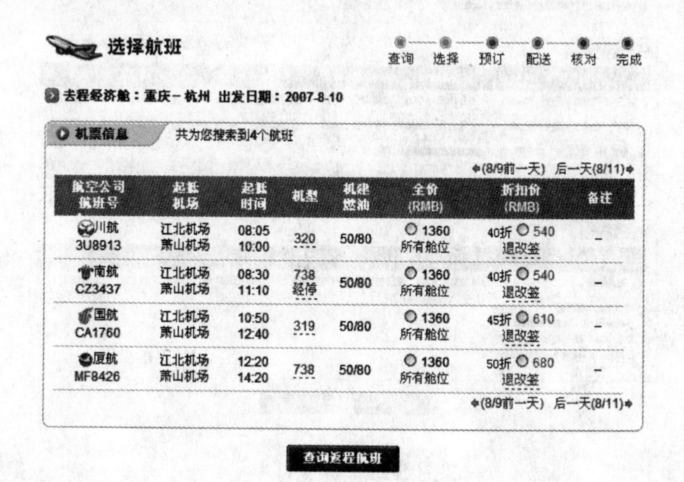

航空公司 航班号	起抵 机场	起抵 时间	机型	机建 燃油	全价 (RMB)	折扣价 (RMB)	备注
川航 3U8913	江北机场 萧山机场	08:05 10:00	320	50/80	1360 所有舱位	40折 540 退改签	–
南航 CZ3437	江北机场 萧山机场	08:30 11:10	738 经停	50/80	1360 所有舱位	40折 540 退改签	–
国航 CA1760	江北机场 萧山机场	10:50 12:40	319	50/80	1360 所有舱位	45折 610 退改签	–
厦航 MF8426	江北机场 萧山机场	12:20 14:20	738	50/80	1360 所有舱位	50折 680 退改签	–

图 5-25　选择航班

（4）根据自己的实际行程，选择相应的班次后，如果旅客是携程网的会员，可以登录后预订，或者输入联系方式直接预订，这里以会员登录方式预订，如图 5-26 所示。

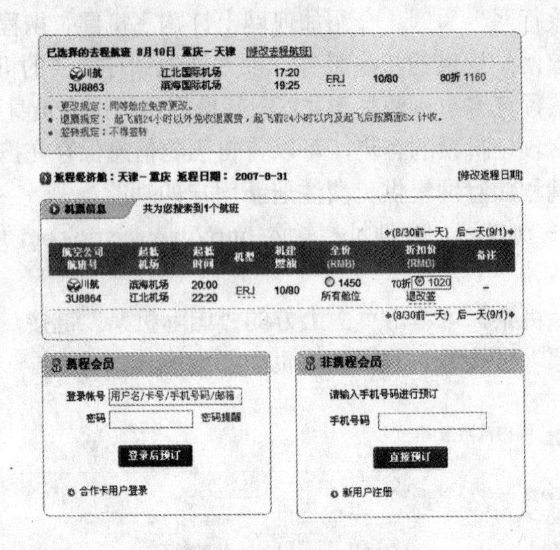

图 5-26　登录并预订

（5）根据实际情况，选择登机人数并输入登机人信息，机票类型选择“纸质票”，然后单击页面下方的“下一步”按钮进入联系人信息填写页面。

（6）根据需要选择支付方式（如现金支付）、选择出票时间为“直接出票”；在送票信息栏选中“送票”单选按钮，输入送票详细地址及详细时间，完成后单击“下一步”按钮弹出确认信息页面。

（7）确认信息无误后，单击“提交订单”按钮，即可提交订单，如图 5-27 所示。

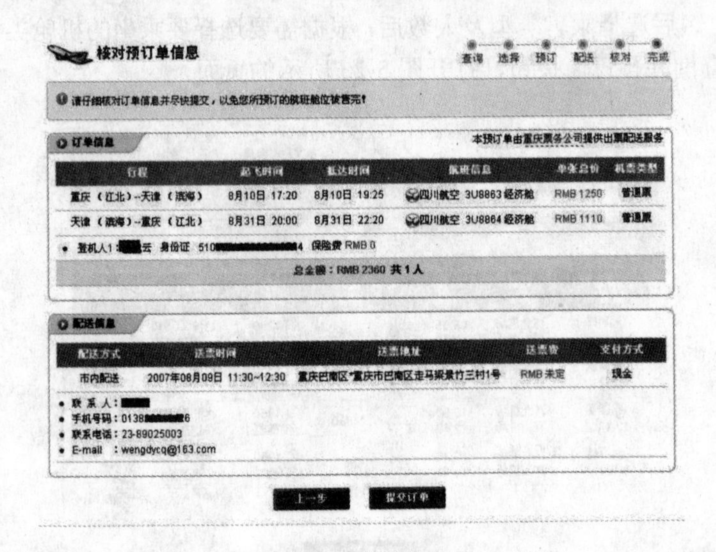

图 5-27　提交订单

订单提交后，携程网工作人员很快会与订票人联系确认，所以联系方式一定要通畅。

5.5　项目五　移动网上营业厅

任务　移动网上营业厅

网上营业厅是通过 Internet 向用户提供固定电话或手机业务服务的一种新的业务受理方式，开通了网上业务受理、话费查询、故障申告、业务展示、业务快讯等功能，实现了客户服务中心到窗口营业与网上受理的有机结合。

中国移动通信网上营业厅网址为：http://www.chinamobile.com/service

中国联通网上营业厅网址为：http://www.chinaunicom.com.cn/ehall

中国电信网上营业厅网址为：http://www.ct10000.com

本任务以中国移动的移动网上营业厅为例。

1．登录网上营业厅

用户可以登录移动网上营业厅，实现自助服务。例如，需要查询手机话费的余额或通话清单，就不必再去营业厅了。

（1）打开浏览器，在地址栏中输入 www.chinamobile.com 后按 Enter 键，进入中国移动通信的首页，在页面的下方选择省公司链接，进入自己所在省市。这里以重庆市为例。

（2）单击页面上方的“自助服务”按钮，系统进入营业厅网页，在页面的右侧输入手机号码、服务密码和验证码，单击“GO”按钮，如图 5-28 所示。服务密码记录在该号码的储值卡上，如果不知道密码也可以在图 5-28 中先输入手机号码和验证码，然后单击“忘记密码”，稍后使用该号码的手机会收到一条含服务密码的短信。

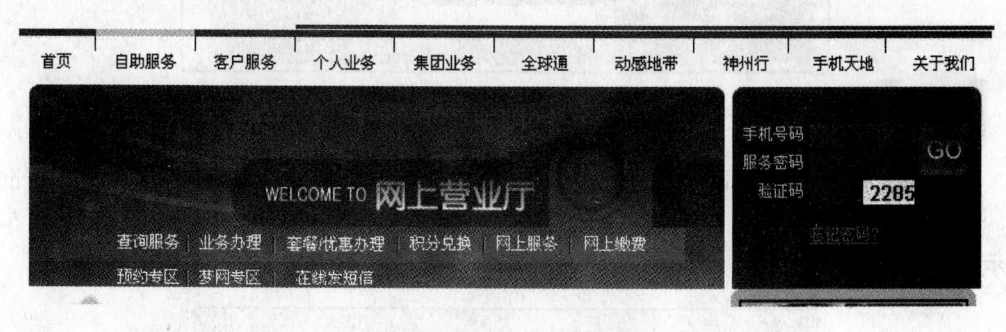

图 5-28　网上营业厅登录

（3）登录成功后会显示手机用户的姓名，用户可以单击相应按钮进行查询和其他业务办理了，如图 5-29 所示。用户进入自助服务界面后，可以实现很多以往只能去营业厅才能办理的业务，如话费查询、详单查询、报停挂失、停开机、修改密码、基本功能设置、增值业务、免费服务定制等。

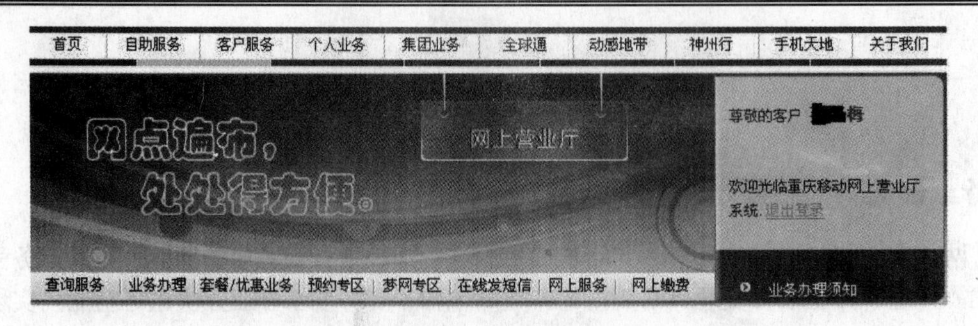

图 5-29　网上营业厅成功登录

2. 查询话费

查询服务提供了账单查询、详单查询、号码消费明细、缴费历史、梦网业务查询退订、付费计划查询、最新余额查询、手机归属地查询等功能，这里只介绍详单查询的方法，其他功能可依此类推。

（1）单击“查询服务”链接，进入查询区。

（2）选择用户需要查询的类型，如需详单查询单击“详单查询”链接即可，系统会提示输入随机密码，输入后单击“确定”按钮，如图 5-30 所示。

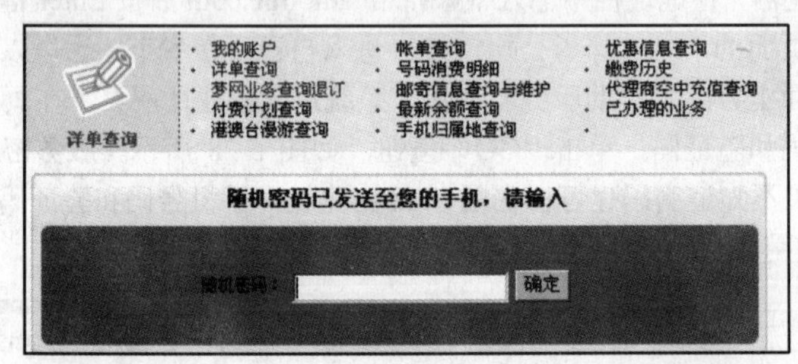

图 5-30　获取随机密码

（3）系统打开详单类型、查询时间和通话类型选择页面，选择明细话单，设置查询时间，注意不能跨月查询，只能查询某一个月的明细话单，设置好后单击查询按钮，如图 5-31 所示。

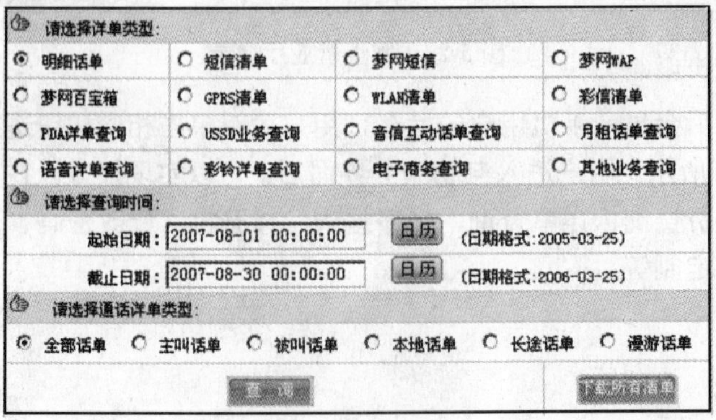

请选择详单类型:

◉ 明细话单	○ 短信清单	○ 梦网短信	○ 梦网WAP
○ 梦网百宝箱	○ GPRS清单	○ WLAN清单	○ 彩信清单
○ PDA详单查询	○ USSD业务查询	○ 音信互动话单查询	○ 月租话单查询
○ 语音详单查询	○ 彩铃详单查询	○ 电子商务查询	○ 其他业务查询

请选择查询时间:

起始日期: 2007-08-01 00:00:00　日历　(日期格式:2005-03-25)

截止日期: 2007-08-30 00:00:00　日历　(日期格式:2006-03-25)

请选择通话详单类型:

◉ 全部话单　○ 主叫话单　○ 被叫话单　○ 本地话单　○ 长途话单　○ 漫游话单

查 询　　下载所有清单

图 5-31　设置查询时间

（4）明细话单如下图所示，包括对方号码，通话时间、时长、通话类型、费用等，如图 5-32 所示。查询服务还提供其他功能，用户可根据自己的需要，对其他项目进行查询。

您好！您 2007-08-01 00:00:00 - 2007-08-30 00:00:00 的详单如下：

对方号码	通话时间	时长（秒）	通话类型	费用（元）
	2007-08-01 09:18:30	86	主叫	0.30
	2007-08-01 10:28:14	38	V网主叫	0.08
	2007-08-01 14:29:38	42	V网被叫	0.00
	2007-08-01 16:25:57	15	V网主叫	0.08

图 5-32　明细话单

3. 业务办理

业务办理包括取回密码、停开机、修改密码、基本功能设置、增值业务、免费服务定制等业务。使用方式大同小异，这里以修改服务密码和基本功能设置为例来说明业务办理的基本方法。

1）修改服务密码

（1）单击“业务办理”链接，进入业务办理页面。

（2）单击“修改密码”，打开密码修改界面，如图 5-33 所示。

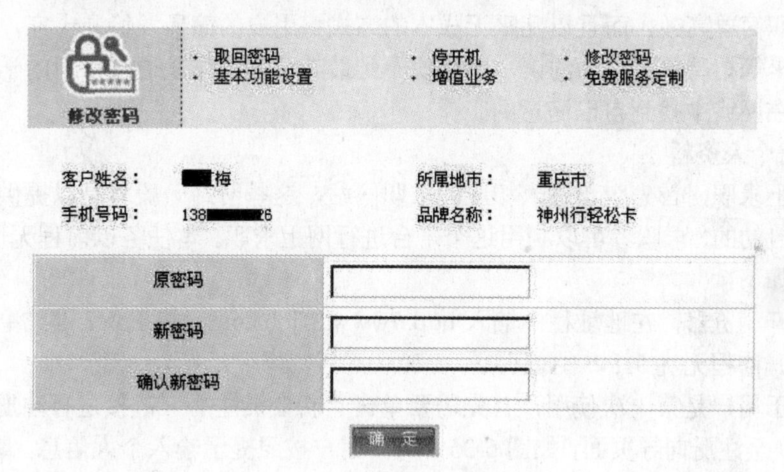

图 5-33　修改密码

（3）输入原密码，新密码并确认新密码，单击“确定”按钮，密码修改成功，同时系统会发送短信通知客户修改后的密码，提醒客户牢记密码。

2）基本功能设置

（1）单击业务办理链接，进入业务办理页面。

（2）单击基本功能设置链接，打开基本功能设置界面。

（3）用户可以根据自己的需要，开通或取消相关的服务，包括短信息、国内长途、国际长途、国内漫游、梦网信息服务功能等基本业务，如图 5-34 所示。

业务名称	当前状态	操作类型
接收短信息	已开通	取　消
发送短信息	已开通	取　消
国际长途	未开通	开　通
国内漫游	已开通	取　消
梦网信息服务功能（梦网短信）	未开通	开　通
梦网信息服务功能（梦网彩信）	未开通	开　通
梦网信息服务功能（梦网WAP）	未开通	开　通
梦网信息服务功能（手机动画）	未开通	开　通

图 5-34　基本设置

网上营业厅同时还提供了多种业务，用户可以根据个人需要，实现许多功能，如铃声下载、图片下载、业务申请、话费充值等。

5.6　项目六　网上求职

5.6.1　任务　网上求职

网上求职简单高效，而且以几乎无成本的方式将用户的简历发给几十家，甚至上百家企业，然后坐等招聘单位主动约请，不愁找不到最满意的工作。通过以下的学习，用户即可掌握如何在网络中找到自己满意的工作。

1．注册个人资料

要在网上求职，首先应该进入相应的求职网站，这些网站一般就是以提供人才信息给雇佣单位为目的的，求职者可以利用这个平台进行网上求职。本任务以前程无忧网站为例，具体的操作如下：

（1）打开浏览器，在地址栏中输入 http://www.51job.com，按 Enter 键或单击“转到”按钮即可打开前程无忧 51job 的首页。

（2）由于用户是第一次使用，首先需要单击“新会员注册”链接进行注册。

（3）切换至注册向导页面，如图 5-35 所示，用户按照提示输入个人信息，最后单击“注册”按钮，注册成功后，会打开简历向导。

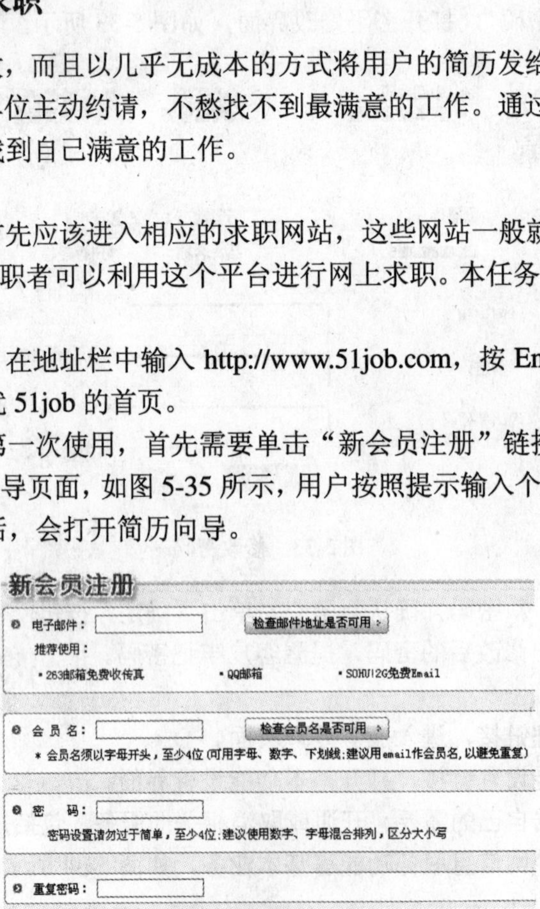

新会员注册

电子邮件：　检查邮件地址是否可用

推荐使用：

· 263邮箱免费收传真　· QQ邮箱　· SOHU12G免费Email

会 员 名：　检查会员名是否可用

* 会员名须以字母开头，至少4位(可用字母、数字、下划线；建议用email作会员名，以避免重复)

密　　码：

密码设置请勿过于简单，至少4位；建议使用数字、字母混合排列，区分大小写

重复密码：

图 5-35　新会员注册

2. 制作个人简历

用户通过了注册后，需要按照模板制作自己的个人简历，网上求职的媒介主要还是通过个人简历的方式，这和传统的求职发简历的方式是一样的，不过这里制作的个人简历为电子版本的，制作个人简历的方法如下：

（1）切换至简历向导页面，用户根据自己的实际情况填写相关信息，单击“下一步”按钮，如图 5-36 所示。

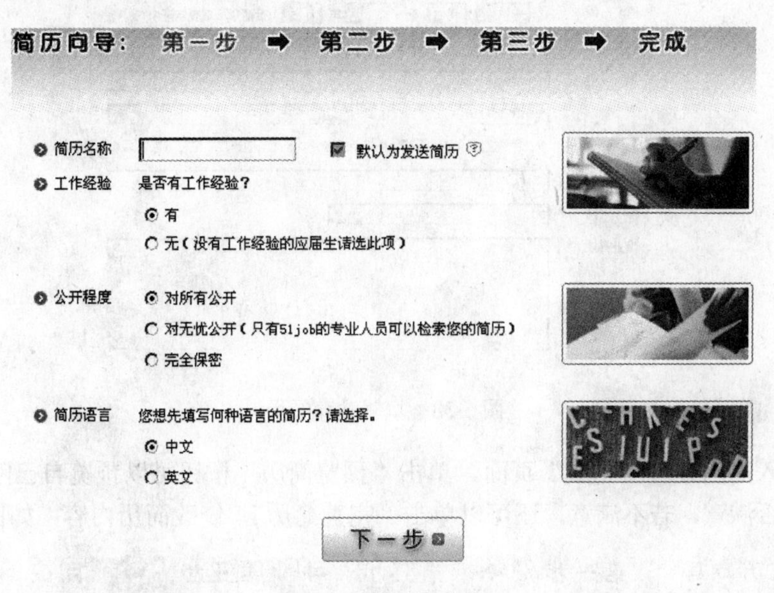

图 5-36　制作个人简历

（2）进入简历设置“第二步”页面，根据自己的真实情况填写个人信息，如图 5-37 所示。

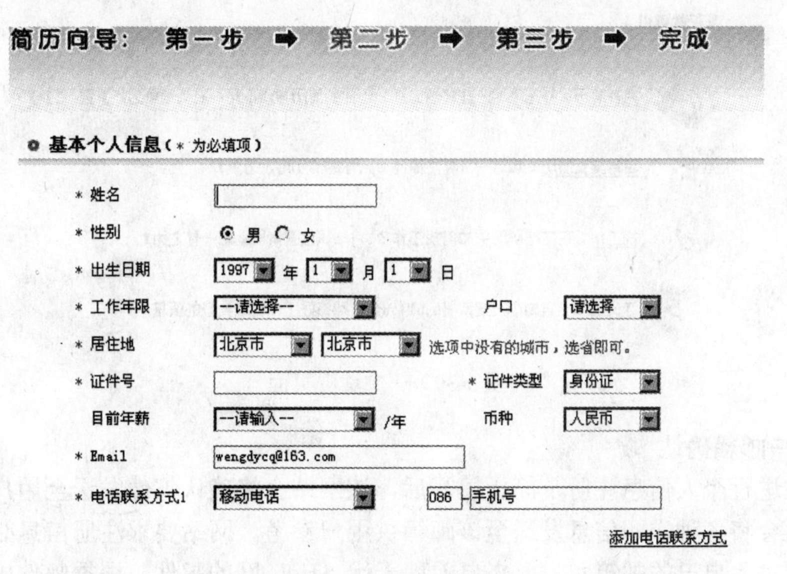

图 5-37　填写个人信息

（3）进入简历设置“第三步”页面，填写教育经历，最后单击“下一步”按钮，如图 5-38 所示。

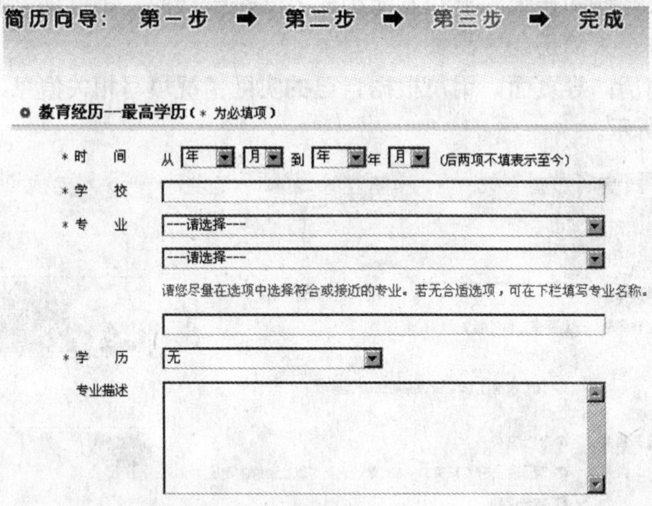

简历向导：　第一步　➡　第二步　➡　第三步　➡　完成

教育经历--最高学历（* 为必填项）

*时　间　从 年 月 到 年 年 月（后两项不填表示至今）

*学　校

*专　业　---请选择---

---请选择---

请您尽量在选项中选择符合或接近的专业。若无合适选项，可在下栏填写专业名称。

*学　历　无

专业描述

图 5-38　填写教育经历

（4）进入简历设置“完成”页面，单击“预览简历”按钮可以预览自己刚才设置的简历，看看是否满意，若不满意，还可以单击“完善简历”，修改简历内容，如图 5-39 所示。

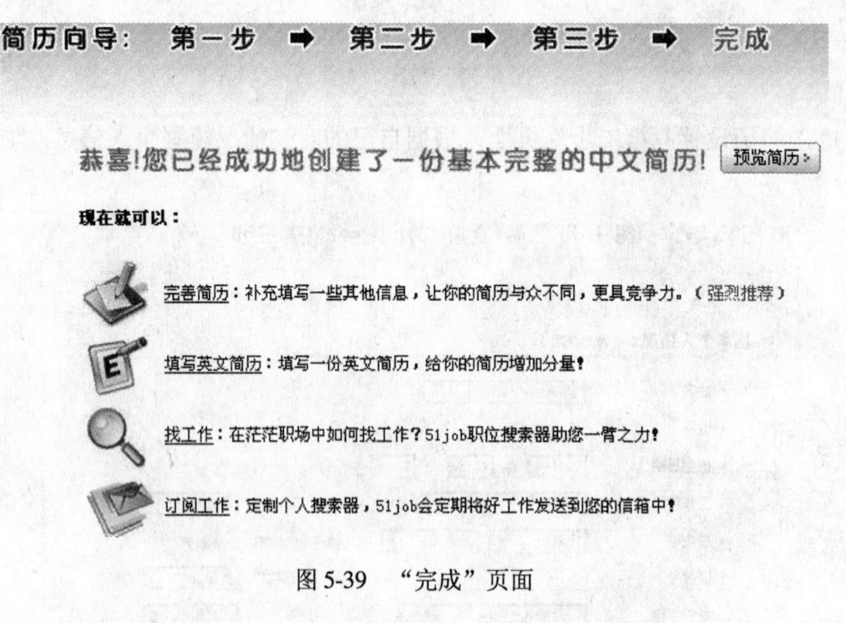

图 5-39　“完成”页面

3．用户邮箱确认

用户在进行个人信息注册及简历填写后，该网站会将确认邮件发送至用户所填写的邮箱，以后还会将各种求职信息发送至该邮箱供用户参考。网站要求注册信息必须通过邮箱确认。用户进入自己的邮箱，收取来自前程无忧 51job 网的邮件，根据邮件中的提示信息单击邮件中的“单击完成注册”按钮激活该注册账户。

4．查找工作

用户填写好自己的个人简历后，就可以通过向招聘单位发送自己的简历，寻找自己所需求的工作了。网上所提供的工作岗位数较多，用户需要通过搜索器查找适合自己的工作，具体操作方法如下：

（1）用户登录后，进入个人信息页面，单击页面上方的“职位搜索”链接查找所需的工作，如图 5-40 所示。

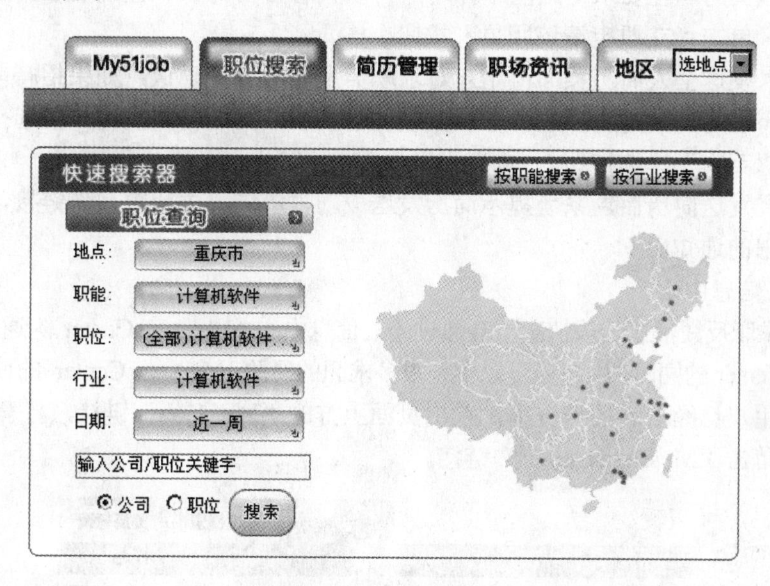

图 5-40　职位搜索

（2）进入职位搜索页面，设置好地点、职能、职位、行业和发布日期信息后，单击“搜索”按钮，进行职位搜索。

（3）搜索完成后，系统会显示符合该条件的公司列表，如图 5-41 所示。

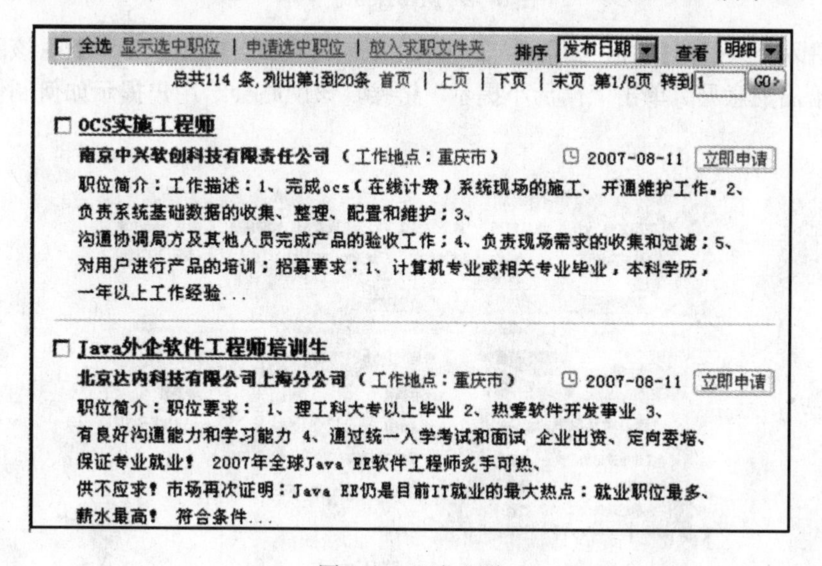

图 5-41　职位浏览

5．申请工作岗位

用户使用职位搜索器搜索到相关职位后，在搜索列表中可以对合适的职位发送求职申请，操作如下：

（1）浏览搜索结果列表，查找觉得合适的公司。

（2）单击该公司的链接可查看该公司详细情况。

（3）在该页的职位要求明细区中，用户可以查看公司对该职位的要求，如果用户有意申请该职位，单击“立即申请该职位”按钮。

（4）进入发送个人简历页面，用户对求职信及简历进行确认，如果招聘单位需要英文简历，用户需填写英文简历，在“该职位接受中文或英文语言的简历，请选择发送简历语言”中选中“英文”单选按钮。

（5）选择发送简历后，系统提示简历发送成功，单击“关闭窗口”链接，用户可等待招聘单位给出的通知。

6．个人信息中心

用户的求职反馈信息一般情况下会通过个人信息中心（Message Center ）通知到用户，使用 Message Center 的同时，用户还可以学到很多求职的经验。Message Center 的使用方法如下：

（1）在用户已经登录的情况下，单击页面上方的“My51job”链接，打开图 5-42 所示的子菜单，单击“Message Center”链接。

图 5-42　My51job 子菜单

（2）进入个人信息中心，如图 5-43 所示。用户可在“公共消息”中查看该网站对用户个人简历给出的意见。单击“简历小提示”链接，该网站会给用户提示如何制作一份好的个人简历。

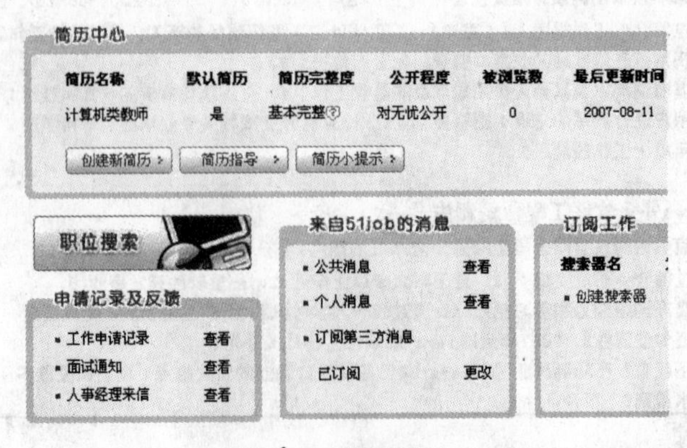

图 5-43　简历中心

（3）在该页的“申请记录及反馈”区中，用户可查看自己的工作申请记录。

（4）单击“工作申请记录”链接，系统将列出用户所申请过的职位，单击“已申请人数”按钮，可查询到当前职位有多少人已经申请。

（5）当用户成功向招聘单位发送了求职简历后，反馈信息一般会发送至“人事经理来信”链接中，用户只需单击即可查看。

（6）弹出人事经理来信页面后，在人事经理来信列表中单击邮件的主题，可查看详细内容。

用户在使用网络求职时，当招聘单位同意用户的求职申请后，一般会以邮件的形式将面试通知书发送给用户。

5.6.2　阅读材料

网上求职要注意以下技巧。

（1）以下是常用的求职网站，要经常登录这些网站查找招聘信息。

中华英才网：http://www.chinahr.com

前程无忧：http://www.51job.com

智联招聘网：http://www.zhaopin.com

中国人才热线：http://www.cjol.com

（2）网上简历要有特色。制作简历无疑是网上求职中重要的一步，制作出色的个人简历的一个原则是要有重点。不要忘记用人单位寻找的是适合某一特定职位的人。因此如果简历的陈述没有工作和职位重点，或是把自己描写成一个适合于所有职位的求职者，则很可能无法胜出。

（3）要有针对性地发送简历。首先自己投送的简历要适合对方的招聘要求，否则将会在第一轮过滤条件时就会被淘汰；其次要让人力资源经理认为自己有明确职业的定位。所以，在填写简历时要突出自己最好最适合的一点，有针对性地发送简历。

（4）先行了解招聘单位的可信度。在投送简历前要先了解招聘单位的实际情况，一方面网上也存在着诸多陷阱，比如虚假信息、垃圾信息等，这些都令涉世之初的大学生难以识别。另一方面，通过其他途径了解招聘企业的具体情况，有利于在填写简历时更有针对性。

（5）在填写自己的信息时要留下详细的电话号码（含区号），在简历中应注明详细的工作、学习、培训经历，在简历中应说明对应聘职务的理解，收到面试通知后电话商定面试方式和时间，面试时带好详细简历，严禁迟到。

5.7　小　　结

网络生活和网络商务是未来 Internet 应用的一个热点，通过本章的学习可以提高自己的网络商务水平。本章主要介绍了现在最流行的网络生活和网络商务项目，详细阐述了网络银行、网上购物、网上炒股、网上订票、移动网上营业厅和网络求职的功能和使用方法。由于目前网络商务功能发展速度快，网络商务的层次也多样化，但其运用方法都很相似，读者可以参照本章介绍，进行相应的其他的网络商务活动。

5.8 能力鉴定

本章主要为操作技能训练，能力鉴定以实训为主，对少数概念可以教师问学生答的方式检查掌握情况，学生能力鉴定记录如表 5-2 所示。

表 5-2　能力鉴定记录表

序号	项　目	鉴定内容	能	不能	教师签名	备注
1	项目一 网络银行	知道开通网络银行的流程				
		会使用网上银行功能				
2	项目二 网上购物	知道网上购物流程				
3	项目三 网上炒股	知道开通账户流程				
		会使用网络炒股软件				
4	项目四 网上订票	知道网上订票流程				
5	项目五 移动网上营业厅	会使用移动网上营业厅功能				
6	项目六 网上求职	会网上求职				

习　题　5

一、选择题

1. 请通过 Internet 或现场了解中国工商银行的网上银行在安全保证方面有哪些措施________（多选）。

A．密码　　　　B．口令卡

C．U 盘证书　　　　D．Internet 安全证书

2. 下列网站中不属于电子商务网站的是________。

A．阿里巴巴　　　　B．新浪网

C．淘宝网　　　　D．易趣

3. 下列网站中不属于招聘类网站的是________。

A．中华英才网　　　　B．中国人才热线

C．卓越网　　　　D．前程无忧

二、思考题

1. 简述网上银行数字证书的种类和功能。
2. 简述开通网上银行的步骤。
3. 简述网络购物的步骤。
4. 如果要开通网络炒股功能，需要做哪些前期工作？
5. 简述如何利用网上营业厅查询自己的当月消费明细。
6. 描述在前程无忧 51job 网上注册个人资料的方法。

第6章　个性网络生活

1. 能力目标

通过本章的学习与训练，学生能在繁忙的学习中学会放松自己，释放紧张学习带来的压力，能使自己的个人生活多姿多彩。学会注册博客的方法、制作和管理博客、定义站点、页面制作基础、超链接的使用、表格设计与使用、个人主页申请、发布网站等内容，了解在线游戏、在线听广播、在线看电影工具的使用，学会在线阅读工具的使用。

2. 教学建议

（1）教学计划

教学计划如表6-1所示。

表6-1　教学计划表

任　务		重点（难点）	实作要求	建议学时
博客	任务一 浏览个人网络日记		会浏览网络日记	2
	任务二 浏览博客中的其他栏目		会浏览博客的其他栏目	
	任务三 博客日历	重点	会写自己的个人博客	
	任务四 制作博客	重点	制作自己的博客	
网页制作	任务一 利用 Dreamweaver 制作网页	重点	会制作简单的个人主页	8
	任务二 个人主页申请与站点发布	重点	能够申请个人主页空间和发布主页	
网上娱乐	任务一 在线玩游戏		会在线玩游戏	2
	任务二 在线听广播		会在线听广播	
	任务三 在线看电影		会在线看电影	
	任务四 在线阅读		会在线阅读	
合计学时				12

（2）教学资源准备

① 软件资源：Dreamweaver 程序。

② 硬件资源：安装 Windows XP 操作系统的计算机。

每台计算机配备一套带麦克风的耳机。

3. 应用背景

小丁是某公司的业务骨干，平日工作繁忙，工作之余喜欢在网上放松精神上的压力。小丁也非常关心国家大事，经常写一些时事评论与大家共享。因此经常在网上冲浪的他面对千姿百态、丰富多彩的主页，也会产生一种冲动——要是能拥有一个个人的空间和个人的主页就好了。他怎样才能做到这些呢？

6.1　项目一　博客

6.1.1　预备知识

博客的英文名字是 Blog 或 Web Log，作为一个典型的网络新生事物，查阅最新的英文词典可能也查不到该词。该词来源于 Web Log（网络日志）的缩写，专指一种网络个人出版平台，出版内容按照时间顺序排列且不断更新。

博客是一类人选择的一种生活方式，这类人习惯于在网上写日记。Blog 是继 E-mail、BBS、IM 之后出现的第 4 种网络交流方式，可以说是网络时代的个人读者文摘，它主要以超级链接的形式发布网络日记，代表着一种新的生活方式和新的工作方式，更代表着一种新的学习方式。具体来说，博客这个概念解释为使用特定的工具，在网络上出版、发表和张贴个人文章的人。

6.1.2　任务一　浏览个人网络日记

个人博客服务一般是由各大型网站提供，在这些网站中会有对应的博客板块，所以用户浏览博客站点中的个人博客首先需要通过网站作为入口进行访问。

1．进入博客站点

（1）打开浏览器，在地址栏中输入网站地址 http://blog.tom.com/，再按 Enter 键。

（2）进入网站的博客社区，在该网页中用户可浏览到由各博客更新的最新消息，如图 6-1 所示。

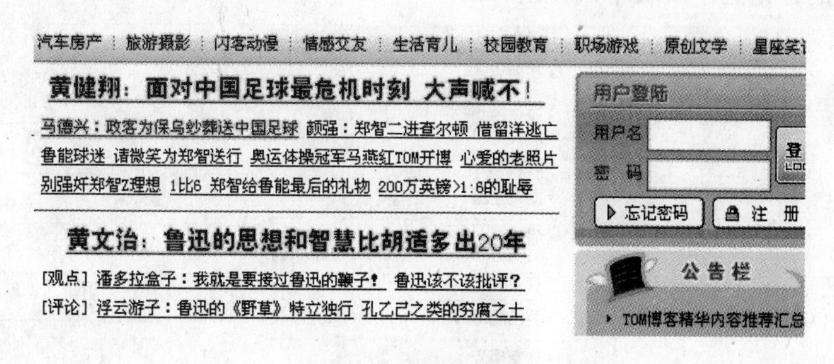

图 6-1　博客站点

2．用户注册

为更方便地浏览博客站点，用户首先需要注册个人信息，具体操作如下：

（1）单击该页面中的“注册”按钮。

（2）按提示输入个人信息，最后单击“下一步”按钮。

（3）系统提示注册成功。

3．登录个人账户

关闭注册窗口，在登录页面中输入用户的账号和密码，单击“登录”按钮。

4．浏览个人博客

（1）用户登录后，单击页面上方的“博客之星”链接，可以浏览最近比较活跃的博客人员列表，单击其中博客的图片，即可进入该博客的个人站点。

（2）用户进入该博客的站点后，可浏览该博客发表的网络日志。

（3）用户在浏览博客的网络日志时，如果想对日志进行评论可单击“回复”链接。

（4）用户可以在回复列表中查看其他网友给出的评论。

5．回复日志

用户在浏览别人回复的同时，还可以在页末的评论区中输入自己对网络日志的评论，操作如下：

（1）转至页末的评论区，用户可以在此输入自己的评论，最后单击“发表”按钮，如果用户需要匿名发表评论，可勾选“匿名评论”复选框。

（2）系统提示回复成功，单击“返回”按钮。

6.1.3　任务二　浏览博客中的其他栏目

大多数人使用博客都是以网络日志的形式记录自己的心情、趣事，其实在博客站点中，博客的作者一般还会开设其他栏目，如果需要浏览这些栏目，可进行如下操作：

（1）在个人博客的栏目列表中单击栏目的链接，可进入对应的栏目页面。

（2）切换至该栏目的主题列表，如图 6-2 所示，用户选择合适的条目单击，可进入该主题所属的详细内容页面。

（3）进入该主题的详细内容页面，用户可在此浏览详细内容及网友对此篇日志的评价，并可在页末的评论区中发表个人评论。

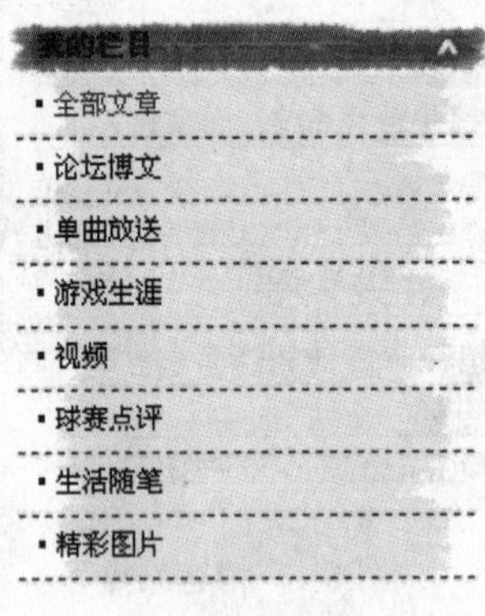

图 6-2　栏目列表

6.1.4　任务三　博客日历

博客作为个人用来记录自己日记的一个平台，日历的使用可以使用户更方便地查找指定日期的网络日志，日历的使用方法如下：

（1）当用户的日志有更新时，日历中对应的日期下都会有下画线标志。单击带下画线的数字即可进入该天所写的日志，红色数字表示当天日历。

（2）如果用户需要切换至以往的日志列表，可在日历中单击“<”按钮（不同的博客，可能采用的符号不同），如图 6-3 所示。

图 6-3　博客日历

6.1.5　任务四　制作博客

用户浏览别人的博客后，也可以制作自己的博客，下面以新浪的博客为例，介绍如何制作一个精美的个人博客。

1．申请博客空间

用户要有自己的博客，首先需要在网络中申请一块自己的博客空间，申请个人博客的方法很简单，具体操作方法如下：

（1）打开浏览器，进入新浪首页（http://www.sina.com.cn），单击“博客”链接，进入新浪博客首页。

（2）单击“开通博客”按钮，如图 6-4 所示。

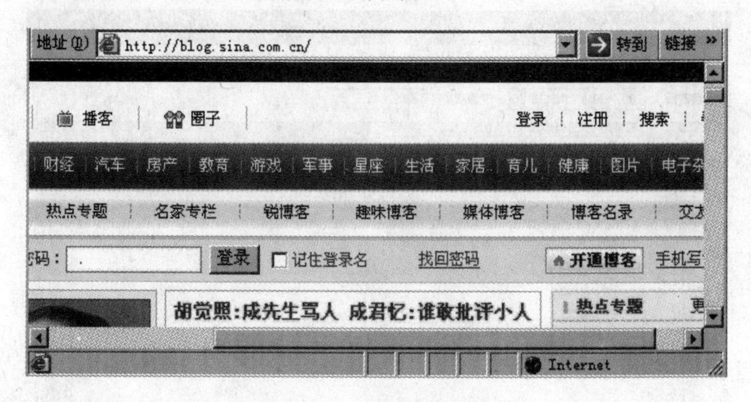

图 6-4　新浪博客首页

（3）弹出注册页面，用户按要求在各文本框中输入自己的注册信息。

（4）输入用户的相关资料，勾选“我已经看过并同意《新浪网的服务使用协议》”复选框，最后单击“免费开通 BLOG”按钮。

（5）系统提示注册成功。

注意： 用户需要记住自己的注册信息及用户的 BLOG 空间地址。

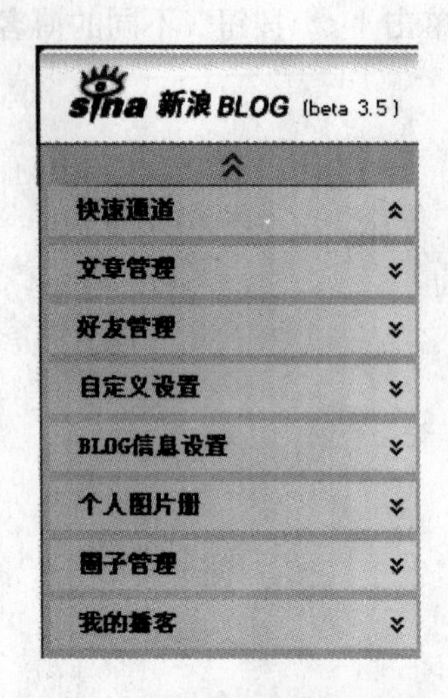

图 6-5　个人博客管理平台

2. 进入个人博客管理平台

用户注册完毕后，便可以登录自己的博客，只有在用户登录个人博客后，才能对个人博客的后台进行相关操作，登录方法如下：

（1）回到新浪博客首页（http://blog.sina.com.cn/），单击页面右上方的“登录”，在打开的登录页面中输入登录信息及验证码，最后单击“登录”按钮。

（2）进入个人博客，用户单击“控制面板”中各条目链接，可对自己的博客进行各种后台操作。系统提供了文章管理、好友管理、自定义设置、BLOG信息设置、个人图片册、圈子管理、我的播客等功能，如图 6-5 所示。

3. 利用“快速通道”模块管理个人博客

“快速通道”模块将用户管理个人博客经常要用到的功能集中起来，方便用户快速管理自己的博客。其中的功能在其他的功能模块中均能找到。“快速通道”模块包括：发表文章、上传图片、管理留言。发表文章、管理留言功能属于“文章管理”模块；上传图片功能属于“个人图片册”模块。

下面利用“快速通道”模块快速发表文章和管理留言。

1）发表 Blog 文章

（1）单击“快速通道”后，在功能列表中单击“发表 BLOG 文章”链接，打开文章发表界面，如图 6-6 所示。

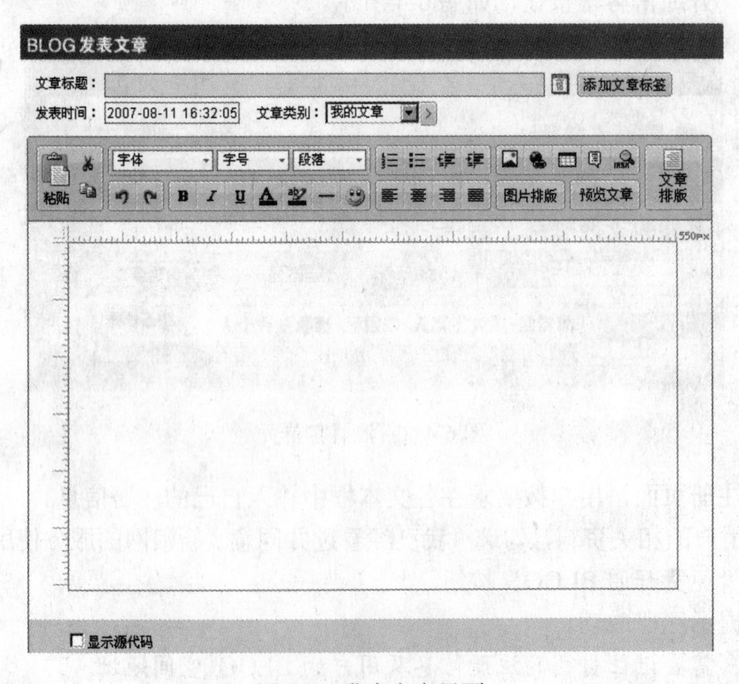

图 6-6　发表文章界面

（2）在“文章标题”文本框中输入当前的日志文章主题，如果没有特定的主题，可单击“日历”按钮，系统会自动将当天日期作为标题添加到“文章标题”文本框中。

（3）用户添加主题后，单击“文章类别”下拉列表按钮，选择文章所属类别，默认为“我的文章”，如果想要新建一个文章类别，可以单击“>”按钮进行添加。

（4）在弹出的文本框中输入新添类别的名称，最后单击“添加分类”按钮，弹出对话框后单击“确定”按钮。

（5）在“发表时间”文本框中输入发表的时间，一般保存默认即可，在文档编辑窗口中输入用户的文章，用户还可以使用系统的各功能按钮，具体的操作方法和在论坛中添加特效是一样的。

（6）在文档编辑窗口下方，根据文章内容设置文章标签。文章标签是一种由用户自己定义的，比分类更准确、更具体，可以概括文章主要内容的关键词。通过给文章定制标签，文章作者可以让更多人更方便准确地找到自己的文章；而读者可以通过文章标签更快地找到自己感兴趣的文章。

（7）设置文章属性，可以根据情况设置是否允许阅读者评论，如图6-7所示。

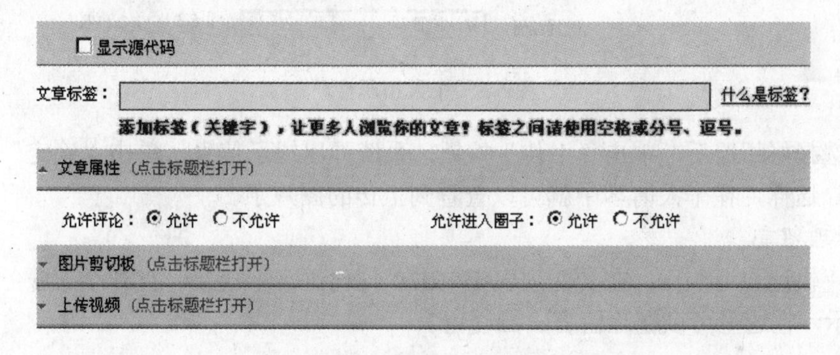

图6-7　设置文章属性

（8）为日志添加图片。在文档编辑窗口下方，单击“图片剪切板”链接，可展开图片剪贴板，单击某个“图片剪切板”的浏览按钮，找到文章附图，为文章插入附图。要准确定位图片的位置，还要在文档编辑窗口中进行相关设置。

（9）添加完成后，单击“发表文章”按钮即可发送。

（10）系统提示发送成功以后，单击“确认”按钮返回。

2）个人相册管理

博客可以将生活中精彩瞬间用相机捕捉下来，上传到个人相册中，与读者共享。具体操作方法如下：

（1）单击“快速通道”，在功能列表中单击“上传图片”链接，打开“图片册”界面，如图6-8所示。

（2）单击“浏览”按钮，打开“选择文件”对话框，找到要上传的图片，单击“打开”按钮，系统自动将图片文件的路径和文件名填写在文本框中。一次可以上传多张图片。

（3）选择相册，博客可以创建新的相册。单击创建新相册，在打开的文本框中输入相册名称，单击“确定”按钮，即可创建新相册。每个相册只能上传200张图片。

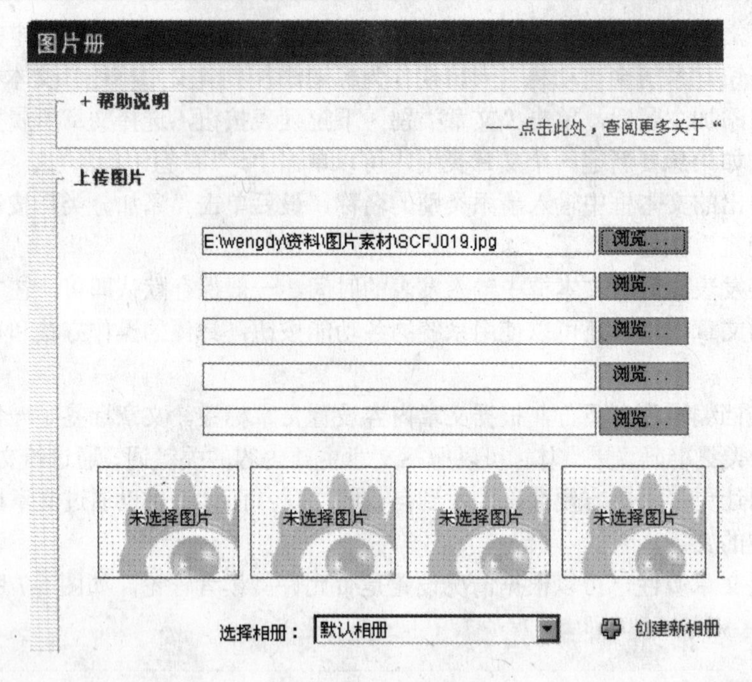

图 6-8　个人相册管理

（4）选择好相册后，单击“上传”按钮，系统弹出提示信息，单击“确定”按钮完成图片上传。这样，在个人博客中就可以查看到上传的图片了。

3）管理留言

单击“快速通道”后，在功能列表中单击“管理留言”链接，打开个人服务界面，如图 6-9 所示，在这里可以删除留言、回复留言。

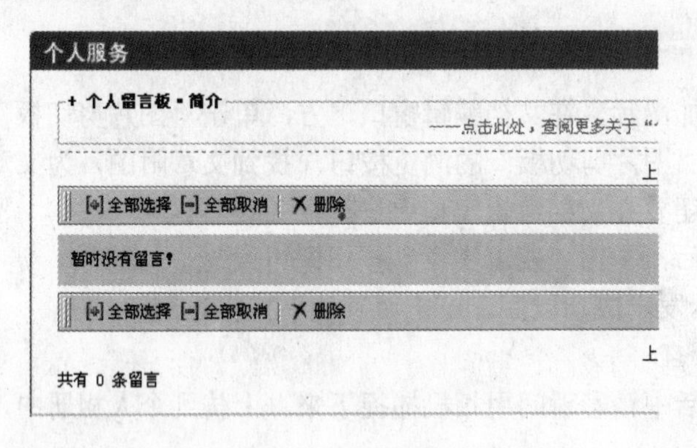

图 6-9　个人服务

6.1.6　阅读材料

近年来，“博客”的网络生活形式逐渐流行起来。“博客”（Blog 或 Web Log）一词源于“Web Log（网络日志）”，是一种十分简易的傻瓜化个人信息发布方式。让任何人都可以像免费电子邮件的注册、写作和发送一样，完成个人网页的创建、发布和更新。本质上，“博客”只是在别人提供的网页模板上添加自己的内容。所以，“博客”不属于网页制作。

一个 Blog 其实就是一个网页，它通常是由简短且经常更新的日志所构成的，这些张贴的日志都按照年份和日期倒序排列。不同类型的 Blog 内容和目的有很大的不同，有的是针对网站的超链接收集和评论，有的只是单纯以网络日记、照片、诗歌、散文，甚至科幻小说的发表或张贴为主题。许多个人博客都是个人心中所想之事情的发表，而企业博客则是一群人基于某个特定主题或共同利益的集体创作。

随着博客的快速普及，网络上数以千计的博客发表和张贴的网络日志目的有很大的差异。不过，由于沟通方式比电子邮件、讨论群组更简单和容易，博客已成为家庭、公司、部门和团队之间越来越流行的沟通工具，并逐渐被应用在企业内部网络。

博客大致可以分成两种形态：一种是个人创作；另一种是将个人认为有趣的、有价值的内容推荐给读者。因其张贴内容的差异、现实身份的不同，博客有各种称谓，如政治博客、记者博客、新闻博客等。

6.2　项目二　网页制作

6.2.1　预备知识

网页由众多元素构成，每个元素用 HTML 代码和标记定义。标记是网页文档中的一些有特定意义的符号。这些符号指明如何显示文档中的内容。标记总是放在三角括号中，大多数标记都成对出现，表示开始和结束。标记可以具有各种相应的属性，即各种参数，如 Text、Size、Font-size、Color、Width 和 Noshade 等。

提示：网页文件的扩展名通常为.htm 或.html。

6.2.2　任务一　利用 Dreamweaver 制作网页

1．定义站点

Web 站点是一组具有相关主题、类似的设计、链接文档和资源。Adobe Dreamweaver CS4 是一个站点创建和管理工具，因此使用它不仅可以创建单独的文档，还可以创建完整的 Web 站点。创建 Web 站点的第一步是规划。为了达到最佳效果，在创建任何 Web 站点页面之前，应对站点的结构进行设计和规划。决定要创建多少页，每页上显示什么内容，页面布局的外观以及页是如何互相连接起来的。

（1）启动 Adobe Dreamweaver CS4。

（2）选择“站点”→“管理站点”菜单命令，出现“管理站点”对话框。

（3）在“管理站点”对话框中，单击“新建”，然后从弹出式菜单中选择“站点”，出现“站点定义”对话框，如图 6-10 所示。

（4）如果对话框显示的是“高级”选项卡，则单击选择“基本”选项卡。出现“站点定义向导”的第一个界面，要求为站点输入一个名称。

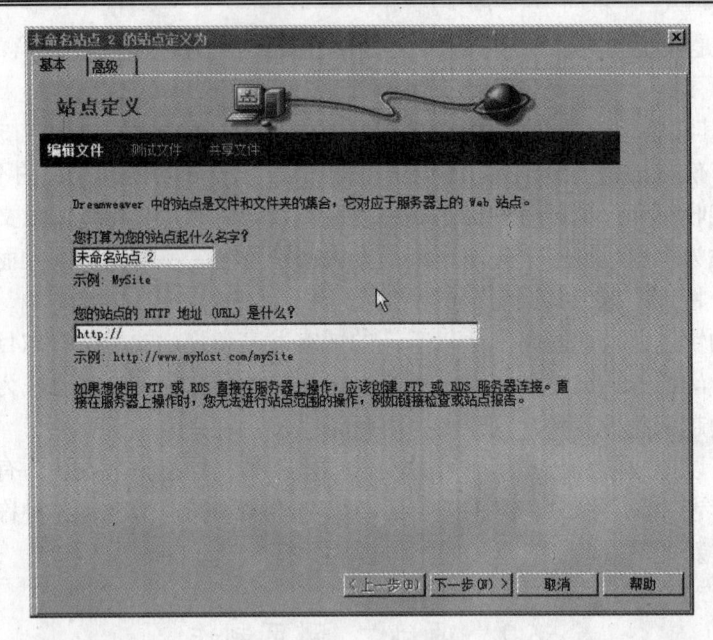

图 6-10　站点定义

（5）在文本框中，输入一个名称以在 Adobe Dreamweaver CS4 中标识该站点。该名称可以是任何所需的名称。

（6）单击“下一步”按钮，出现向导的下一个界面，询问是否要使用服务器技术。

（7）选择“否”选项，指示目前该站点是一个静态站点，没有动态页。

（8）单击“下一步”按钮，出现向导的下一个界面，询问要如何使用文件，如图 6-11 所示。

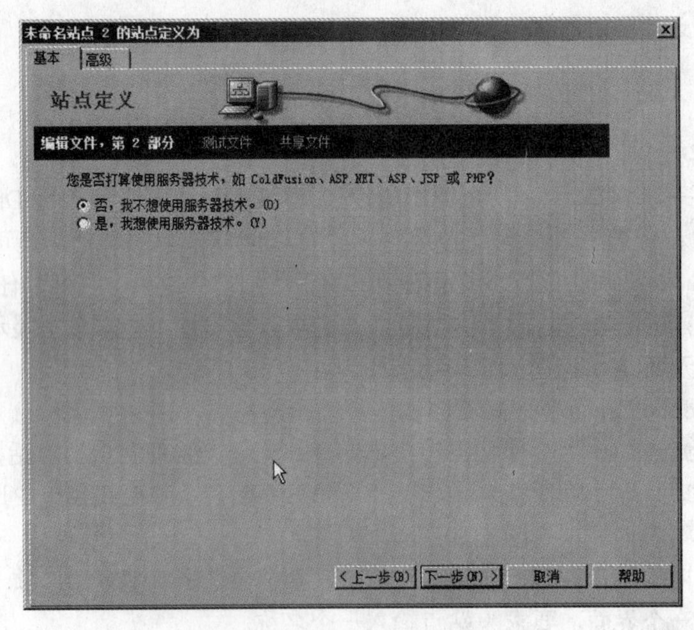

图 6-11　站点定义——编辑文件

(9) 选择"编辑我的计算机上的本地副本，完成后再上传到服务器（推荐）"的选项。在站点开发过程中有多种处理文件的方式，初学网页制作的朋友请选择此选项。

(10) 单击该文本框旁边的文件夹图标，随即会出现"选择站点的本地根文件夹"对话框。

(11) 单击"下一步"按钮，出现向导的下一个界面，询问如何连接到远程服务器。从弹出式菜单中选择"无"，可以稍后设置有关远程站点的信息。目前，本地站点信息对于开始创建网页已经足够了。单击"下一步"按钮，该向导的下一个屏幕将出现，其中显示设置的相关信息，如图 6-12 所示。

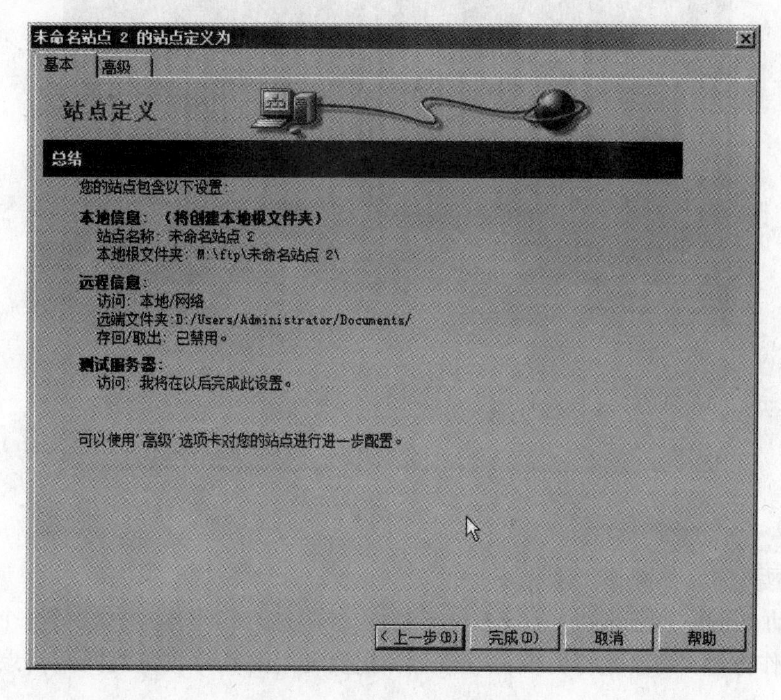

图 6-12　站点定义——总结

(12) 单击"完成"按钮完成设置。随即出现"管理站点"对话框，显示新站点。单击"完成"按钮关闭"管理站点"对话框。

现在，已经为站点定义了一个本地根文件夹。下一步，就可以编辑自己的网页了。

2. 页面制作基础

下面以图 6-13 所示的简单网页为例，叙述网页的制作过程。

开始制作网页之前，先对这个页面进行一下分析，看看这个页面用到了哪些东西。

- 网页顶端的标题"我的主页"是一段文字。
- 网页中间是一幅图片。
- 底部的欢迎词是一段文字。
- 网页背景是深紫红颜色。

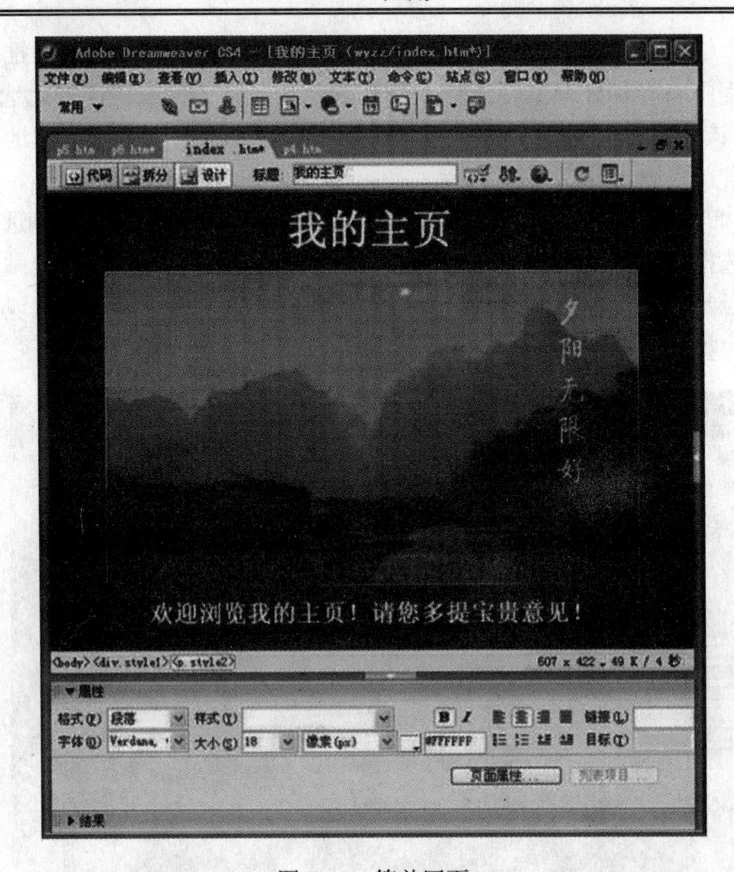

图 6-13　简单网页

制作此网页的具体操作步骤如下：

（1）启动 Adobe Dreamweaver CS4，确保已经用站点管理器建立好了一个网站（根目录）。为了制作方便，请事先打开资源管理器，把要使用的图片收集到网站目录中的 images 文件夹内。

（2）插入标题文字。

进入页面编辑设计视图状态。在一般情况下，编辑器默认左对齐，光标在左上角闪烁，光标位置就是插入点的位置。如果要想让文字居中，单击属性面板中的“居中”按钮即可。启动中文输入法输入“我的主页”。

（3）设置文字的格式。

选中文字，在“属性”面板中将字体格式设置成默认字体，可任意更改字号。并单击 B 按钮将字体变粗。

（4）设置文字的颜色。

首先选中文字，在“属性”面板中单击“颜色选择”图标，在弹出的颜色选择器中用汲管选取颜色即可，如图 6-14 所示。

（5）设置网页的标题和背景颜色。

单击“修改”菜单选择“页面属性”命令，系统弹出“页面属性”对话框，如图 6-15 所示。在标题输入栏中输入标题“我的主页”。

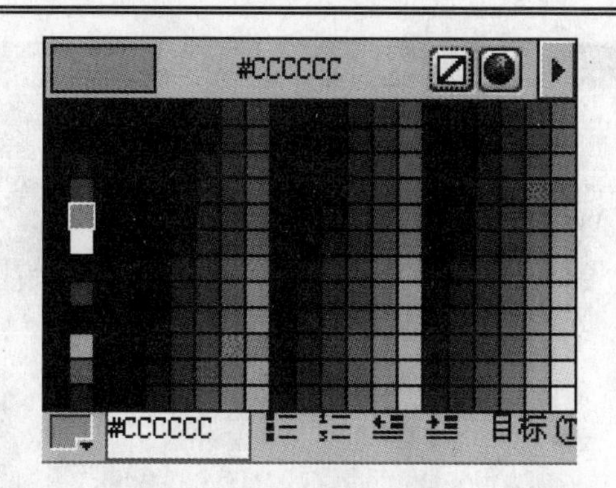

图 6-14　颜色选择器

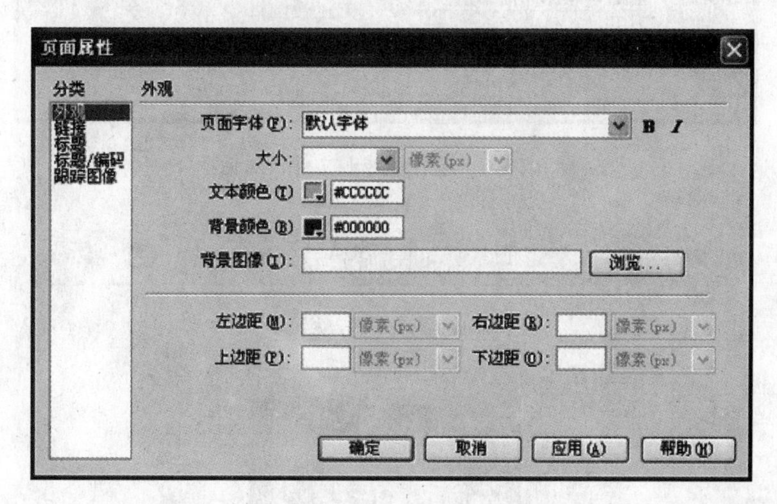

图 6-15　“页面属性”对话框

设置背景颜色：网页背景可以是图片，也可以是颜色。本例中采用深紫红颜色作为背景色。打开“页面属性”对话框中的背景颜色选择器进行选取。如果背景要设为图片，单击“背景图像”文本框后的“浏览”按钮，系统弹出“图片选择”对话框，选中背景图片文件，单击“确定”按钮。

（6）插入图像。

设计视图状态，在标题“我的主页”右边空白处单击鼠标，按 Enter 换一行，按照下列方法之一插入一幅图片，并使这张图片居中。也可以通过属性面板中的左对齐按钮让其居左安放。

① 使用插入菜单：在“插入”菜单选择“图像”命令，弹出“选择图像源文件”对话框，选中图像文件，单击确定，如图 6-16 所示。

② 使用图 6-17 所示的插入栏也可以插入图像，单击插入栏对象按钮，选择按钮，弹出“选择图像源文件”对话框，其余操作同上。

③ 使用面板组“资源”面板插入图像，如图 6-18 所示。单击按钮，展开根目录的图片文件夹，选定该文件，用鼠标拖动至工作区合适位置。

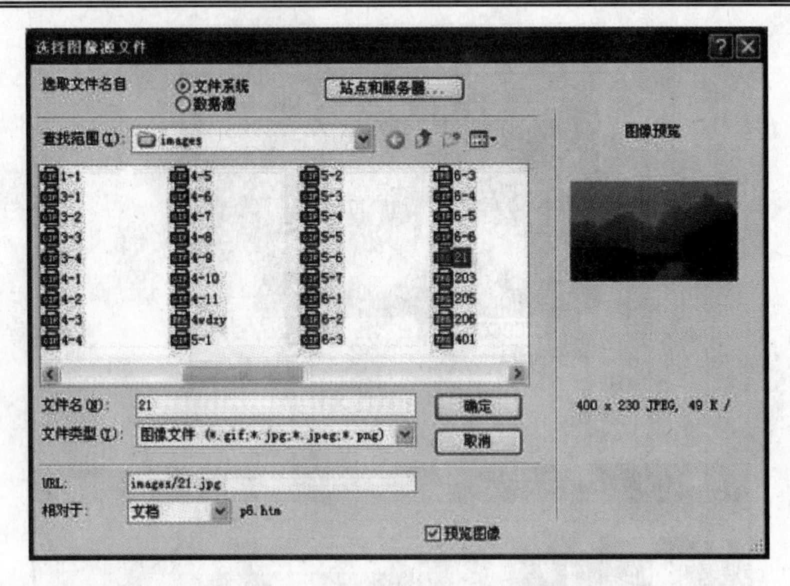

图 6-16　“选择图像源文件”对话框

图 6-17　插入栏

图 6-18　“资源”面板

注意：为了方便管理，可以把图片放在 images 文件夹。如果图片少，也可以放在站点根目录下。注意文件名要用英文或用拼音文字命名而且使用小写，不能使用中文。

（7）输入欢迎文字。在图片右边空白处按 Enter 键，按照前面的方法输入文字“欢迎您……”。然后利用属性面板对文字进行设置。

（8）保存并预览网页。保存页面后就可以在页面编辑器中按 F12 键预览网页效果了。

网站中的第一页，也就是首页，通常在存盘时取名为 index.htm。

3. 超级链接的使用

作为网站肯定有很多的页面，如果页面之间彼此是独立的，那么网页就好比是孤岛，这样的网站是无法运行的。为了建立起网页之间的联系必须使用超级链接。称之为“超级链接”是因为它什么都能链接，如网页、下载文件、网站地址、邮件地址等。

1）页面之间的超级连接

在网页中，单击某些图片、有下画线或标识有链接的文字就会跳转到相应的网页中去。

（1）在网页中选中要做超级链接的文字或者图片。

（2）在属性面板中单击黄色文件夹图标，在弹出的对话框里选中相应的网页文件就完成了。做好超级链接属性面板出现链接文件显示，如图 6-19 所示。

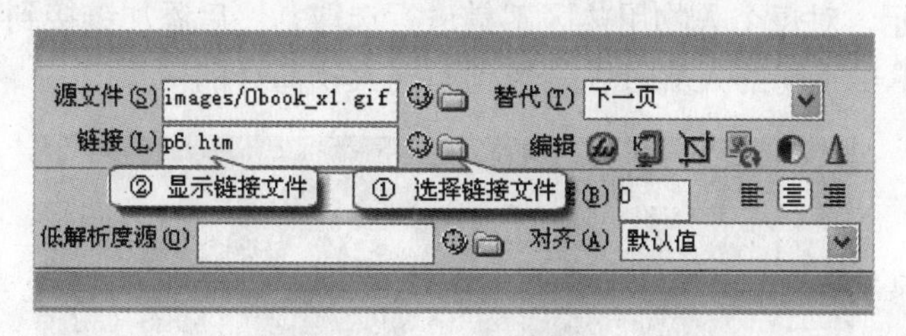

图 6-19　属性面板

（3）按 F12 键预览网页。在浏览器中将鼠标光标移到超级链接的地方就会变成手形。

提示： 也可以手工在链接输入框中输入地址。给图片加上超级链接的方法和文字完全相同。

如果超级链接指向的不是一个网页文件，而是其他类型的文件，如 zip、exe 文件等，单击链接的时候就会下载文件。

超级链接也可以直接指向地址而不是一个文件，那么单击链接直接跳转到相应的地址。如在链接框里输入 http://www.oldkids.com.cn/，单击链接就可以跳转到老小孩网站。

2）邮件地址的超级连接

在网页制作中，还经常看到这样的一些超级链接，单击了以后，会弹出邮件发送程序，联系人的地址也已经填写好了。这也是一种超级链接。制作方法是：在编辑状态下，先选定要链接的图片或文字（如：欢迎您来信赐教!），在插入栏单击电子邮件图标或单击“插入”菜单，选择“电子邮件链接”命令，弹出如图 6-20 所示的对话框，填入 E-mail 地址即可。

图 6-20　“电子邮件链接”对话框

提示： 还可以选中图片或者文字，直接在属性面板链接框中填写“mailto：邮件地址”。如图 6-21 所示。

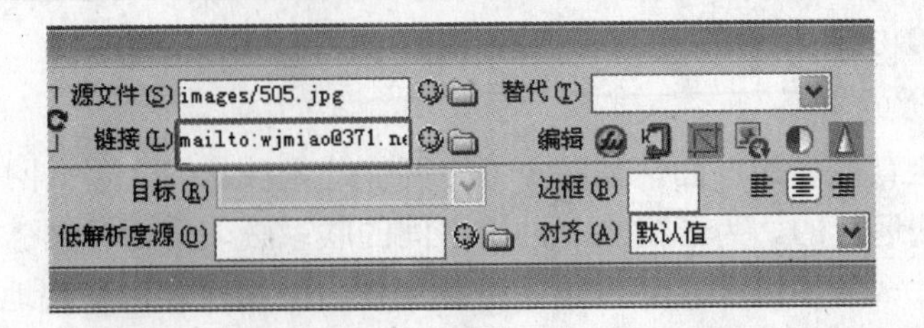

图 6-21　在属性面板中直接输入邮件链接

创建完成后，保存页面，按 F12 预览网页效果。

3）制作图片上的超级链接

这里所说的图片上的超级链接是指在一张图片上实现多个局部区域指向不同的网页链接。如图 6-22 所示，对每个人物用热区工具进行选取，然后添加链接到事先做好的每个人物介绍的网页，单击不同的人就可以跳转到不同人物简介的网页。

图 6-22　人物图

（1）首先插入图片。单击图片，用属性面板上的绘图工具在画面上绘制热区，如图 6-23 所示。

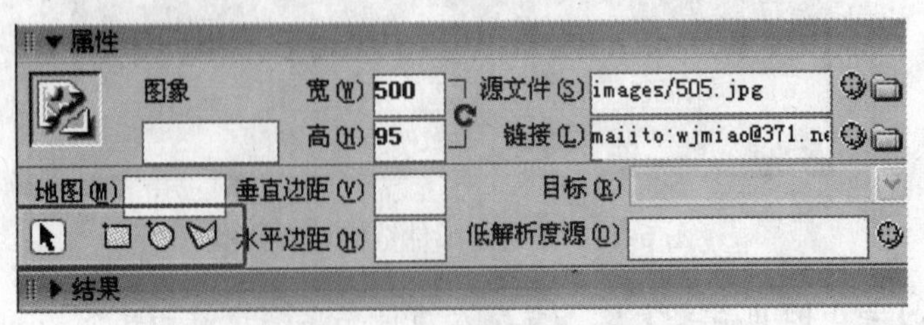

图 6-23　属性面板——热区

（2）属性面板改换为热点面板，如图 6-24 所示。在“链接”文本框中输入相应的链接，在“替代”文本框中输入提示文字说明。目标文本框中选择默认值，表示在新浏览器窗口打开。

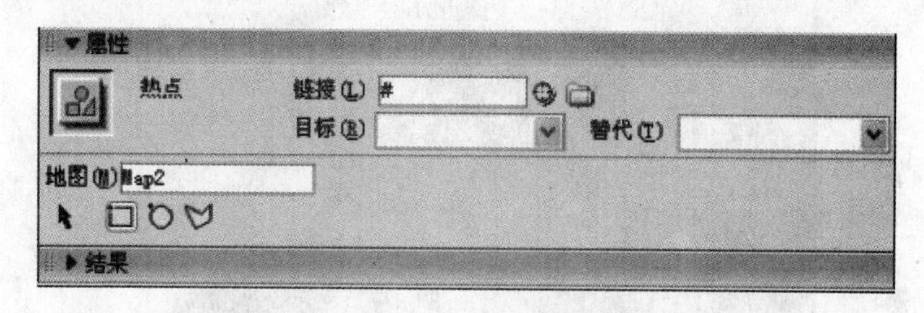

图 6-24　属性面板

（3）保存页面，按 F12 键预览，用鼠标在设置的热区移动检查设置的效果。

提示：对于复杂的热区图形可以直接选择多边形工具来进行描画。“替代”文本框中输入了说明文字以后，光标移到热区中就会显示出相应的说明文字。

4．表格的设计与使用

表格是现代网页制作的一个重要组成部分。表格之所以重要是因为表格可以实现网页的精确排版和定位。在开始制作表格之前，首先介绍表格各部分的名称，如图 6-25 所示。

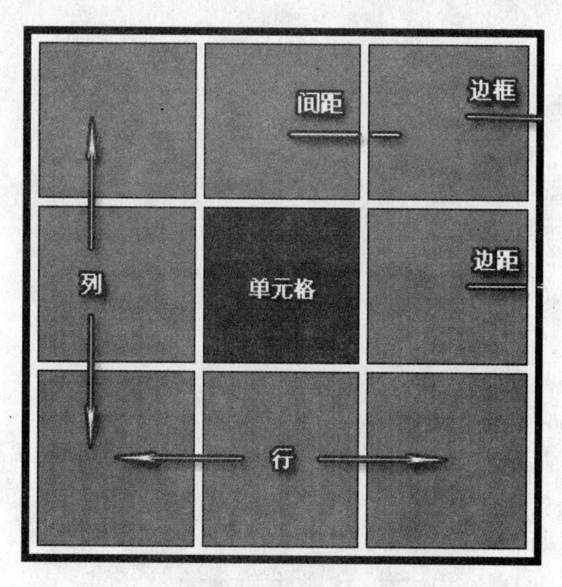

图 6-25　表格的组成

一张表格横向叫行，纵向叫列。行列交叉部分就叫做单元格。单元格中的内容和边框之间的距离叫边距。单元格和单元格之间的距离叫间距。整张表格的边缘叫做边框。

图 6-26 是使用表格制作的一个页面的实例。

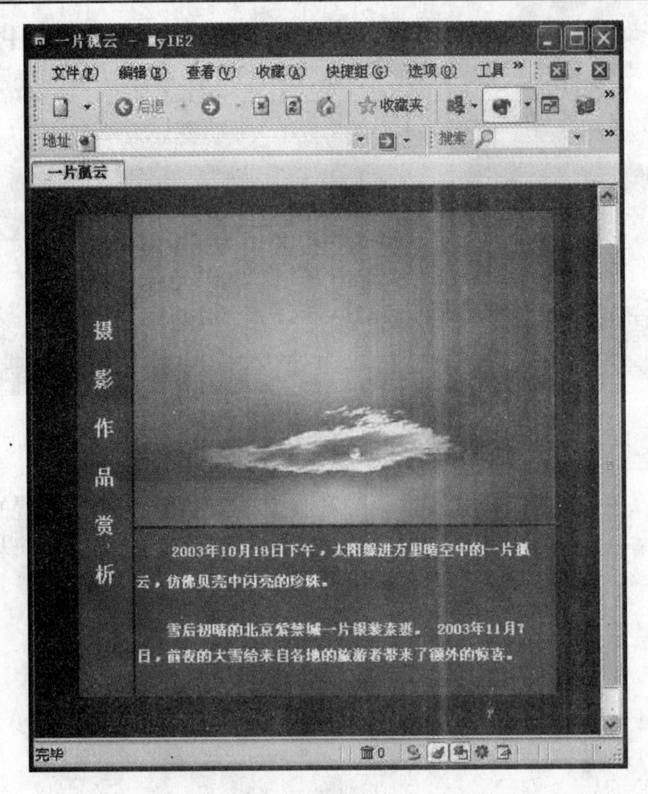

图 6-26　采用表格制作的网页

如果用以前的对齐方式是无法实现图 6-25 中网页的格式的，因此需要利用表格。本例使用两行两列的表格。

（1）在插入栏中选择按钮▦或菜单中的“插入”→“表格”命令，系统弹出“表格”对话框，如图 6-27 所示。

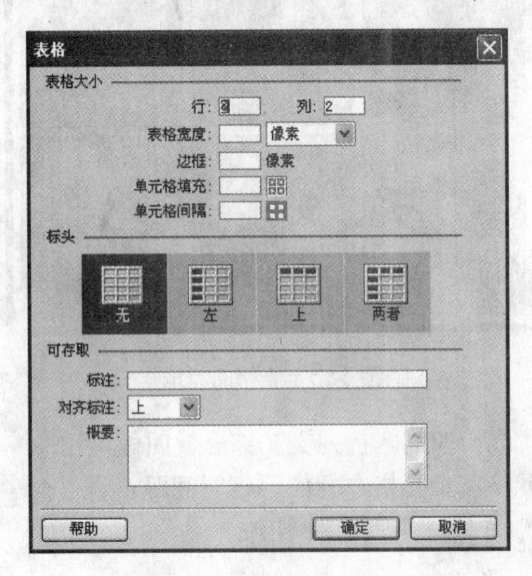

图 6-27　“表格”对话框

（2）在编辑视图界面中生成了一个表格。表格右、下及右下角的黑色点是调整表格的高和宽的调整柄。当光标移到点上就可以分别调整表格的高和宽。移到表格的边框线上也可以调整表格的高和宽，如图 6-28 所示。

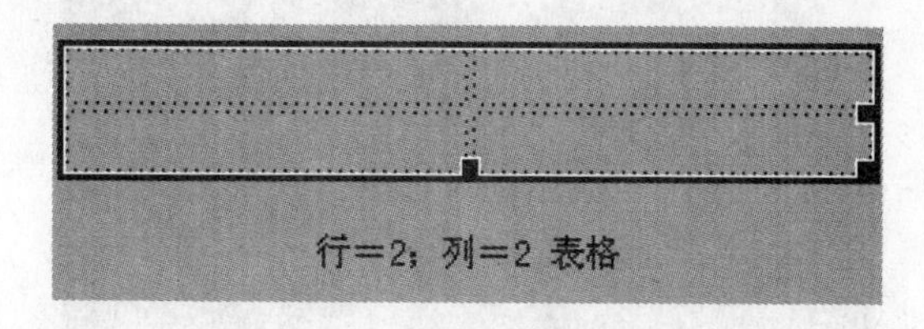

图 6-28　调整表格

（3）单击选中表格的第一格，按住鼠标左键不放，向下拖曳选中两个单元格，如图 6-29 所示。

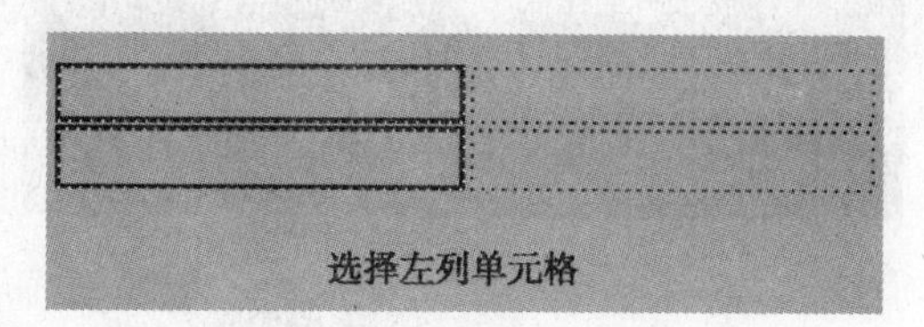

图 6-29　选中两个单元格

在展开的属性面板中选择“合并单元格”按钮，将表格的单元格合并。如果要分割单元格，则可以用“合并单元格”按钮右边的按钮，如图 6-30 所示。

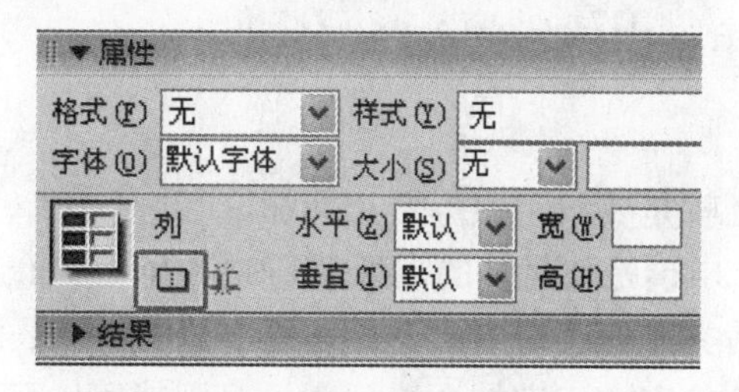

图 6-30　属性面板

合并结果如图 6-31 所示。

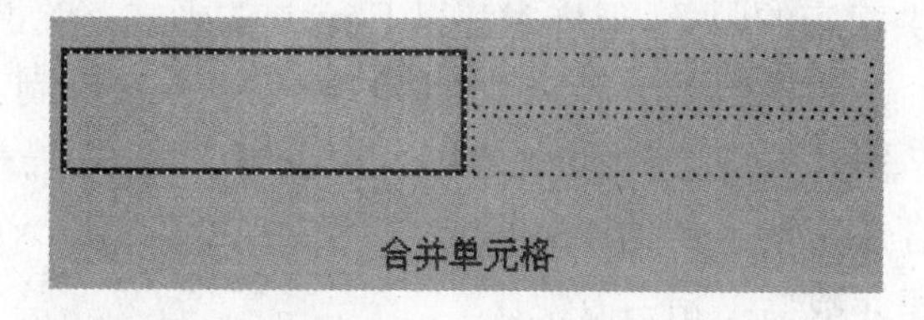

图 6-31　合并结果

（4）用鼠标拖曳表格的边框调整到适当的大小。

（5）单击左边的单元格，然后输入“摄影作品赏析”，调整大小，原因是竖排应在每个字之后按回车。如果需要调整格子的大小，只需要将鼠标的光标移动到边框上，然后根据需要拖曳即可。

（6）在右边两个单元格内分别插入图片和文本，如图 6-32 所示。

图 6-32　效果图

（7）在表格的边框上单击鼠标，表格周围出现调整框，表示选中整张表格。在属性面板中将“边框”值设置适合的值，如果为 0，边框在编辑状态为虚线显示，浏览时就看不见了。

6.2.3　任务二　个人主页申请与站点发布

1．个人主页的申请

申请个人主页实际上就是要申请服务器空间和域名。

一般情况下，域名的申请是要付费的，可以到中国万网（http://www.net.cn/）注册，在其主页上选择相应的域名类型，填写申请表，只要申请的域名还没有人使用，同时又满足相关法律法规的要求，等待审核。审核合格后缴纳费用就可以开通了。

不是所有的域名都要收费，除非想使用的域名是一级域名。很多时候，申请服务器空间时可以获得免费的二级以下的域名。

一般的 ISP 都提供相应的服务，但许多都以 E-mail 的形式寄给网管，由网管挂到网上。这样主页的维护和更新就相当不方便，而且还会有空间的限制。其实在国内的网易（http://www.153.com）、国外的地球村（http://www.geocities.com）等都提供相应的服务，网易更有高达 20MB 的存放空间，传输速度相当快。而且免费提供一个支持 POP3 协议的信箱，更可获得留言本和计数器，相当方便。

服务器空间的申请一般过程是进入网站，单击申请，仔细阅读“站规”并确认自己遵守，提供个人资料，填写主页用户名和密码，提交申请。审查合格缴纳费用后就可以使用了。

下面是部分免费服务器空间的名称以及它们的特点。

（1）中华网个人主页空间。优点是有名气（国内大型综合网站之一），无广告。缺点是空间小（10MB），Web 上传方式，关闭审核（即总算上传了网页，但审核前不能打开、不能浏览），主机性能不稳定。

（2）中联网个人主页空间。优点是 FTP 上传，空间大（100MB），无广告，值得推荐。

（3）壹号广告免费空间。优点是 FTP 上传，可以绑定一个域名（顶级域名），缺点是必须申请成为联盟才能申请免费空间，有广告。

（4）广电互联主页空间。优点是 FTP 上传、空间大（50MB）、支持 ASP 文件（即动态网页），缺点是必须嵌入网站的广告代码。

也可以自己到网上搜索，然后选择适合自己使用的空间进行注册，就可以获得免费主页空间了。注册时除了要了解网站的服务条款外，还要记住用户名、密码，因为有些网站不一定发确认信，所以不要把自己的用户名和登录密码都忘了，另外还要记下网站的登录地址、域名及 FTP 地址、密码等。

当然免费空间，既然是免费的，是没有足够的保障的。申请收费空间才能真正保证网站正常运转，现在收费空间价格不是很高，如果有条件的最好购买收费空间，低档虚拟主机每年费用一般在 200 元左右，如果不购买域名，网站会送给你一个二级域名，例如西部数码的域名是 http://www.west253.com，送给用户的二级域名就是 http://用户名.west253.com，但建议最好购买一个自己的域名，这样才算真正意义上的属于自己的网站。

有了域名，有了空间，就该发布网站了。

2．发布网站

在发布网站之前先使用 Adobe Dreamweaver CS4 站点管理器对网站的文件进行检查和整理，这一步很必要。可以找出断掉的链接、错误的代码和未使用的孤立文件等，以便进行纠正和处理。

在编辑视图选择“站点”菜单，然后选择“检查站点范围的链接”，弹出“结果”对话框，如图 6-33 所示。

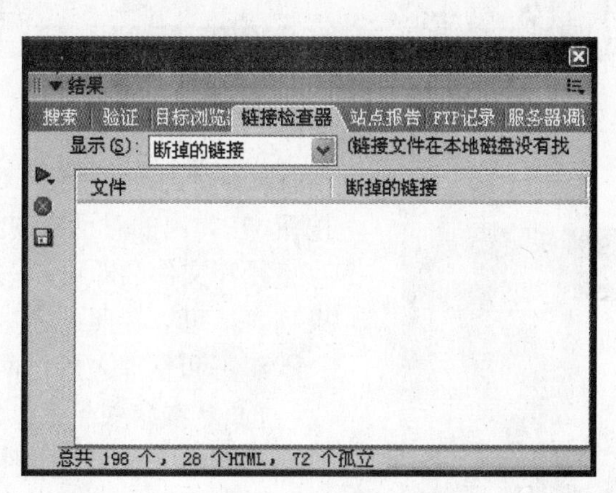

图 6-33　链接检查器

图 6-34 所示是检查器检查出本网站与外部网站链接的全部信息，对于外部链接，检查器不能判断正确与否，请自行核对。

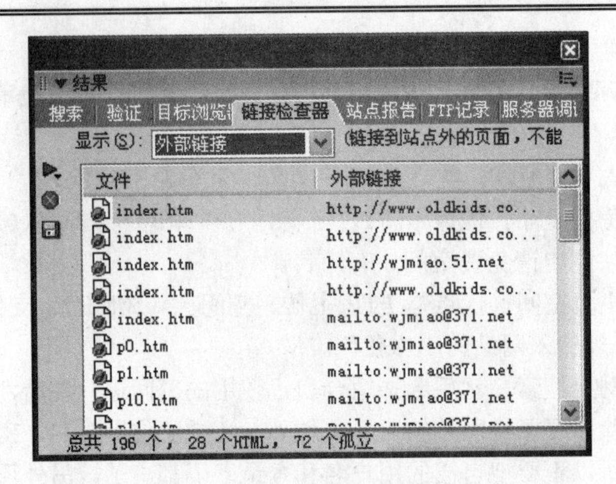

图 6-34　检查器结果

图 6-35 所示是检查器找出的孤立文件，这些文件网页没有使用，但是仍在网站文件夹里存放，上传后它会占据有效空间，应该把它清除。清除办法是：先选中文件，按 Delete 键，文件就被删除了。

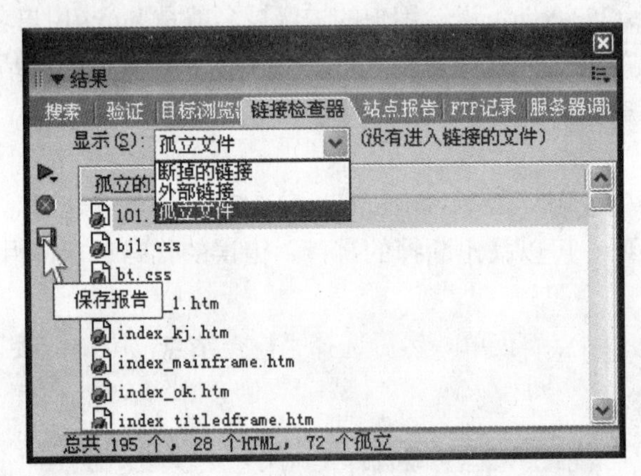

图 6-35　孤立文件

如果不想删除这些文件，单击“保存报告”按钮，在弹出的对话框中给报告文件设置一个保存路径和文件名即可。该报告文件为一个检查结果列表，可以参照此表进行处理。

纠正和整理之后，网站就可以发布了。

1）*发布站点*

如果第一次上传文件，远程 Web 服务器根文件夹是空文件夹时按以下操作进行。

（1）在 Adobe Dreamweaver CS4 中，选择“站点”→“管理站点”命令，弹出如图 6-36 所示的“管理站点”对话框。

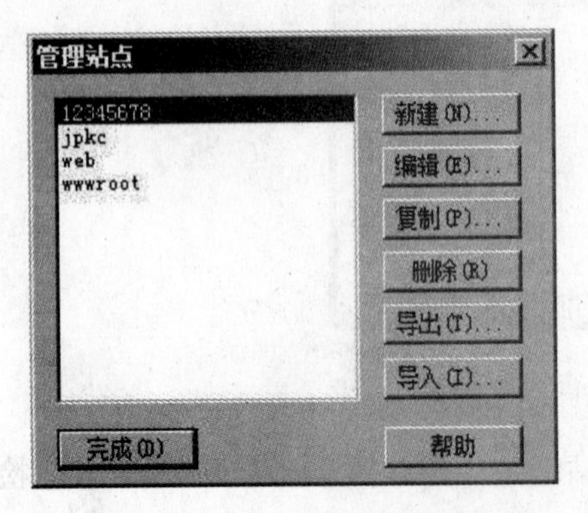

图 6-36　“管理站点”对话框

（2）选择一个站点（即本地根文件夹），然后单击“编辑”按钮。

（3）单击对话框中的“基本”选项。在前面“设置站点”时，已填写了“基本”选项卡中的前几个步骤，因此单击“下一步”按钮，直到向导顶部高亮显示“共享文件”步骤，如图 6-37 所示。

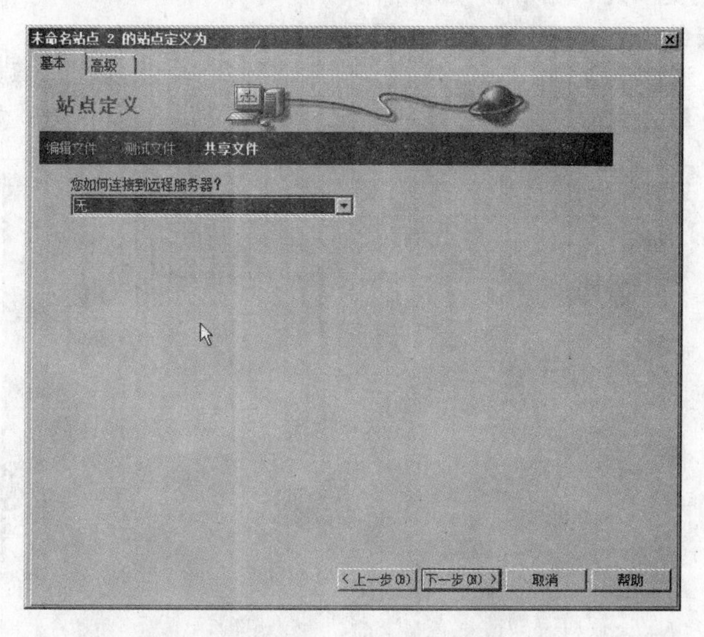

图 6-37　站点定义

（4）在下拉列表框中选择“FTP”，单击“下一步”按钮，弹出图 6-38 所示的对话框。

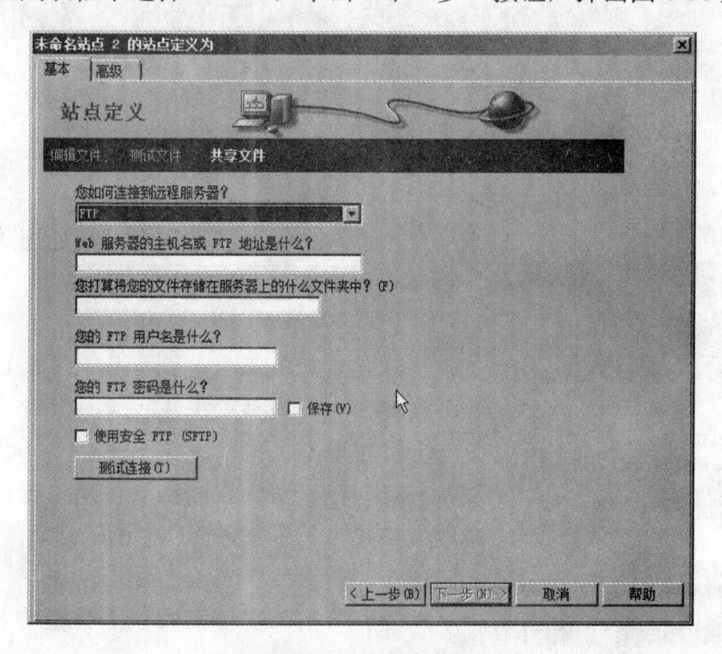

图 6-38　设置服务器

（5）请输入以下选项：

- 输入服务器的主机名（必须填入）。
- “您打算将您的文件储存在服务器上的什么文件夹中？”（可以留空）。
- 在相应的文本框中输入用户名和密码。
- “使用安全 FTP（SFTP）”选项（可不勾选）。

（6）单击“测试连接”按钮。如果连接不成功，请检查设置或咨询系统管理员。输入相应的信息后，单击“下一步”按钮。不要为站点启用文件存回和取出，如图 6-39 所示。

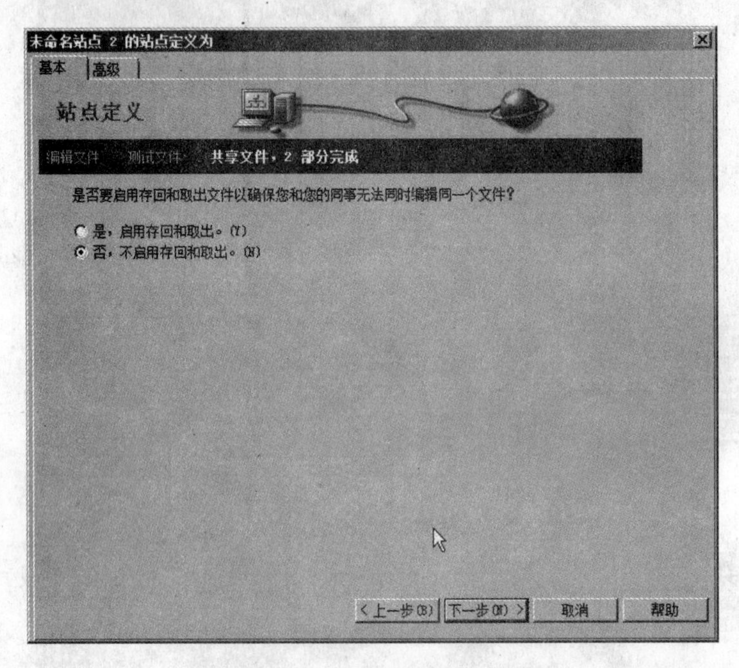

图 6-39　是否启用存回和取出文件

（7）单击“下一步”按钮，弹出“完成”画面。

（8）单击“完成”按钮完成远程站点的设置。

（9）再次单击“完成”按钮退出“管理站点”对话框。

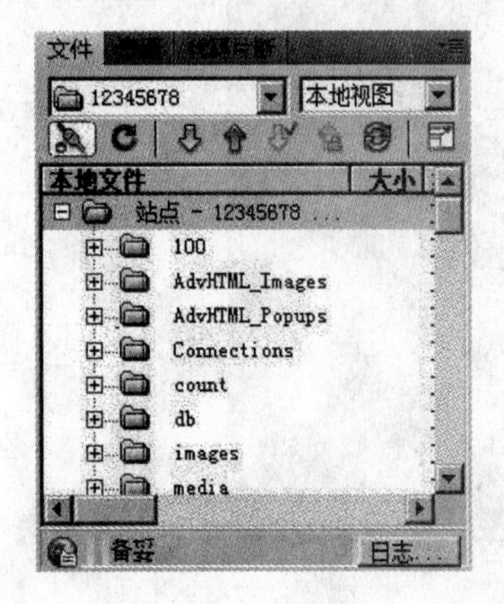

图 6-40　文件面板

2）上传文件

设置了本地文件夹和远程文件夹（空文件夹）后，可以将文件从本地文件夹上传到 Web 服务器。具体操作步骤如下：

（1）在“文件”面板（使用“窗口”→“文件”命令打开“文件”面板）中选择站点的本地根文件夹，如图 6-40 所示。

（2）单击“文件”面板工具栏中的“上传文件”蓝色箭头图标就开始上传了。

Adobe Dreamweaver CS4 会将所有文件复制到服

务器默认的远程根文件夹。

多数空间提供商都设置有服务器默认的文件夹，请在此文件夹下创建一个空文件夹，方法是：在“文件”面板中将“本地视图”转换为“远程视图”。右键单击文件夹，执行“新建文件夹”命令，输入文件夹名称，用做远程根文件夹，名称与本地根文件夹的名称一致，便于操作。

为了操作更直观，也可以最大化“文件”面板。打开“文件”面板的最右边的“扩展/折叠”按钮，最大化文件面板。最大化后面板左边为远端站点内容，右边为本地文件内容，便于观察，如图 6-41 所示。

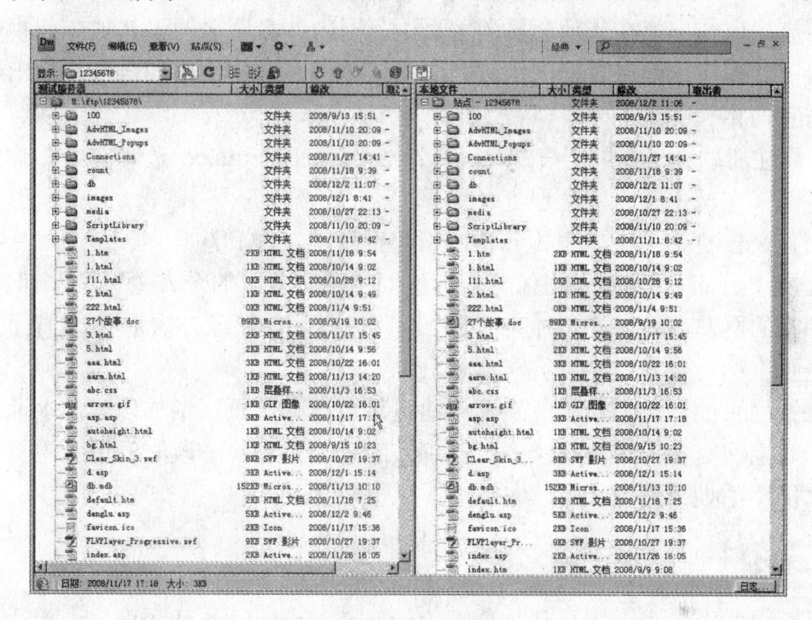

图 6-41　站点展开图示

单击 按钮，Adobe Dreamweaver CS4 将所有文件复制到定义的远程文件夹。

提示：第一次上传必须搞清楚网络空间服务商指定的服务器默认的存放网页的文件夹，在此文件夹下存放站点文件。访问网站地址为：http://..../index.htm 如果在服务器默认的文件夹中建立了与本地根文件夹同名的文件夹，那么访问网站，需要用这样的地址：http://.../（文件夹名）/index.htm。

上传完毕，在浏览器中输入浏览地址，测试上传的结果。如果测试没有问题，你在网上就拥有了自己的一席之地了。

3. 个人网页的宣传

如果只有自己一个人知道自己网页的地址。那网页就失去了存在的意义，因此如何宣传自己网页就成为网页能否发挥其作用的关键所在。

网页的宣传大致有以下几种方法。

（1）到各大搜索引擎注册，如 google（http://www.google.cn）、yahoo（http://www.yahoo.com）、whatesite（http://www.whatesite.com）、goyoyo（http://www.goyoyo.com）等国外站点，网易（http://www.153.com）、搜狐（http://www.sohu.com）、新浪（http://www.sina.com/）、

百度（http://www.baidu.com.cn/）等国内站点。只要填份表格，就能成功注册。注册后其他人就能在这些引擎中查到你的网页。

（2）到国内外的 ISP 中的个人空间的栏目中登记网页，根据网页的内容选取不同的类型登记。

（3）利用网上广播站 Broadcaster（http://www.broadcater.co.uk/），它能帮你到近 200 个搜索引擎处注册。

（4）参加各种广告交换组织，如（http://www.webunion.com/）linkexchange（http://www.linkexchange/）等，到这些网站上登记，成为它们的会员，把网站的广告加到自己的主页，而你的主页旗帜也会出现在其他会员的主页上。国内许多著名的 ISP 如广州视窗、北京在线、瀛海威等，还有像南极星的网点都是会员。这样，你的主页的链接就会出现在这些主页上，能与它们相提并论。

（5）使用注册软件，如网上蜘蛛（http://www.cyber-sleuth.com/），它会帮你到近 200 个搜索引擎注册（在试用版只能注册 5 个引擎）。

（6）到各公告栏中，大肆宣传一番，引起网友的兴趣和注意。

（7）利用 E-mail 向网友发封信，告诉他们“我有自己的个人主页了”，但千万不要将信发给不熟悉的网友，免得遭人讨厌（现已经有垃圾邮件管理办法了）。这样下来，不到半个月，你网页上的计数器肯定会突飞猛进。

要想保持网页的浏览人数，就要不停地更新自己的主页，增加内容，永远给人一种新的感觉。平时上网时多搜集资料，多听听别人的意见，每隔一段时间更新主页。只有这样你的网页才能不断地为网友服务。

6.2.4 阅读材料

什么是个人主页？个人主页是从英文 Personal Homepage 翻译而来，更适合的意思是“属于个人的网站”。从词义来讲，网站是有注册属于自己域名的。网页则是附属于网站的一个页面。在多数场合，两个词语实际表达的意思是一样的。因为很多人习惯上就把个人网站叫做个人网页。表达的主题大多是站长本人相关的内容，如站长日记、站长相片、站长心得、站长原创、站长成长历程等。

个人主页的建立首先是制作网页，其次是申请网页存放空间和网页的上载及宣传与维护等。

制作网页的工具大概分成两类。一类是即见即所得，如 Dreamweaver、FrontPage、Netscape Navigator Golden 等，这类软件一般都有“所见即所得”功能，便于使用。而另一类是文本编辑类，如 Hotdog、Homesite、Webedit 等都是不错的软件。个人主页的内容是最关键的，确定自己的网页的主题和定位方向，就有一个目标去搜集相应的材料去充实，去丰富你的主页。另外，在制作时别忘了为浏览者着想，尽量少采用大图片，尽可能采用标准的 HTML 语法，使主页的传输更快捷。

网页的上载一般可以大致分为 3 种形式，包括 ftp、www、E-mail，分别使用相应的软件就能把制作的网页上传到指定的目录上。当然在上传后，首先自己要浏览一下，并检查相应的链接，要经常对自己的网站进行维护。最后就可以对自己的个人主页进行宣传了。

至此你的主页在 Internet 上拥有了自己的一席之地。

6.3　项目三　网上娱乐

6.3.1　任务一　在线玩游戏

在线游戏有很多种类，目前较受欢迎的有 QQ 游戏、联众游戏等，这两种游戏提供的游戏服务较多，可以满足很多人娱乐的需求。

1. QQ 在线游戏

腾讯 QQ 提供了许多免费的在线游戏，如竞技类、牌类、棋类等。要在线玩 QQ 游戏，可按下面的步骤进行。

（1）下载并安装 QQ 软件（http://www.qq.com）后，双击桌面上的“QQ 游戏”快捷图标，弹出图 6-42 所示的“QQ 游戏登录”窗口，输入 QQ 号码及密码，单击“登录”按钮即可进入游戏界面。

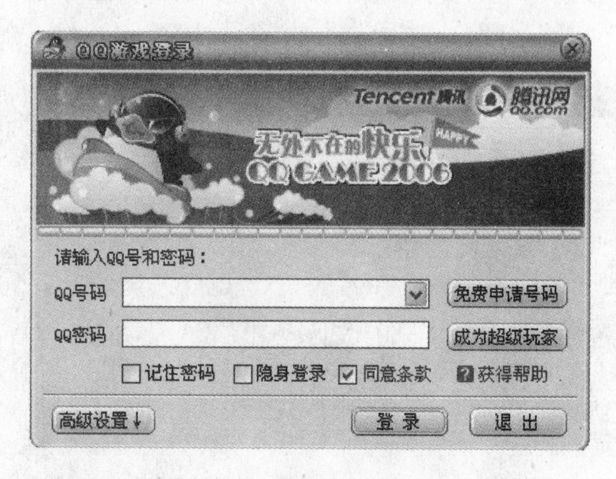

图 6-42　“QQ 游戏登录”窗口

（2）如果想玩 QQ 麻将，可双击大厅左边列表中的“QQ 麻将”客户端程序，在弹出的提示框中单击“确定”按钮开始下载游戏（也可以双击下载）。

（3）下载完毕后自动弹出安装对话框，根据提示安装完成后，在左边列表中双击一个房间进入房间后找个空位子，等待人坐满并都同意开始游戏时，即可开始玩麻将了。

（4）对于其他类型的游戏（如连连看、QQ 龙珠、桌球等），首次使用时都需要先下载安装客户端程序，安装完成后即可按照上面介绍的步骤来玩游戏。

2. 联众在线游戏

作为最大的在线游戏网站的联众也提供了许多丰富、有趣的在线游戏。要玩联众在线游戏，可按下面的步骤进行。

（1）下载联众游戏（http://www.ourgame.com/）客户端软件并安装后，双击桌面上的“联众世界”快捷图标，打开登录界面，如图 6-43 所示。

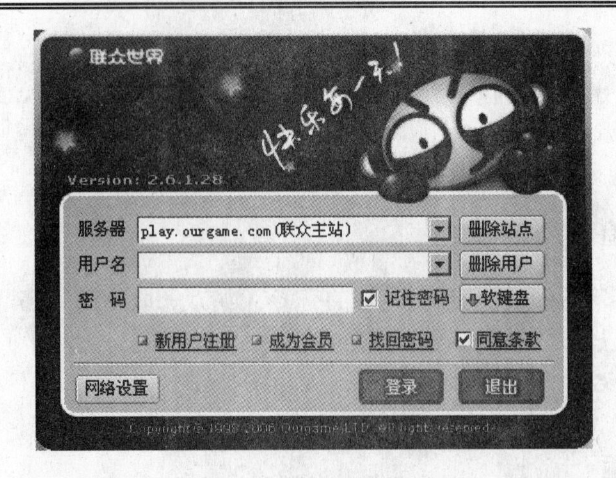

图 6-43　联众游戏登录界面

（2）如果还不是联众游戏的用户，先单击“新用户注册”链接，申请一个免费的游戏用户。在登录界面中输入用户名、密码后单击“登录”按钮即进入游戏大厅，如图 6-44 所示。

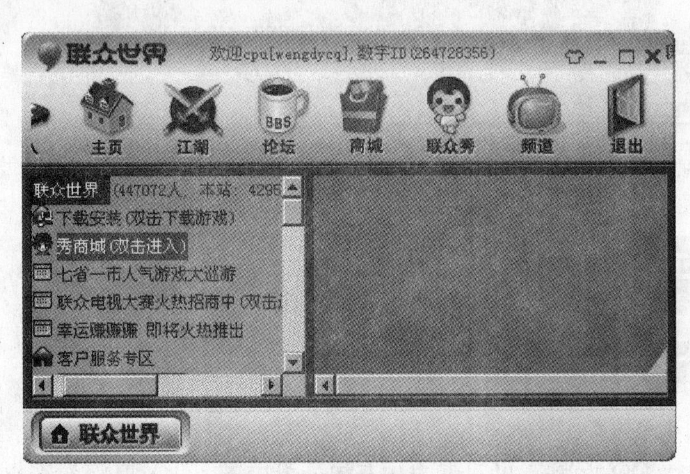

图 6-44　联众游戏大厅

（3）依次单击左边列表中的“比赛专区”→“互联星空五子棋比赛”即可进入五子棋比赛游戏，当然，也可以在左边列表中选择其他感兴趣的游戏。

6.3.2　任务二　在线听广播

利用互联网听在线广播或英语节目，可访问相应的网站在线收听，或是利用专门的应用软件来收听，具体可参照下面的方法。

1．利用客户端软件收听在线英语广播

龙卷风收音机是一款优秀的网络收音机软件，它内置了许多在线英文电台，具体收听步骤如下：

（1）下载安装龙卷风收音机软件，可以通过百度搜索下载，也可以登录华军软件园下载（http://www.onlinedown.net/soft/2509.htm）。

（2）安装龙卷风收音机后，单击桌面上的“龙卷风网络收音机”快捷图标，运行龙卷风收音机，如图 6-45 所示。

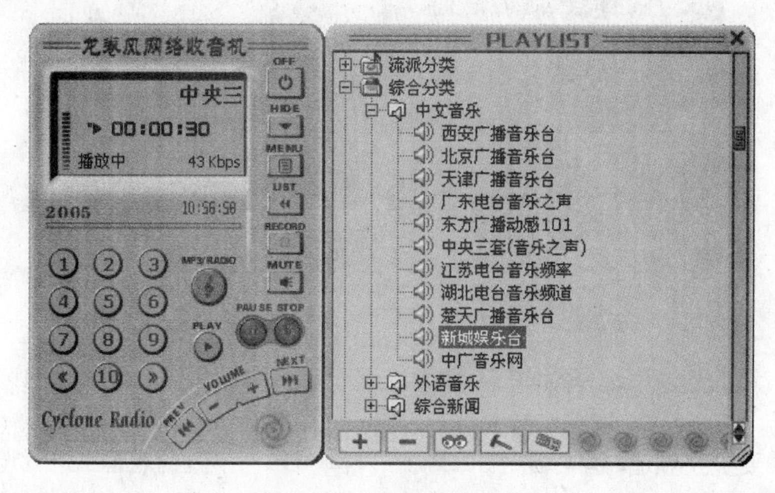

图 6-45　龙卷风收音机

（3）在右边的列表中，对电台进行了详细的分类。用户可根据需要，双击要听的电台即可立即收听电台节目。

2. 登录 Web 站点收听在线英语广播

在线收听 BBC 英语广播节目的具体实现步骤如下：

（1）运行 IE 浏览器，在地址栏中输入“http://bbc.co.uk/radio”并按 Enter 键，进入 BBC 在线收听主页，如图 6-46 所示。

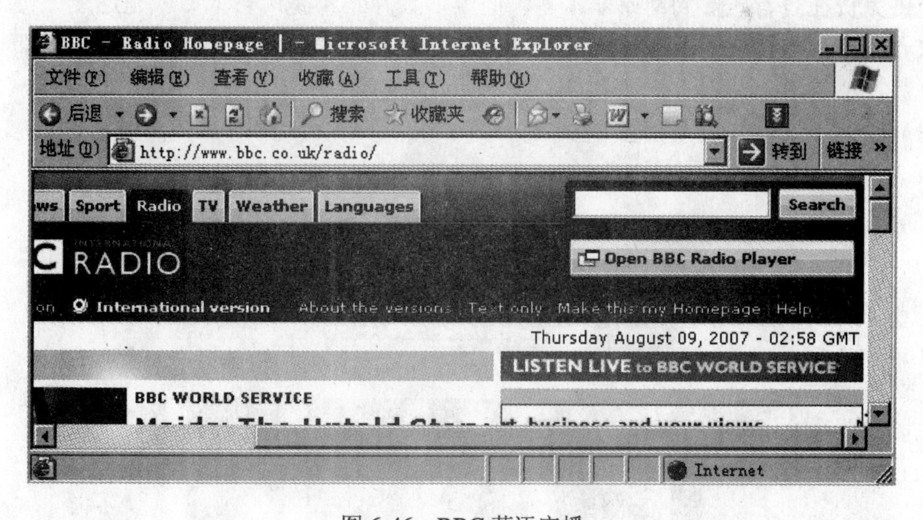

图 6-46　BBC 英语广播

（2）单击该页面中的“Open BBC Radio Player”按钮，打开图 6-47 所示的页面。

图 6-47　BBC Radio Player

（3）在右边的列表中选择相应的频道，在显示的结果中单击想要收听的链接即可在线收听。

（4）如果要更换频道，可以在“BROWSE”和“OR”下拉列表框中进行选择，然后单击“GO”按钮，重新在显示的结果中单击想要收听的内容即可。

6.3.3　任务三　在线看电影

在线看免费或付费电影是广大网友不可缺少的一项娱乐方式。免费电影在连接速度、影片数量及同时在线人数方面都有限制，但它不需要支付任何的费用；而付费电影则是通过付出一定的费用而获取更好的服务。

1．在线观看免费电影

提供免费在线看电影的网站非常多，但大多数网站不是广告太多就是速度太慢。这里为大家介绍一个比较优秀的免费电影网站，无论是在影片数量或是观看速度方面都具有一定的优势。

（1）运行 IE 浏览器，在地址栏中输入“http://www.bnb88.com”并按 Enter 键，进入图 6-48 所示的页面。

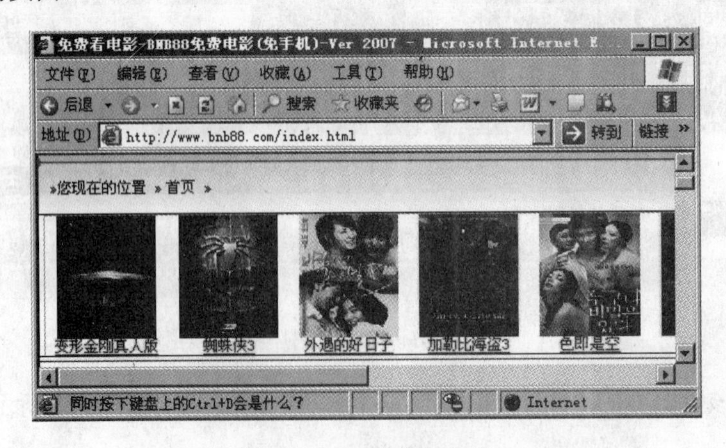

图 6-48　bnb88 免费电影

（2）网站提供了多个频道，对电影进行了详细的分类，首页上显示了最新的电影，如想看“新扎师妹3”这部影片，可直接单击影片名称链接进入影片介绍页面。

（3）在页面中可以选择在线播放电影或下载收看电影。单击“在线播放”后面的“全集”链接即可进入播放界面，单击“播放”按钮即可播放电影。如果需要全屏收看，可单击右下角的“全屏”按钮。

2．在线观看付费电影

如果希望得到更好的在线电影服务，可选择收看付费电影。要看付费电影必须先注册，可以通过电话、小灵通及手机等方式进行注册。这里以互联星空为例，介绍如何在线看付费电影。

（1）运行IE浏览器，在地址栏中输入http://www.vnet.cn按Enter键，进入互联星空页面，如图6-49所示，单击页面上方的“注册”链接，进入注册页面。

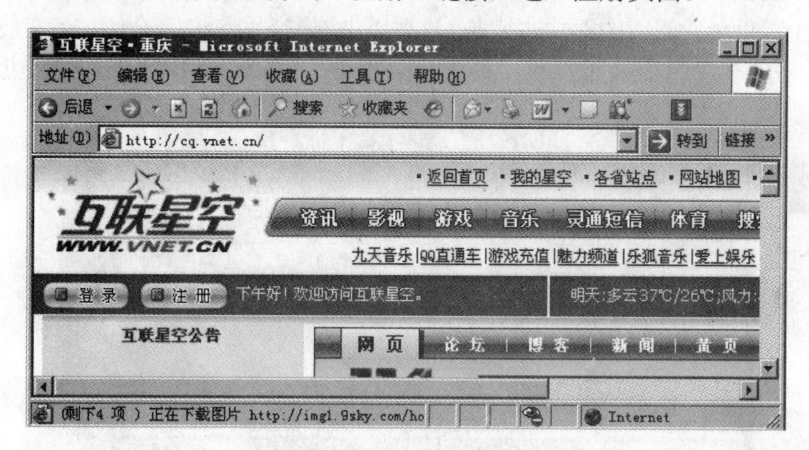

图6-49　互联星空

（2）根据自己的情况，选择相应的用户类型，如果单击“我是中国电信ADSL用户，我要注册”链接直接进入“请绑定您的支付账号”页面，如图6-50所示。

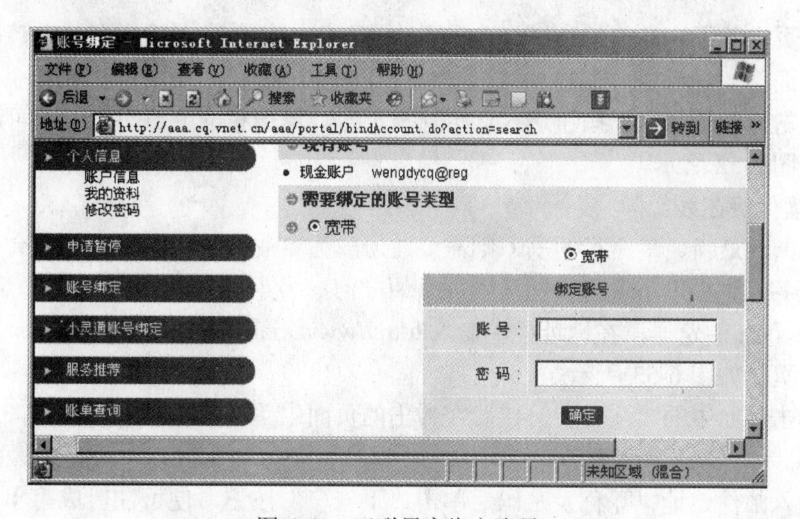

图6-50　互联星空绑定账号

注意：注册用户所产生的费用将从绑定的 ADSL 账号中扣除。

（3）输入 ADSL 账号及密码，填入相应的验证码，单击“下一步”按钮进入填写用户信息页面，根据要求填写相应的个人信息即可。

（4）注册完成后，登录 http://cq.vnet.cn/页面，单击页面上方的“登录”链接进入登录页面，直接单击“互联星空一点通”即可进入电影页面，选择自己喜欢的电影。

“互联星空”还提供了其他充值方式，详情请见“互联星空”的充值说明。

6.3.4 任务四 在线阅读

在线阅读分为免费与付费两种，免费阅读具有不用付费的优势，因此在服务上略显示不足，而付费阅读所提供的服务则很全面到位。

1．免费在线阅读

互联网上提供免费阅读的网站非常多，这里以中国书友网为例，介绍如何在线免费阅读。

（1）运行 IE 浏览器，在地址栏中输入 http://www.booku.cn 并按 Enter 键，进入中国书友网主页，如图 6-51 所示。

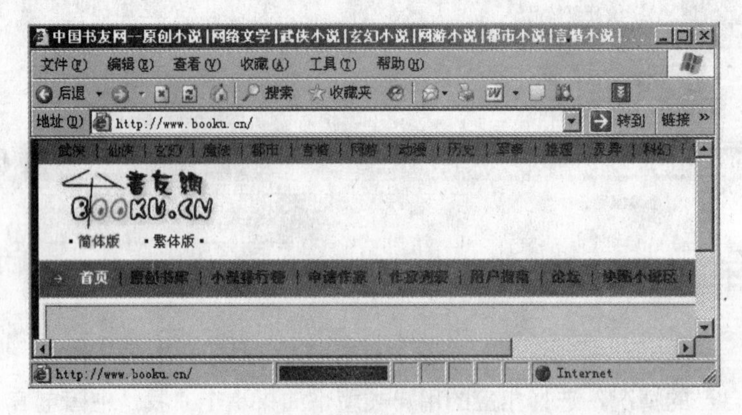

图 6-51 中国书友网主页

（2）主页推荐了许多热门小说，选择喜欢的小说，如单击“暗黑佣兵”链接进入该小说的介绍页面。

（3）单击“单击阅读”按钮进入章节选择页面，单击相应的章节链接即可进入小说正文部分，如图 6-52 所示。

2．阅读付费在线阅读

如果想阅读最新、最流行的书，则需要注册成为专业的收费阅读网站的会员，才能享受更多的服务。这里以小说世界网为例，介绍如何成为小说网站会员。

（1）运行 IE 浏览器，在地址栏中输入 http://www.xiaoshuo.com 并按 Enter 键，进入小说世界网主页，如图 6-53 所示。

（2）单击页面中的“注册”链接，在弹出的页面中单击“我同意”按钮，进入填写注册信息页面。

（3）输入邮件地址、昵称及密码后单击“下一步”按钮，便可注册成为小说世界网站的会员。

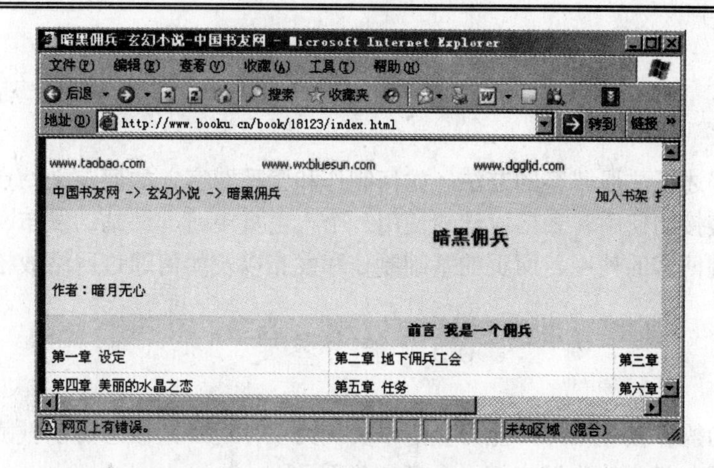

图 6-52　免费小说“暗黑佣兵”

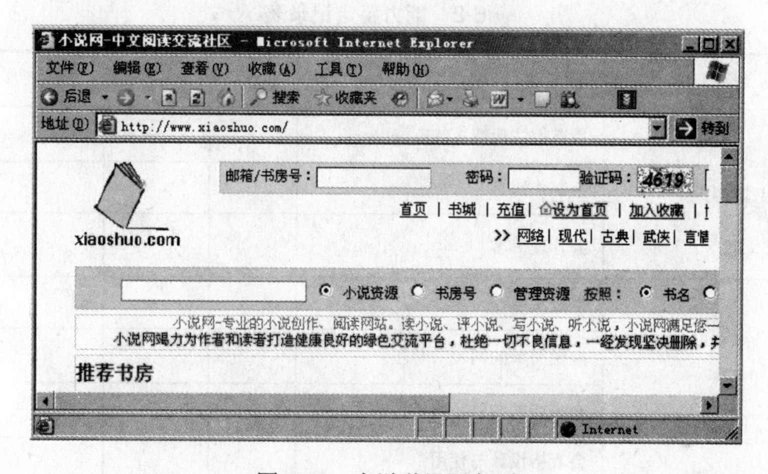

图 6-53　小说世界网主页

（4）在“我要搜”文本框中输入小说名称，单击“搜索”按钮即可找到该小说并进行阅读。

（5）注册成功后，重新进入主页，输入邮箱名（或注册成功界面中给定的永久房间号）与密码重新登录，弹出介绍如何阅读的页面。该页面对网站中可以进行的操作和提供的服务进行了全面的介绍，读者可以从中掌握网站的操作，进而享受读书的乐趣。

（6）需要充值时，成功登录后在主页中单击“充值”链接，打开充值方式页面。

（7）该页面提供了多种充值方式，根据个人情况选择合适的充值方式，如选中“网上银行充值”栏中的“限时特惠卡”单选按钮，单击“下一步”按钮进入个人网上银行充值登录页面中。

（8）单击“确认提交”按钮提示选择网上银行，如选择“中国工商银行”，进入中国工商银行支付界面。

（9）填写好支付卡号和验证码，单击“提交”按钮完成充值即可。

6.4 小　结

本章主要描述了注册博客的方法、如何制作和管理博客、如何定义站点和制作简单的网页以及超级链接的使用、表格设计与使用、个人主页申请、网站的发布、网上娱乐等。学习者应该掌握博客的使用、网页的基础制作和发布以及如何通过网络放松心情等能力。

6.5 能力鉴定

本章主要为操作技能训练，能力鉴定以实训为主，对少数概念可以教师问学生答的方式检查掌握情况，学生能力鉴定记录如表 6-2 所示。

表 6-2　能力鉴定记录表

序号	项　目	鉴定内容	能	不能	教师签名	备注
1	项目一 博客	能掌握注册博客的方法				
2		会制作博客				
3		会管理博客				
4	项目二 网页制作	能定义站点				
5		能做简单的网页				
6		会超级链接的使用				
7		会表格设计与使用				
8		会申请个人主页				
9		会发布网站				
10	项目三 网上娱乐	会在线游戏				
11		会在线听广播				
12		会在线看电影				
13		会在线阅读				

习　题　6

一、单项选择题

1. 在 Dreamweaver 中______是遮盖的功能。

   A. 让文件和文件夹无法在服务器上被看见

   B. 能够使网站的浏览者看不到文件

   C. 防止上传此文件或文件夹

   D. 防止未经授权人员浏览特定的网站文件

2. 在 Dreamweaver 中，CSS 不允许在一个样式表中的一个 HTML 标签存在多个样式规则，此限制不适用于______。

A. 组选择器　　B. 上下文选择器

C. 伪元素选择器　　D. D 标签选择器

3. 在 Dreamweaver 中，当用户将鼠标移动到超链接文字“百度”上时，在浏览器的状态栏中能显示“世界上最大的中文搜索引擎”，要实现这种动态效果，应该选择______事件。

A. 设置层文本　　B. 设置状态栏文本

C. 设置文本域文字　　D. 弹出信息

4. 在 Dreamweaver 中，下面关于插入图像的绝对路径与相对路径的说法错误的是______。

A. 在 HTML 文档中插入图像其实只是写入一个图像链接的地址，而不是真的把图像插入到文档中

B. 使用文档路径引用时，Dreamweaver 会根据 HTML 文档与图像文件的相对位置来创建图像路径

C. 站点根目录相对引用会根据 HTML 文档与站点的根目录的相对位置来创建图像路径

D. 如果要经常进行文件夹位置的改动，推荐使用绝对地址

5. 在 Dreamweaver 中，使用“布局”标签中的“扩展表格”模式在编辑表格方面的优势是______。

A. 利用这种模式，便于以表格结构为页面布局

B. 利用这种模式，便于在表格内部和表格周围选择

C. 利用这种模式，可以设置更多的表格属性

D. 利用这种模式，可以方便地使用“布局表格”和“布局单元格”

6. 在 Dreamweaver 中，要在现有表格中插入一行，下面的操作不正确的是______。

A. 光标定位在单元格中，执行“修改”→“表格”→“插入行”命令

B. 右击选中的单元格，在弹出的菜单中执行“表格”→“插入行”命令

C. 将光标定位在最后一行的最后的一个单元格中，按 Tab 键，在当前行下会添加一个新行

D. 把光标定位在最后一行的最后的一个单元格中，按 Ctrl+W 组合键，就在当前行下会添加一行

7. 在 Dreamweaver 中某个表格属性设置如下：边框粗细为 1，填充为 2，间距为 2，则相邻两个单元格内容区之间的实际距离为______。

A. 1　　B. 2　　C. 4　　D. 8

8. Dreamweaver 的“文件”菜单命令中，菜单项“保存框架页”表示的是______。

A. 保存所有框架页　　B. 保存当前框架页

C. 保存当前窗口的所有文档　　D. 将当前文档恢复到上次保存时的状态

9. 在 Dreamweaver 中，不需要在远程联机情况下浏览存放在计算机上的文件，只是

将这些文件取回到自己计算机中，Internet 提供的______服务正好能满足用户的这一需求。

A．电子邮件（E-mail）　　B．万维网（WWW）
C．文件传输（FTP）　　D．远程登录（Telnet）

10．以下扩展名可用于 HTML 文件的是______。

A．.shtml　　B．.html　　C．.asp　　D．.txt

二、多项选择题

1．在 Dreamweaver 中，一个导航条元素可以有的状态图像有______。

A．状态图像　　B．鼠标经过图像
C．翻转图像　　D．按下鼠标时经过图像

2．在 Dreamweaver 中，上传站点到服务器之前，在本地对站点进行测试是必要的，测试的主要内容包括______。

A．检查浏览器兼容性　　B．检查链接有无破坏
C．检查辅助功能　　D．检查拼写

3．在 Dreamweaver 中，在表格单元格中可以插入的对象有______。

A．文本　　B．图像
C．Flash 动画　　D．Java 程序插件

4．在 Dreamweaver 中，______功能可以加快网站更新信息的存取速度。

A．显示站点地图　　B．管理外部网站的链接
C．管理“存回/取出”系统　　D．管理网站内文件的链接

5．对于 Dreamweaver，在 HTML 中可以使用的不同类型的列表有______。

A．项目列表　　B．编号列表
C．定义列表　　D．嵌套列表

三、判断题

1．在 Dreamweaver 中，如果希望在拖动鼠标时保持表格的长宽比，可以按住 Shift 键，再拖动表格边框上的控制点。

2．在 Dreamweaver 中，删除站点就是删除了本地站点的实际内容，即它所包括的文件夹和文档等。

3．在 Dreamweaver 中，在层的属性检查器中，Z 轴编号较大的层会出现在编号较小的层的下面。

4．在 Dreamweaver 中，表格中某个单元格宽度为 100 像素，其内若嵌套一个表格，则这个表格的宽度将无法超过 100 像素。

5．在 Dreamweaver 中，“站点”这个概念既可表示位于 Internet 服务器上的远程站点，也可以表示位于本地计算机上的本地站点。

第7章 网 络 安 全

1．能力目标

网络在给人们生活带来便利的同时也带来了一系列的问题，如何有效安全地保护自己？通过本章的学习与训练，使学生能掌握计算机网络安全的相关知识，并能运用各种方法和措施保护自己的资源信息。了解计算机病毒的相关知识，学会瑞星的安装、设置、杀毒、自定义安全方案，掌握使用 Windows 防火墙、天网防火墙以及防止垃圾邮件。

2．教学建议

本章教学计划如表 7-1 所示。

表 7-1 教学计划

<table>
<tr><th colspan="2">任　务</th><th>重点
（难点）</th><th>实 作 要 求</th><th>建议学时</th></tr>
<tr><td rowspan="4">计算机病毒</td><td>任务一　安装瑞星</td><td></td><td>会安装瑞星杀毒软件</td><td rowspan="4">2</td></tr>
<tr><td>任务二　使用瑞星进行杀毒</td><td>重点</td><td>能成功使用瑞星杀毒</td></tr>
<tr><td>任务三　设置瑞星</td><td>重点</td><td>根据常规设置瑞星</td></tr>
<tr><td>任务四　自定义安全方案</td><td></td><td>根据学生自己喜好设置安全方案</td></tr>
<tr><td rowspan="2">防止黑客攻击</td><td>任务一　使用 Windows 防火墙</td><td>重点</td><td>会使用 Windows 防火墙</td><td rowspan="2">2</td></tr>
<tr><td>任务二　使用天网防火墙</td><td></td><td>会使用天网防火墙</td></tr>
<tr><td rowspan="2">防止垃圾邮件</td><td>任务一　使用Outlook 2003阻止垃圾邮件</td><td>重点</td><td>能够使用 Outlook 2003 阻止垃圾邮件</td><td rowspan="2">2</td></tr>
<tr><td>任务二　有效拒收垃圾邮件</td><td></td><td>能采用有效方法阻止垃圾邮件</td></tr>
<tr><td colspan="4">合计学时</td><td>6</td></tr>
</table>

教学资源准备：

（1）软件资源：瑞星杀毒软件和 Outlook 2003 程序。

（2）硬件资源：安装 Windows XP 操作系统的计算机。

3．应用背景

互联网的广泛应用大大丰富了人们的生活，提高了人们的工作效率，在给我们带来极大便利的同时也带来了严重的安全问题，尤其是病毒破坏、黑客入侵造成的危害越来越大。我们可以使用防火墙、代理服务器、入侵检测等安全措施，但是如何使用这些工具呢？

7.1　项目一 计算机病毒

7.1.1　预备知识

在网络中存在一种小程序，它们能够自我复制，将自己的病毒码依附在其他的程序上，通过其他程序的执行伺机传播病毒程序，有一定的潜伏期，一旦条件成熟，便进行各种破坏活动，影响计算机使用，就像生物病毒一样，这种小程序一般称为计算机病毒。计算机病毒有独特的复制能力，可以很快地蔓延，又常常难以根除它们能把自身附着在各种类型的文件上，当文件被复制或从一个用户传送到另一个用户时，它们就随同文件一起蔓延开来。

7.1.2　任务一　安装瑞星

你如果要在上网的时候同时保证自己计算机的安全性，就需要安装必要的杀毒软件保护自己的计算机免受网络病毒威胁。目前瑞星是一款安全性和易用性都不错的杀毒软件，以下将以瑞星使用方法为例，介绍如何使用杀毒软件保护自己的计算机。

杀毒软件并不包含在操作系统中，所以用户应该首先安装杀毒软件，安装方法如下：

（1）双击运行杀毒软件安装程序后，弹出安装界面，如图 7-1 所示。

图 7-1　自动安装瑞星

（2）按照提示，选择语言，如图 7-2 所示，单击“确定”按钮。

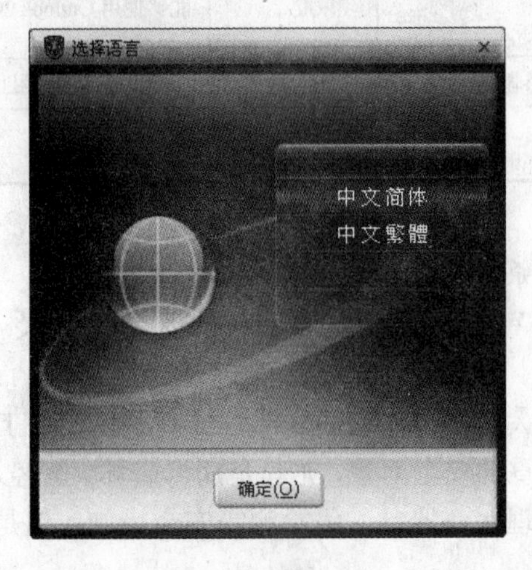

图 7-2　选择语言

（3）阅读完“最终用户许可协议”后，选择“我接受”单选按钮，如图 7-3 所示，单击“下一步”按钮。

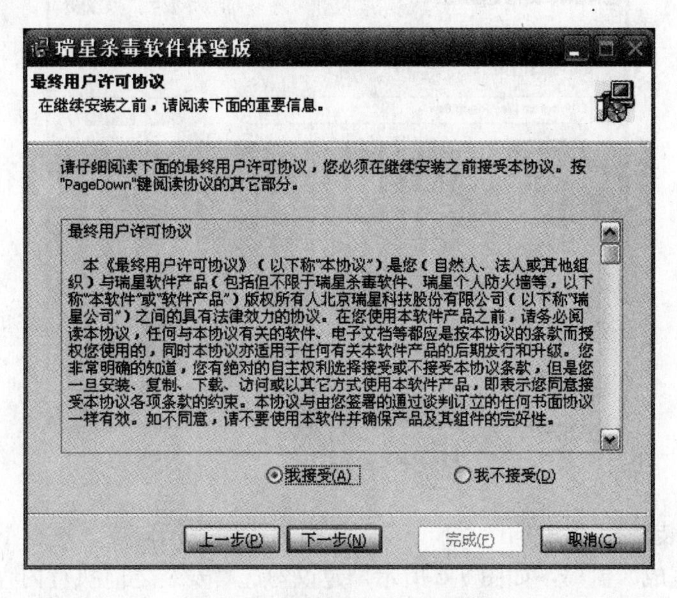

图 7-3　最终用户许可协议

（4）在选择组件窗口中选择自己所需的组件，如图 7-4 所示，单击“下一步”按钮。

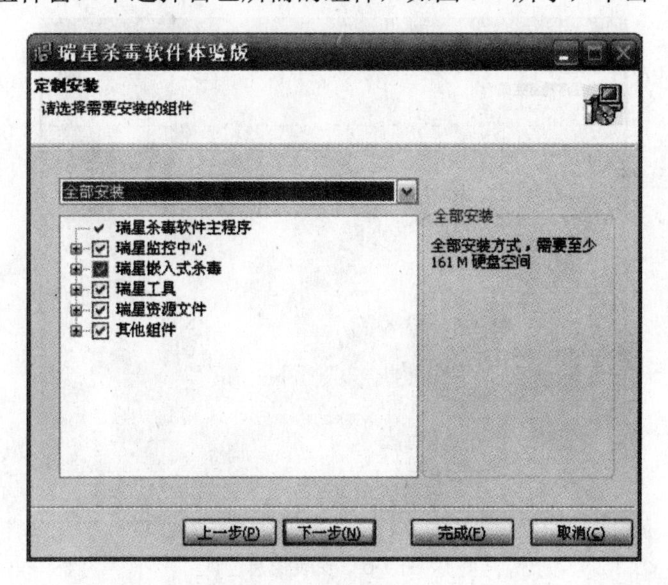

图 7-4　定制安装

（5）在“选择目标文件夹”对话框中，可以通过“浏览”按钮选择安装路径，如图 7-5 所示，建议用户将杀毒软件安装在默认路径。

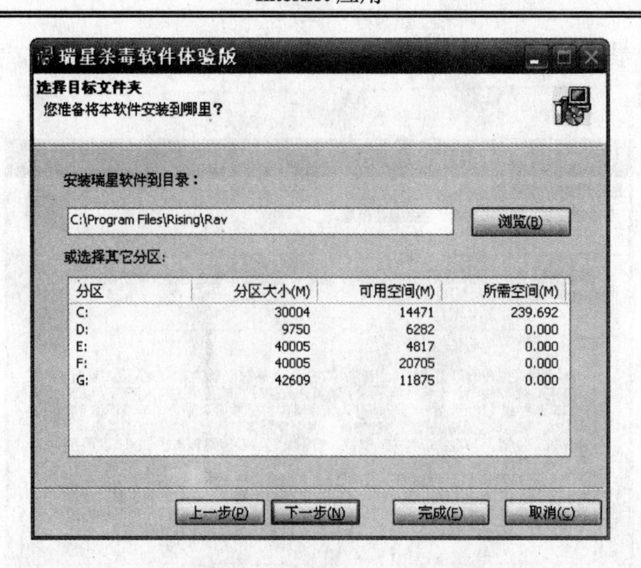

图 7-5　选择目标文件夹

（6）确定安装路径后，单击“下一步”按钮，按照提示向导，进行下一步的安装。在“安装程序准备完成”窗口，如图 7-6 所示，建议勾选“安装之前执行内存病毒扫描”复选框，这样瑞星在安装之前将会对整个系统进行病毒扫描，确保在没有病毒的情况下安装杀毒软件。

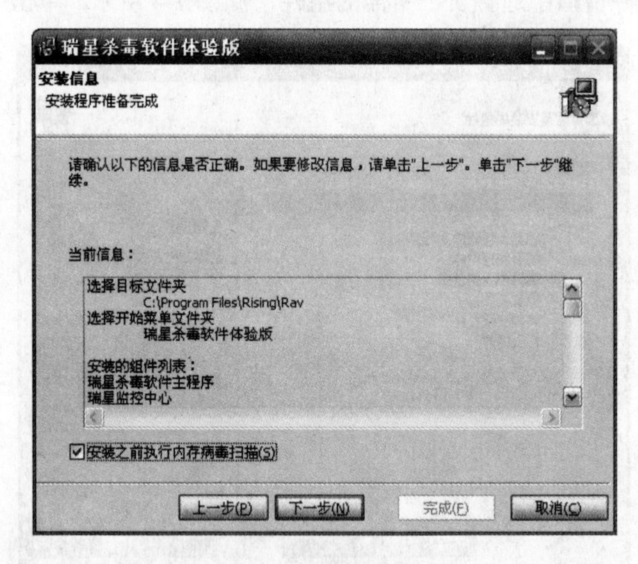

图 7-6　安装信息

（7）对系统进行病毒扫描后，按照安装提示向导，开始进行安装，如图 7-7 所示。

（8）安装结束，建议勾选“重新启动计算机”复选框，这样瑞星才能安装生效，单击“完成”按钮，如图 7-8 所示。

图 7-7　安装过程中

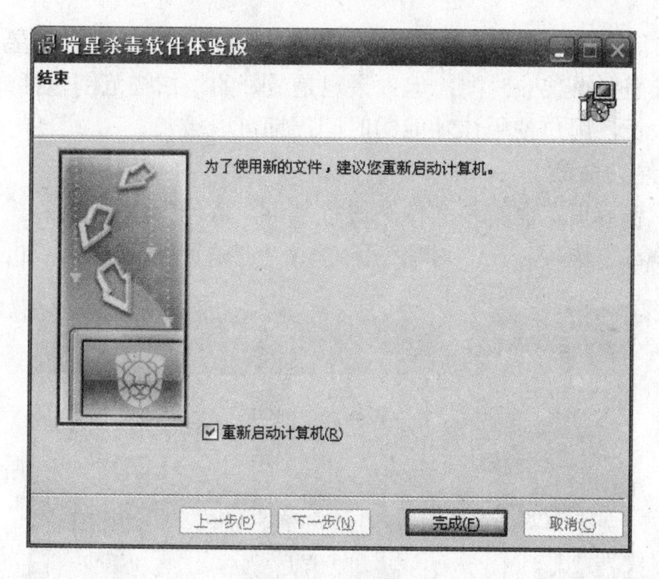

图 7-8　安装结束

7.1.3　任务二　使用瑞星进行杀毒

在瑞星安装成功以后，便可以使用该软件的杀毒功能进行杀毒了。瑞星提供的杀毒方式很多，以下将针对不同情况使用的杀毒方式进行介绍。

1．对简洁目标杀毒

全盘杀毒是瑞星中最全面的杀毒方式，覆盖面也是最广的，建议用户在使用较长时间后对计算机进行全面杀毒，操作方法如下：

（1）启动瑞星，单击“首页”选项，如图 7-9 所示，单击“全盘杀毒”按钮。

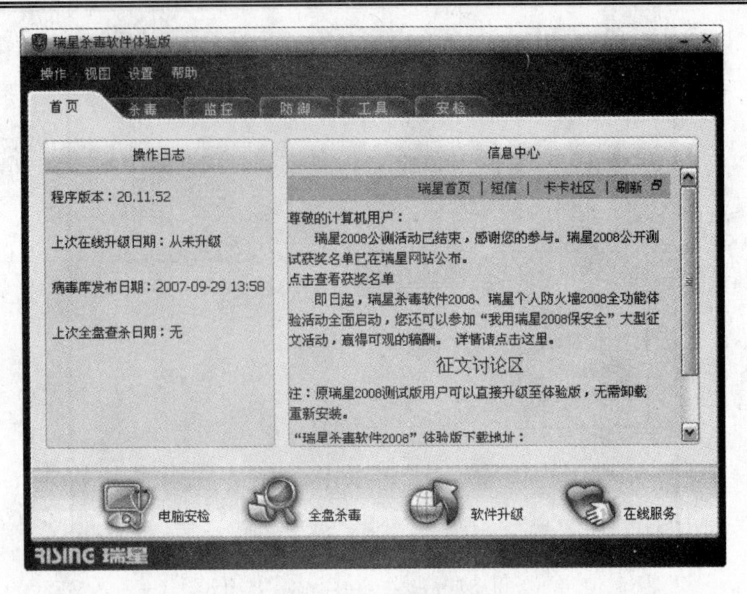

图 7-9　瑞星首页

（2）系统扫描范围包括硬盘、光驱、移动存储器等，杀毒完成，瑞星会提示扫描结果。

进行全盘杀毒需要很长的时间，但效果也是最好的，扫描范围包括计算机中的任何文件。缺点是耗时太长，用户使用该功能的时间周期可以较长。

2．对目标文件夹杀毒

用户如果只希望对指定盘符或文件夹进行杀毒，操作方法如下：

（1）单击“杀毒”选项，在“对象”区单击“查杀目标”选项，如图 7-10 所示。

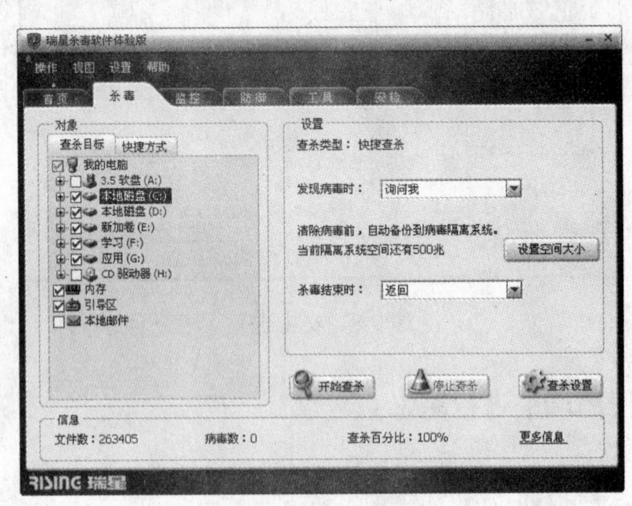

图 7-10　瑞星杀毒

（2）展开“我的电脑”树形结构图，勾选需要杀毒的复选框。然后单击“开始查杀”按钮。

用户对不信任的文件夹可以使用这种杀毒方式进行扫描，例如针对用户经常使用的 QQ、

Outlook Express 所属的文件夹进行这样的杀毒方式是非常有效的，同时它的耗时也较少。

3．快捷方式杀毒

用户可以使用该功能进行扫描，常针对用于存放下载文件的磁盘或者文件。

（1）单击“杀毒”选项，在“对象”区单击“快捷方式”选项，如图 7-11 所示。

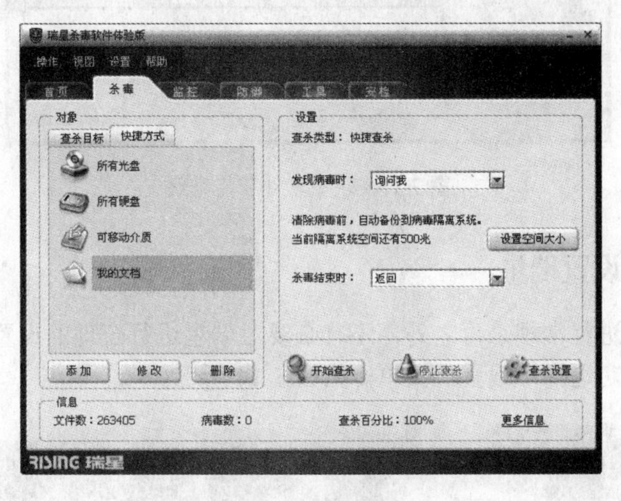

图 7-11　瑞星杀毒

（2）选择需要杀毒的目标，然后单击“开始查杀”按钮，立即开始杀毒。用户也可以根据需要单击“添加”、“修改”、“删除”按钮对杀毒的快捷方式目标进行修改。

4．杀毒软件智能升级

网络上的病毒是不断更新的，例如使用 2008 年的瑞星杀毒软件，但如果有一种病毒是 2009 年才出现的，那么用户就需要更新到 2009 年的病毒库才能对该病毒有效，所以定期更新病毒库是非常有必要的。

（1）启动瑞星，单击“首页”选项，单击“软件升级”按钮。系统自动连接瑞星升级服务器，如图 7-12 所示。

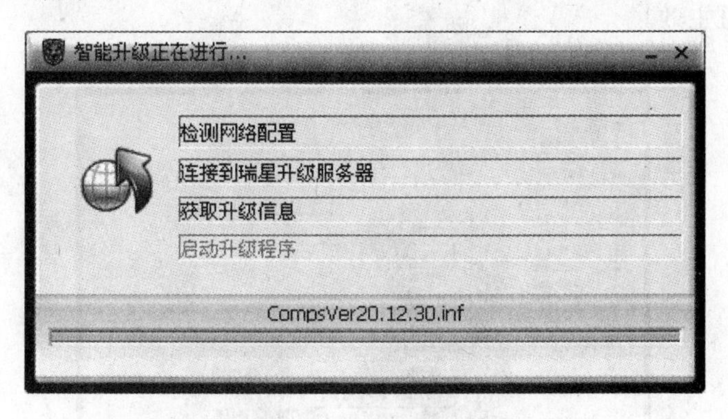

图 7-12　瑞星智能升级

（2）瑞星软件智能升级程序开始升级，如图 7-13 所示。

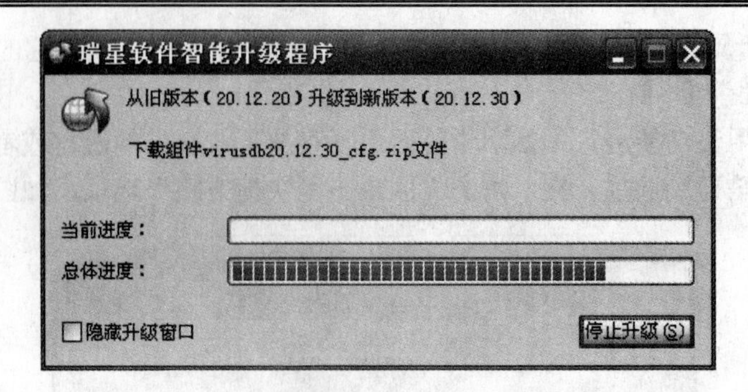

图 7-13　瑞星软件智能升级

7.1.4　任务三　设置瑞星

除了使用瑞星进行常规杀毒之外，还有必要对瑞星进行合理的设置。

（1）启动瑞星，选择“设置”菜单，如图 7-14 所示。

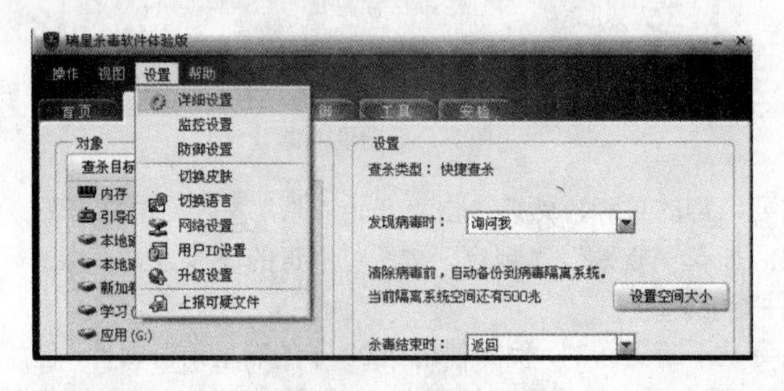

图 7-14　设置瑞星

（2）在“详细设置”子菜单中，用户可以根据需要进行自己的设置。如图 7-15 所示，在“中安全级别”中建议家庭用户将安全级别设置为“中”，商业用户设置为“高”，单击“确定”按钮即可生效。

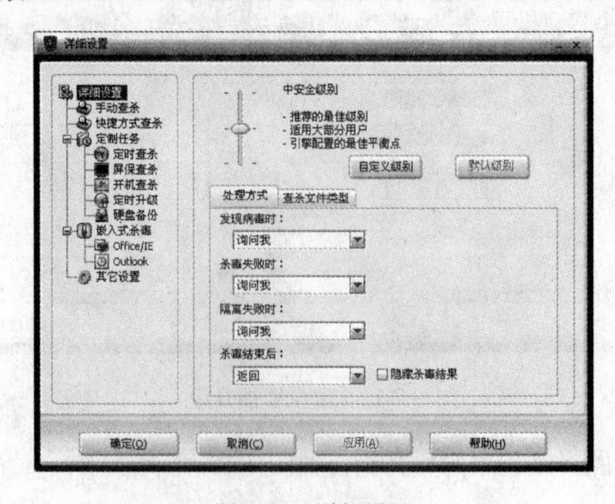

图 7-15　详细设置

7.1.5　任务四　自定义安全方案

用户除了使用系统提供的方案，还可以根据个人需要定义一套适合自己的方案。

1．嵌入

用户可以将杀毒功能嵌入到一些常用的软件中，选择“设置”→“详细设置”子菜单，打开“详细设置”对话框。在左侧树形结构中，展开“嵌入式杀毒”子树，如图 7-16 所示。

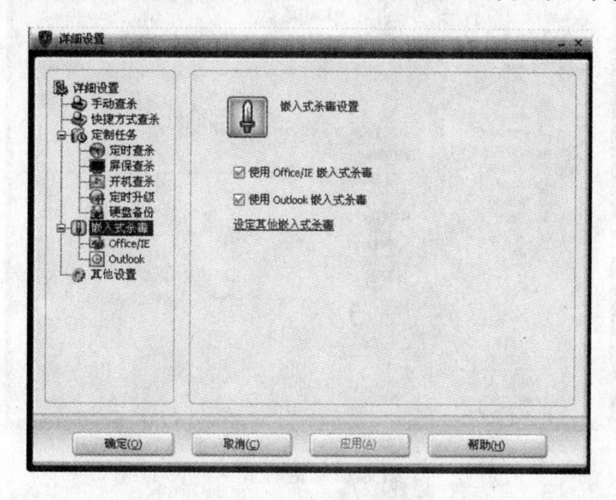

图 7-16　嵌入式杀毒

只有安装了相关的程序，瑞星才可以被嵌入，否则无法嵌入。例如用户安装了 FlashGet，如果需要嵌入杀毒软件，在图 7-16 中单击“设定其他嵌入式杀毒”，在“瑞星嵌入式杀毒设置”窗口中，如图 7-17 所示，只需要勾选“FlashGet”复选框即可。

图 7-17　瑞星嵌入式杀毒设置

2．定时查杀

用户如果需要定期进行病毒扫描，定时手动启动瑞星进行杀毒很不方便，瑞星提供了定时启动任务的功能。在“详细设置”对话框中，单击“定制任务”下的“定时查杀”，如图 7-18 所示，单击“查杀频率”选项，进行定时查杀任务设置。

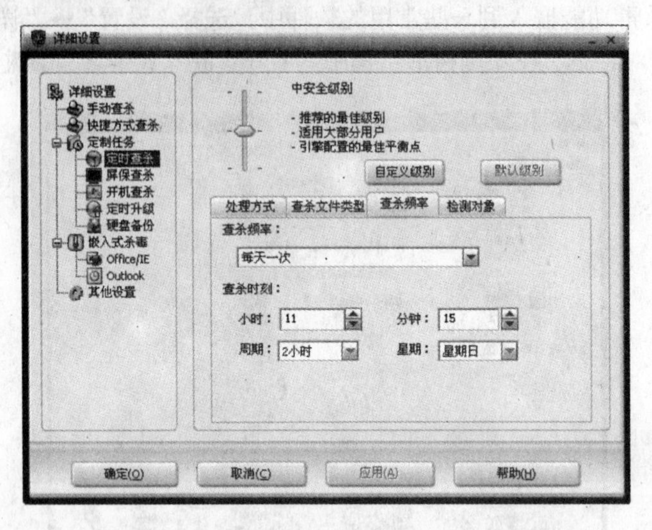

图 7-18　定时查杀

3．升级

用户如果需要定期进行病毒库升级，选择“设置”→“升级设置”子菜单，打开“定时升级”对话框，如图 7-19 所示，在此可以设置自动升级病毒库的时间和升级策略等。

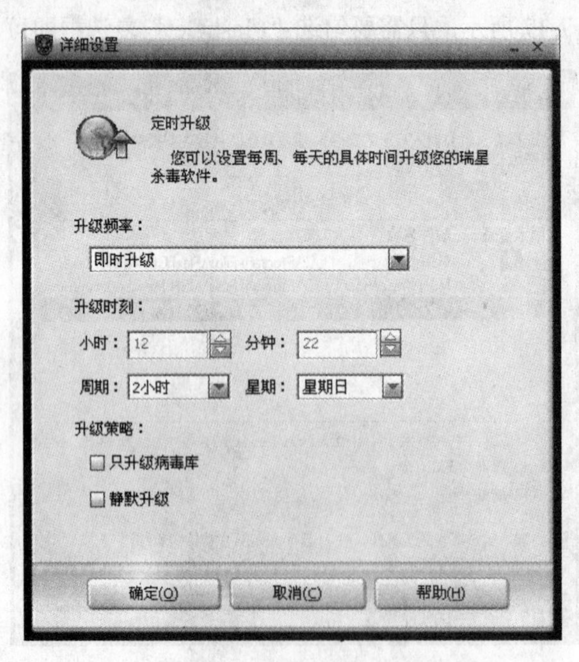

图 7-19　定时升级

4．监控设置

对于上网较多的用户，建议对“监控设置”进行必要的设置，该项设置提供了对网页、文件、邮件的监控设置。用户可以根据自己的上网习惯，勾选必要的复选框，如图 7-20 所示。

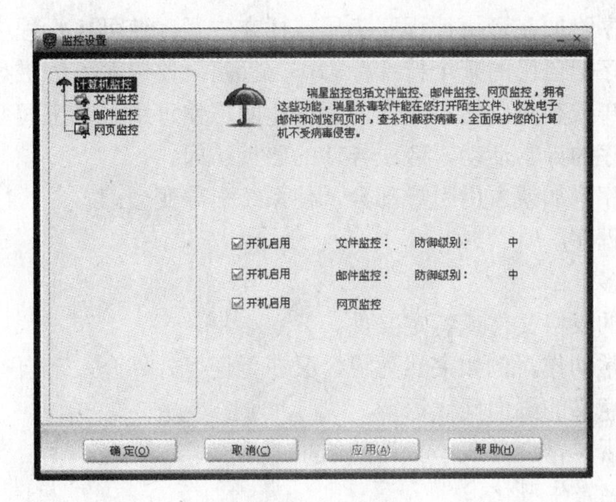

图 7-20　监控设置

7.1.6　阅读材料

1．计算机病毒的危害

计算机病毒是指可以制造故障的一段计算机程序或一组计算机指令，它被计算机软件制造者有意无意地放进一个标准化的计算机程序或计算机操作系统中。然后，病毒会依照指令不断地进行自我复制，也就是进行繁殖和扩散传播。有些病毒能控制计算机的磁盘系统，再去感染其他系统或程序，并通过磁盘交换使用或计算机联网通信传染给其他系统或程序。病毒依照其程序指令，可以干扰计算机的正常工作，甚至毁坏数据，使磁盘、磁盘文件不能使用或者产生一些其他形式的严重错误。

2．计算机病毒的传播途径

计算机病毒的传播方式主要有以下 3 种。

（1）软件传播：例如用户安装了来历不明的程序，程序中包含病毒程序，用户在安装好程序的同时病毒也会跟着存进硬盘里。

（2）网页传播：例如用户浏览某个有毒的网页，在浏览它的内容时，网页的控件也在悄悄地运行，修改用户的注册表。

（3）网络传播：这些病毒程序利用了 Windows 中的一些漏洞，通过漏洞对服务器或个人计算机进行攻击，它有点像病毒搜索引擎，谁的 Windows 有漏洞，就帮谁种病毒。

几年前，大多数类型的病毒主要通过移动存储工具传播，但是后来 Internet 引入了新的病毒传送机制。现在电子邮件被用做一个重要的企业通信工具，病毒就比以往任何时候都要扩展得快，它附着在电子邮件信息中，所以用户在查看邮件的附件时，需要先杀毒再保存。

3. 计算机感染病毒后的一般症状

从目前发现的病毒来看，计算机感染病毒后主要有以下症状：

- 由于病毒程序把自己或操作系统的一部分用坏簇隐藏起来，磁盘坏簇莫名其妙地增多。
- 由于病毒程序附加在可执行程序头尾或插在中间，使可执行程序容量增大。
- 由于病毒程序把自己的某个特殊标志作为标签，使接触到的磁盘出现特别标签。
- 由于病毒本身或其复制品不断侵占系统空间，使可用系统空间变小。
- 由于病毒程序的异常活动，造成异常的磁盘访问。
- 由于病毒程序附加或占用引导部分，使系统引导变慢。
- 丢失数据和程序。
- 死机现象增多。
- 生成不可见的表格文件或特定文件。
- 系统出现异常动作，例如突然死机，又在无任何外界介入下自行启动。
- 出现一些无意义的画面问候语等。
- 程序运行出现异常现象或不合理的结果。
- 磁盘的卷标名发生变化。
- 系统不能引导系统等。
- 在使用写保护的软盘时屏幕上出现软盘写保护的提示。
- 异常要求用户输入口令。

4. 防止计算机感染病毒的方法

阻止计算机病毒侵入系统通常只有两种方法：

（1）将计算机放置在一个受保护的“气泡”中，在现实中就意味着孤立此机器，将其从 Internet 和其他网络中断开，不使用任何软盘、光盘和其他任何可移动磁盘，从此就能确保计算机远离病毒，但同时也意味着计算机将接收不到任何信息，这样使用计算机没有多大实用意义。

（2）安装一套杀毒软件，它可以使用户的计算机免受恶意代码的攻击。接下来，将围绕如何使用杀毒软件进行介绍。

5. 杀毒软件的选择

现在市场上的杀毒软件有很多，例如国内的瑞星杀毒软件、江民杀毒软件、金山毒霸、熊猫杀毒软件等，国外的卡巴斯基、诺顿等。用户在选择使用杀毒软件时，应该着重关注可管理性、安全性、兼容性、易用性 4 个方面，下面对这 4 个指标进行简单的介绍。

（1）可管理性：体现了网络杀毒软件的管理能力，主要包括了集中管理功能、杀毒管理功能、升级维护管理功能、警报和日志管理功能等几个部分，是网络杀毒软件杀毒能力在管理层次的体现。

（2）安全性：主要是对于用户认证、管理数据传输加密等方面的考虑，同时也涉及管理员对于客户端的某些强制手段。

（3）兼容性：主要是用于管理、服务、杀毒的各个组件对于操作系统的兼容性，直接体现了网络杀毒软件或解决方案的可扩展能力和易用程度。

（4）易用性：主要是指是否符合用户的使用习惯，例如作为中国境内销售的软件，易用性中最主要的一个因素就是中文本地化的问题，还有就是对用户文档在易理解性和图文并茂等方面的要求，可以有效地保证用户在短时间内掌握网络杀毒软件的基本使用方法和技巧。

以上特性是相辅相成的一个有机整体，有些特性，如安全性和易用性，是一种需要平衡的矛盾，也就是说安全性高的产品通常易用性就会有所下降，这是不可避免的，需要根据产品面向的行业、领域和应用规模找到一个平衡点。

7.2　项目二　防止黑客攻击

7.2.1　预备知识

一般来说，杀毒软件功能比较全，它能查杀很多网络病毒，但光是查杀病毒对网络安全来说是不够的，所以还需要使用网络防火墙来监视系统的网络连接和服务，用来加强网络安全并且防止最基础的黑客攻击。

防火墙是指一种将内部网和因特网（Internet）分开的方法，实际上是一种隔离技术。防火墙是在两个网络通信时执行的一种访问控制尺度，它能允许用户“同意”的人和数据进入网络，同时将用户“不同意”的人和数据拒之门外，最大限度地阻止网络中的不明身份者来访问用户的网络，防止他们更改、拷贝、毁坏用户的重要信息。防火墙安装和投入使用后，并非万事大吉，要想充分发挥它的安全防护作用，必须对它进行跟踪和维护，要与商家保持密切的联系，时刻注视商家的动态。因为商家一旦发现其产品存在安全漏洞，就会尽快发布补丁（Patch）产品，用户需要及时对防火墙进行更新。

长久以来，存在一个专家级程序员和网络高手的共享文化社群，其历史可以追溯到几十年前第一台分时共享的小型机和最早的ARPAnet实验时期。这个文化的参与者们创造了“黑客”这个词。黑客们建起了Internet，使UNIX 操作系统成为今天的样子，搭起了Usenet，让WWW正常运转。

另外还有一群人，他们自称为黑客，实际上却不是，他们只是一些蓄意破坏计算机网络的人。真正的黑客把这些人叫做“骇客（Hacker）”，并不屑与之为伍。多数真正的黑客认为骇客们是些不负责任的懒家伙，并没什么真正的本事。他们之间的根本区别是：黑客们建设，而骇客们破坏。

7.2.2　任务一　使用Windows防火墙

如果用户安装了Windows XP SP2 版本的操作系统，由于该系统自带有防火墙，用户在没有使用其他防火墙时，可以选择开启此防火墙。

1．进入Windows防火墙

（1）在桌面上选择“开始”→“设置”→“控制面板”，如图7-21所示。

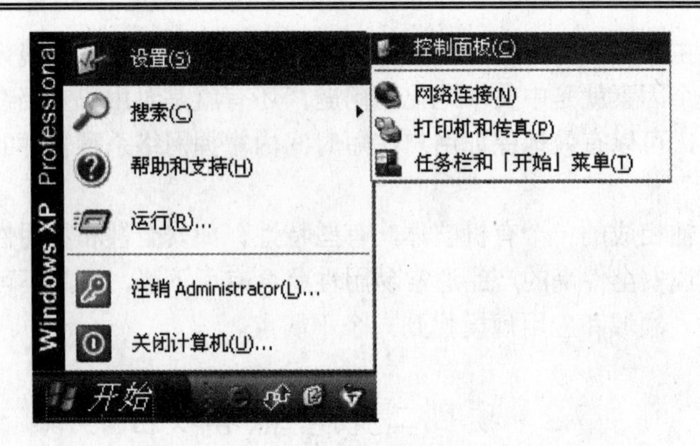

图 7-21　进入控制面板

（2）进入控制面板，双击“Windows 防火墙”图标，打开如图 7-22 所示窗口。

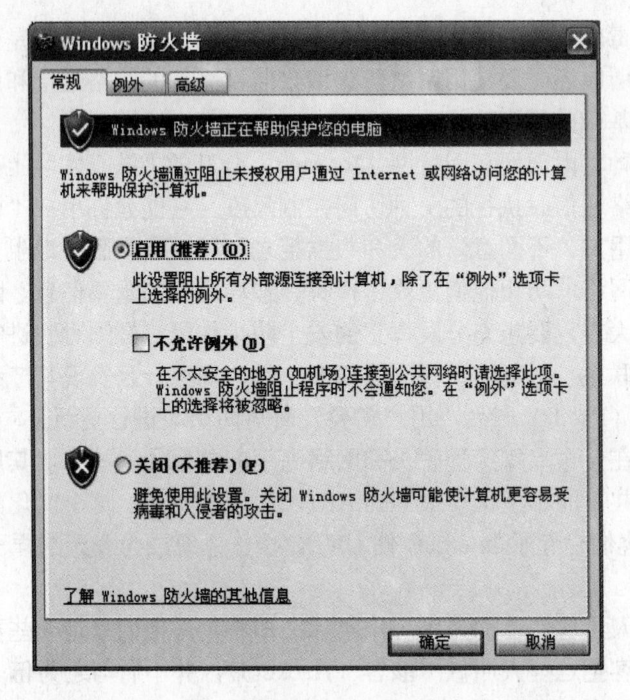

图 7-22　Windows 防火墙

2．启动 Windows 防火墙

（1）如图 7-22 所示，选中“启用（推荐）”单选按钮，则启动 Windows 防火墙，如果要关闭防火墙，选中“关闭（不推荐）”单选按钮。

（2）单击“例外”选项，进入“例外”选项卡，如图 7-23 所示。由于我们在上网过程中有些应用程序需要访问外网，我们可以在“程序和服务”列表框中添加允许访问 Internet 的程序，其他程序都禁止访问 Internet。

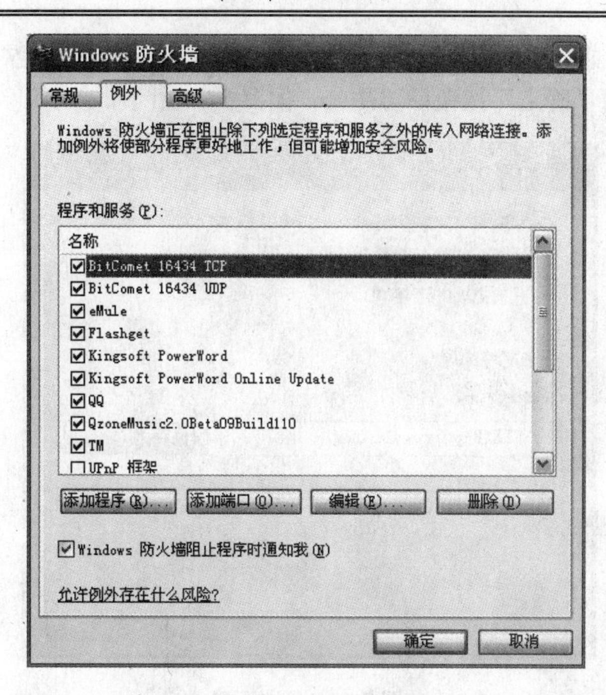

图 7-23　“例外”选项卡

3. Windows 防火墙高级设置

在“Windows 防火墙”对话框中，单击“高级”选项，进入“高级”选项卡。

（1）如果用户有多种连接方式，如图 7-24 所示，勾选连接方式的复选框可对指定的连接开启防火墙。

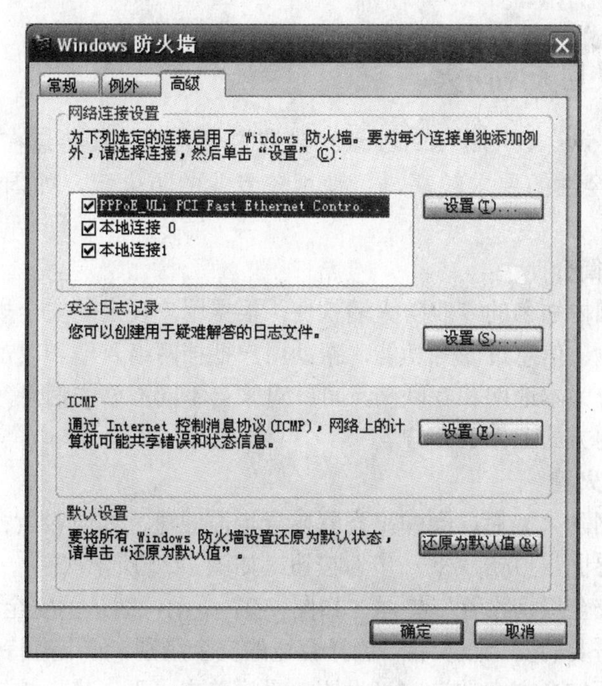

图 7-24　“高级”选项卡

（2）在“安全日志记录”区域中，用户单击“设置”按钮，可设置安全日志的路径及文件大小上限，单击“确定”按钮即可生效，如图 7-25 所示。

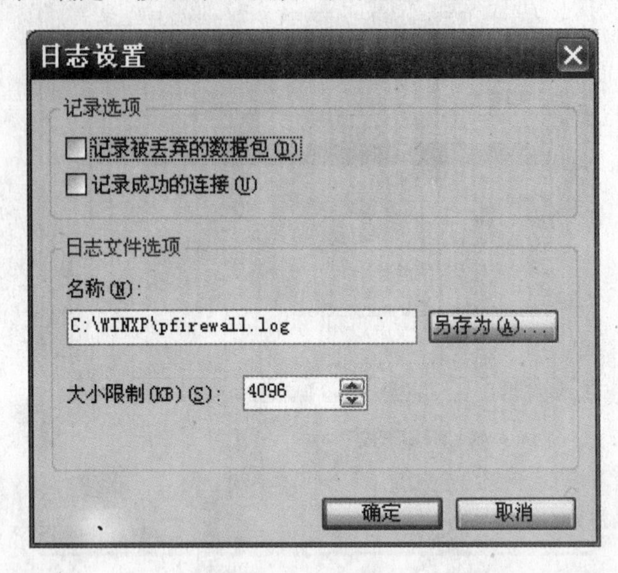

图 7-25　日志设置

在 Microsoft Windows XP SP2 中，Windows 防火墙在默认情况下处于打开状态，但是，一些计算机制造商和网络管理员可能会将其关闭。用户不一定要使用 Windows 防火墙，也可以安装和运行用户选择的任何防火墙。评估其他防火墙的功能，然后确定哪种防火墙能最好地满足用户的需要。如果用户选择安装和运行另一个防火墙，需要关闭 Windows 防火墙。

7.2.3　任务二　使用天网防火墙

Microsoft Windows XP Service Pack2 自带的防火墙，其特点在于界面简单、易上手。如果用户对安全性的要求较高，可使用较专业的防火墙，如国内使用率较高的天网防火墙。

1．天网防火墙简介

天网防火墙是国内知名的专业防火墙软件，根据用户设定的安全规则严格把守网络，提供强大的访问控制、信息过滤等功能，帮助用户抵挡网络入侵和攻击，防止信息泄露。天网防火墙把网络分为本地网和互联网，可针对来自不同网络的信息，来设置不同的安全方案，适合于以任何方式上网的用户。

2．安装天网防火墙

用户在安装天网防火墙后，会弹出设置向导，需要进行如下设置：

（1）进入欢迎界面，单击“下一步”按钮，如图 7-26 所示。

（2）切换至“安全级别设置”界面，如图 7-27 所示，默认的安全级别为“中”，我们可以根据网络应用需要的安全重要性，选择合适的安全级别。如果有特殊要求，可选中“自定义”单选按钮进行安全方案的自定义设置，最后单击“下一步”按钮。

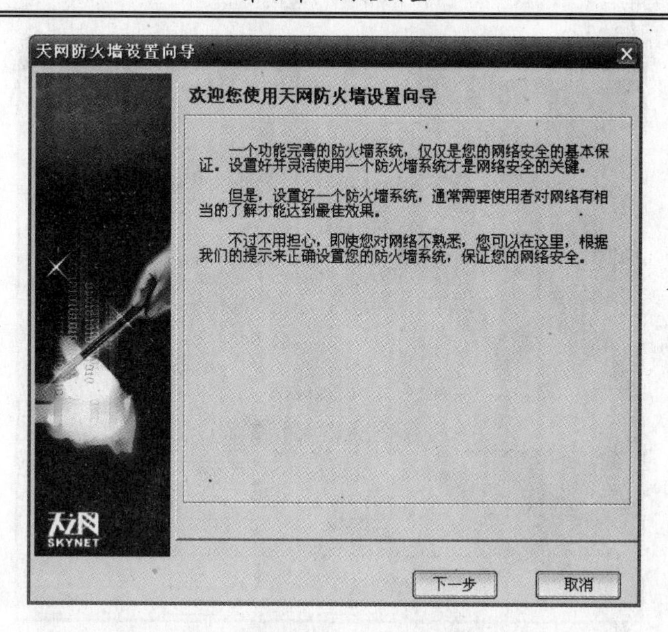

图 7-26　天网防火墙设置向导

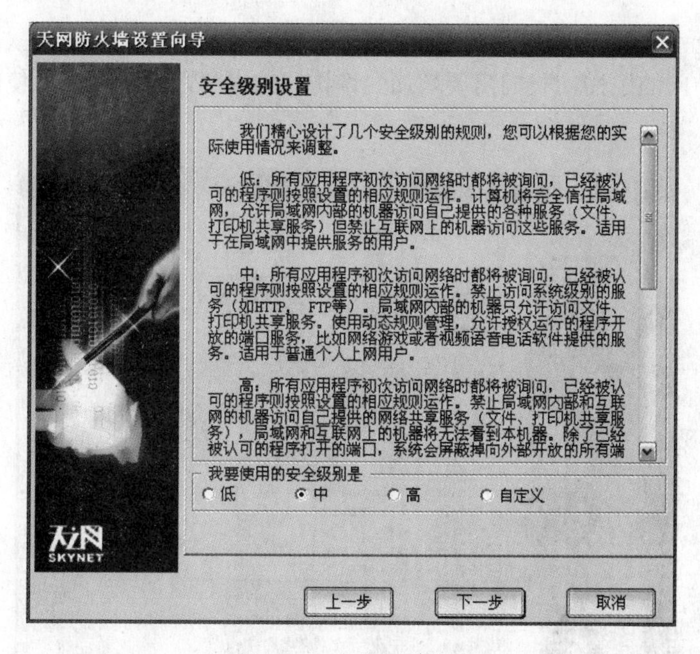

图 7-27　安全级别设置

（3）计算机如果在局域网中使用，需要填入本机的 IP 地址，一般天网会自动侦测到，我们可进行修改。建议勾选“开机的时候自动启动防火墙”复选框，这样在开机后，计算机将自动开启防火墙，如图 7-28 所示。

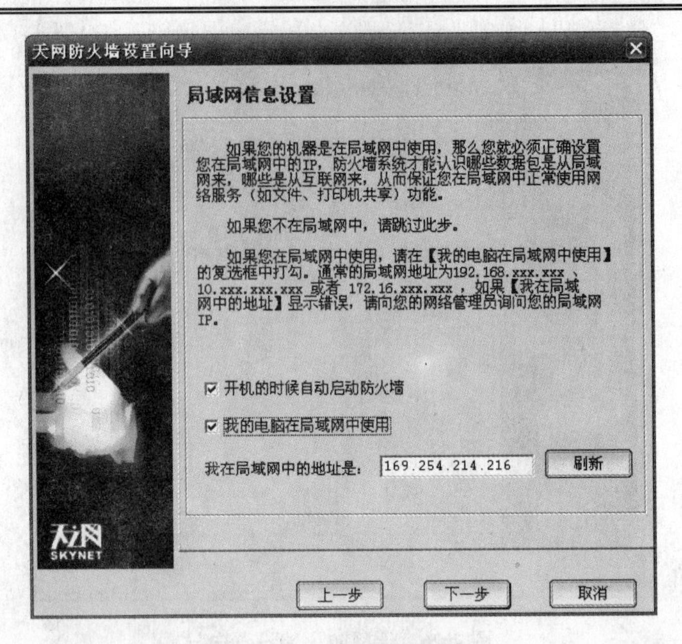

图 7-28　局域网信息设置

（4）切换至“常用应用程序设置”界面，在程序列表框中，天网在默认情况下只开放 Windows 需要访问的组件，我们需要增加允许访问的程序，可以在以后使用的时候添加，如图 7-29 所示。

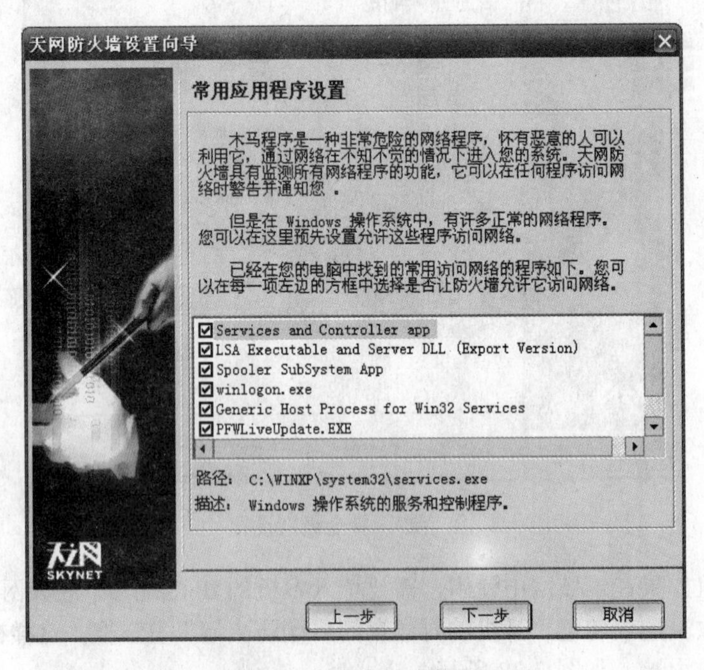

图 7-29　常用应用程序设置

（5）切换至“向导设置完成”界面，提示向导完成，单击“结束”按钮，如图 7-30 所示。

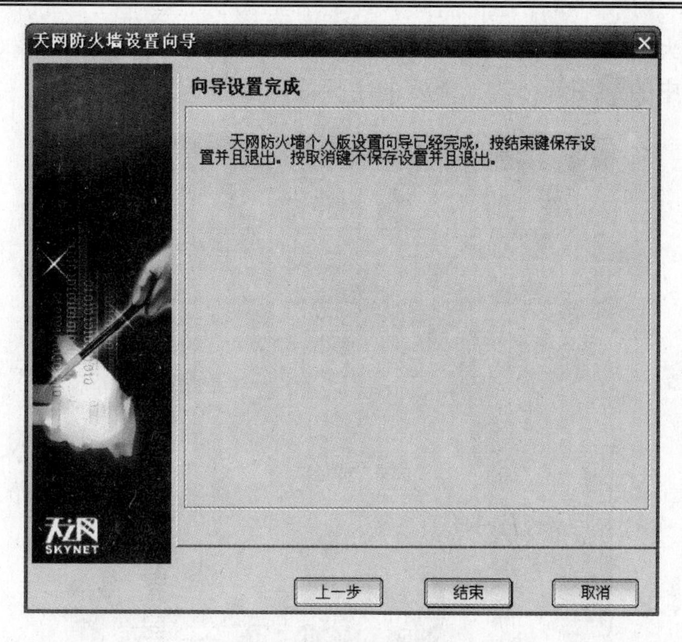

图 7-30　向导设置完成

3. 设置天网防火墙

计算机重新启动后，系统启动天网防火墙，并会依次弹出对话框询问我们是否允许天网防火墙相关的程序访问网络。建议都勾选“该程序以后都按照这次的操作运行”复选框，单击“允许”按钮，如图 7-31 所示。

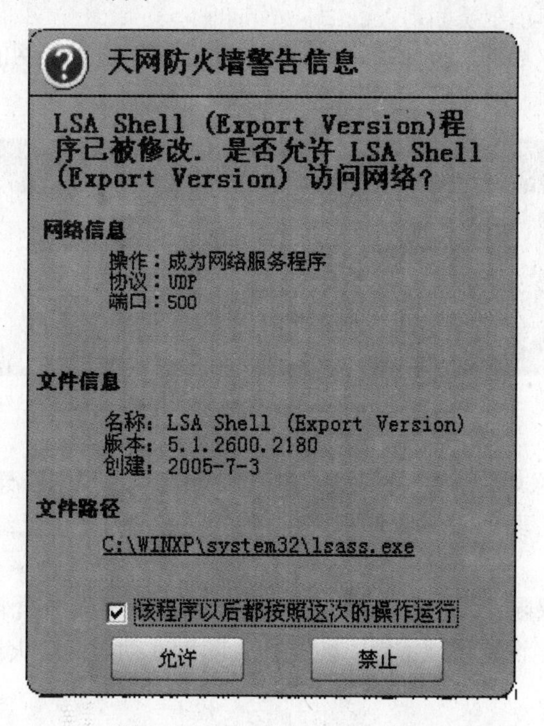

图 7-31　天网防火墙警告信息

进入天网防火墙的主界面

单击任务栏中的图标，进入天网的主界面，如图 7-32 所示。

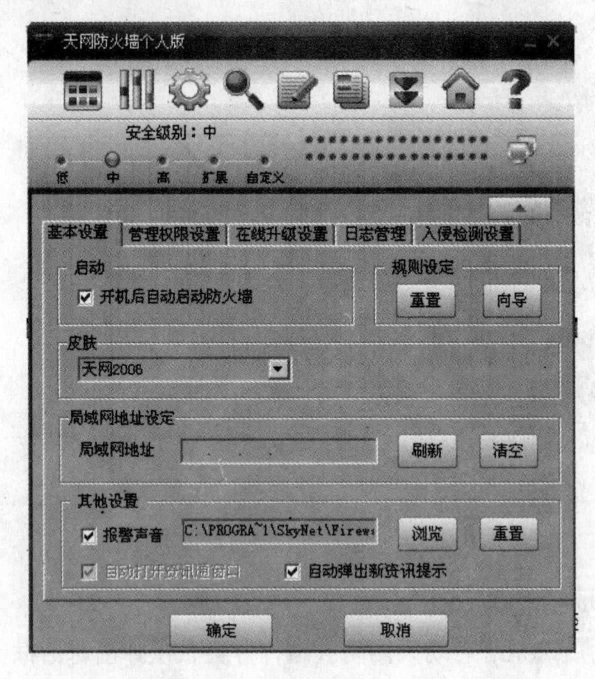

图 7-32　天网防火墙个人版

天网防火墙的设置

（1）弹出天网防火墙的主界面后，单击“设置”按钮进入天网的设置界面，如图 7-33 所示。

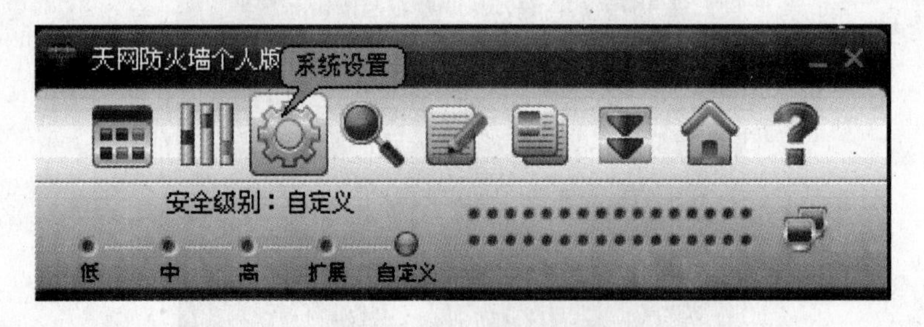

图 7-33　天网防火墙系统设置

（2）进入天网防火墙后，默认将进入“基本设置”选项卡。建议勾选“开机后自动启动防火墙”复选框，其他设置我们在天网的安装配置向导中已经设置完毕，基本可以不改动。

（3）单击“管理权限设置”选项，进入“管理权限设置”选项卡，如图 7-34 所示。单击“设置密码”按钮，设置管理密码，防止他人随意改动天网防火墙的设置。

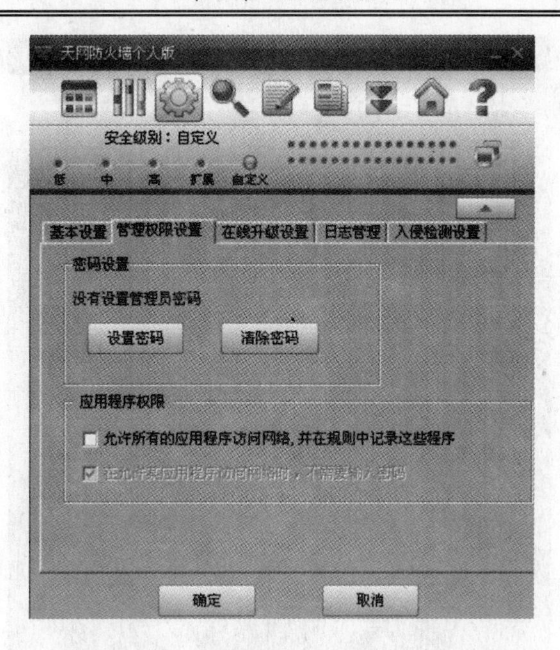

图 7-34　“管理权限设置”选项卡

（4）单击“在线升级设置”选项，进入“在线升级设置”选项卡，如图 7-35 所示。建议选中“有新的升级包就提示”单选按钮，这样可以使天网的安全性不断提高。

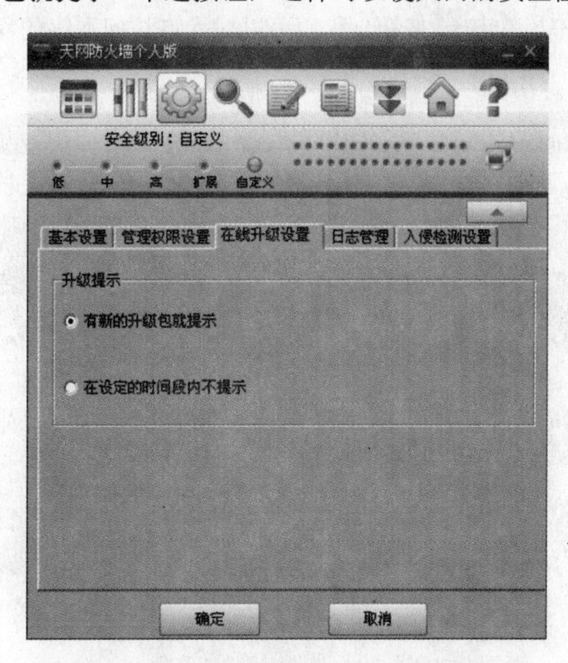

图 7-35　“在线升级设置”选项卡

（5）单击“日志管理”选项，进入“日志管理”选项卡，如图 7-36 所示。建议不需要安全日志的用户勾选“自动保存日志”复选框，最后单击“确定”按钮。

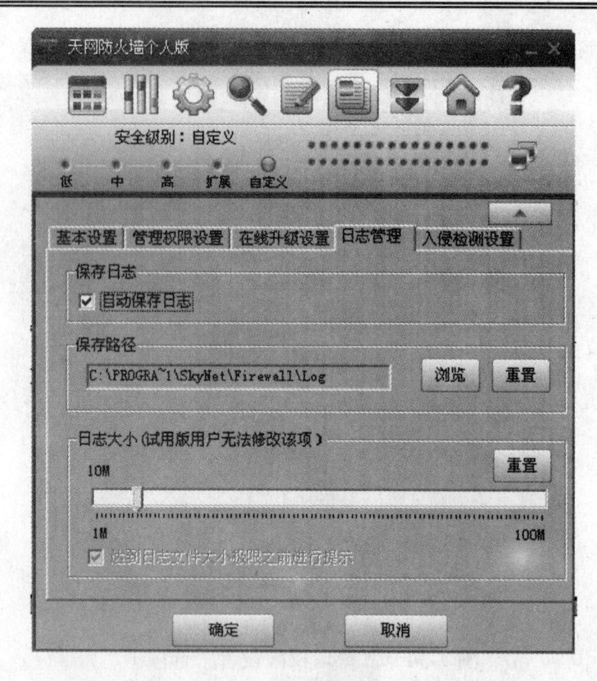

图 7-36　“日志管理”选项卡

应用程序规则

在天网的主界面中，单击按钮，我们可以对允许访问网络的程序进行权限修改，如图 7-37 所示。

图 7-37　应用程序访问网络权限设置

在“应用程序访问网络权限设置”区域中，将所有允许访问网络的应用程序进行列表，例如如果我们需要改动 Outlook 的访问权限，设置方法如下：

（1）选中“ √ ”为允许该程序访问网络。选中“ ？ ”为提示用户是否允许该程序访问网络。

（2）选中“ × ”为禁止该程序访问网络。

4．天网防火墙在网络中的应用

天网防火墙在启动以后，只要是没有经过允许的程序访问网络，都会受到询问。

例如，用户安装好天网防火墙之后运行 QQ，由于 QQ 需要访问网络，又没有在天网允许范围之内，所以天网会提示用户是否允许 QQ 访问网络，如图 7-38 所示。

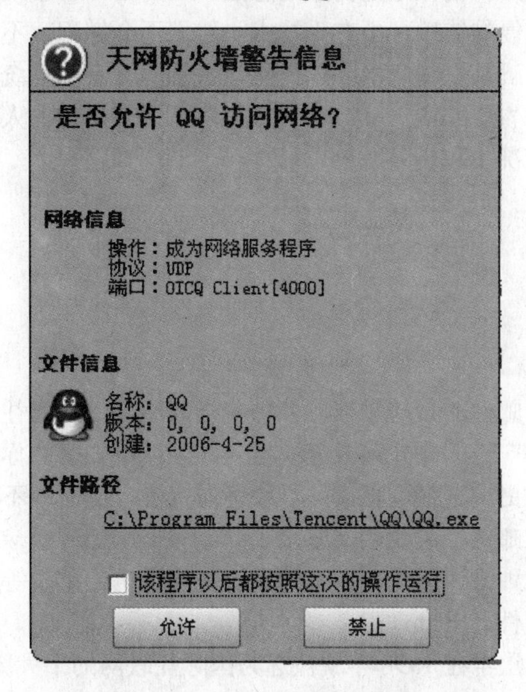

图 7-38　天网防火墙警告信息

对于这些需要访问网络的程序，我们可勾选“该程序以后都按照这次的操作运行”复选框，并单击“允许”按钮。

提示：如果面对陌生访问网络申请，我们可选择“禁止”，阻止该程序非法访问网络。

7.2.4　阅读材料

黑客是对英语 Hacker 的翻译，Hacker 原意是指用斧头砍伐的工人，最早被引进计算机领域则可追溯到 20 世纪 60 年代。他们破解系统或者网络基本上是一项业余爱好，通常是出于自己的兴趣，而非为了赚钱或工作需要。

加州柏克莱大学计算机教授 Brian Harvey 在考证此字时曾写道，当时在麻省理工学院中（MIT）的学生通常分成两派，一是 Tool，意指乖乖牌学生，成绩都拿甲等；另一则是所谓的 Hacker，也就是常逃课，上课爱睡觉，但晚上却又精力充沛喜欢搞课外活动的学生。

这跟计算机有什么关系？一开始并没有。不过当时 Hacker 也分等级，就如同 Tool 用成绩比高下一样。真正一流 Hacker 并非整天不学无术，而是会热衷追求某种特殊嗜好，比如研究电话、铁道（模型或者真的）、科幻小说、无线电，或者是计算机。也因此后来才有所谓的 Computer Hacker 出现，意指计算机高手。

有些人很强调黑客和骇客的区别，根据开放原始码计划创始人 Eric Raymond（他本人也是个著名的 Hacker）对此字的解释，Hacker 与 Cracker（一般译为骇客，有时也叫“黑帽黑客”。）是分属两个不同世界的族群，基本差异在于，黑客是有建设性的，而骇客则专门搞破坏。对一个黑客来说，学会入侵和破解是必要的，但最主要的还是编程。毕竟，使用工具是体现别人的思路，而程序是自己的想法。一句话——编程实现一切。对于一个骇客来说，他们只追求入侵的快感，不在乎技术，他们不会编程，不知道入侵的具体细节。还有一种情况是试图破解某系统或网络以提醒该系统所有者的系统安全漏洞，这群人往往被称做“白帽黑客”或“匿名客”（sneaker）或红客。许多这样的人是计算机安全公司的雇员，并在完全合法的情况下攻击某系统。

7.3　项目三 防止垃圾邮件

7.3.1　预备知识

随着人们利用电子邮件的日趋频繁，各种各样的小广告一改往日发传单、贴墙贴、出册子的方式，都以邮件广告的方式铺天盖地地向知名或不知名的你发来，因为这种广告方式一则成本极低，再则更加直接，直接面对最终消费者。然而并不是所有的广告对我们有用，也不是所有的广告邮件都是我们情愿接收的。有一些邮件对接收者根本就没有任何实际意义，纯属服务器某种错误引起，还有的是一些病毒携带邮件等，在现代文明的今天我们称这些邮件为垃圾邮件（Spam）。

垃圾邮件的日益泛滥早在 1998 年就被选为国际互联网的十大新闻之一。由此可见垃圾邮件在当今网络社会中的危害之大，影响之广。然而要想真正防止这些垃圾的入侵并非易事，这些垃圾邮件制造者是如何获取大量的邮箱地址的以及我们该如何减少垃圾邮件的干扰？这是我们急需关心的问题。

7.3.2　任务一　使用 Outlook 2003 阻止垃圾邮件

1．Outlook 2003 中有助于阻止不需要的电子邮件的特性

1）垃圾邮件筛选器

Outlook 2003 使用 Microsoft Research 开发的最新技术来判断一个邮件是否被认为是垃圾邮件。这个筛选器不能单独排除任何特定的发件人或特定的电子邮件类型。但是，它使用更先进的技术来判断有多大的可能性被认定为垃圾邮件。

在默认情况下，这个筛选器被设定为低保护级别，用来截获最明显的垃圾邮件。被筛选器截获的邮件将被转移到指定的垃圾邮件文件夹中，在那里你可以访问到这些邮件。如果你需要，你可以将筛选器设置的更为严格（有可能会筛选掉合法的邮件）。甚至还可以设

置 Microsoft Office Outlook 2003 使它永久删除垃圾邮件。

2）安全发件人列表

如果筛选错误地将邮件标记为垃圾邮件，你可以将此邮件的发件人添加到安全发件人列表。来自安全发件人列表中的邮件地址和域名的邮件永远不会被视为垃圾邮件，而不考虑邮件内容。默认情况下，联系人中的邮件地址会包含在此列表中。因此，来自联系人文件夹中包含的那些人的邮件永远不会被视为垃圾邮件。如果使用的是 Microsoft Exchange Server 电子邮件账户，公司内部的邮件将不会被认为是垃圾邮件。你还可以配置 Outlook 使其仅接受来自“安全发件人列表”中的联系人的邮件，这样就可以完全控制进入收件箱的邮件。

3）阻止发件人列表

通过将某个邮件地址或域名添加到此列表很容易就可以阻止来自这些发件人的邮件。来自此列表中的人或域名的邮件无论其内容如何都被视为垃圾邮件。

4）安全收件人列表

如果你属于邮件列表或分发列表，则可将这些姓名添加到你的安全收件人列表，这样发往这些邮件地址或域名的邮件无论其内容如何都永远不会被视为垃圾邮件。

5）自动更新

你可以通过 Microsoft 的定期更新来更新你的垃圾邮件筛选器，这样你就能够获得阻止不需要邮件的最新方法。Microsoft 保证提供垃圾邮件筛选器的定期更新。

默认情况下，Outlook 2003 的垃圾邮件筛选器功能是打开的。在 Outlook 2003 第一次将邮件移到垃圾邮件文件夹时，它会通过对话框对你加以提醒。

2．如何更改 Outlook 2003 中的垃圾电子邮件设置

（1）在“工具”菜单中，选择“选项”。

（2）在“选项”对话框中，在电子邮件区域，单击“垃圾邮件”按钮。

（3）选择垃圾邮件的保护级别，单击“确定”按钮。

3．要将一个发送人添加到安全发送人列表、安全收件人列表或阻止发件人列表

（1）在邮件的发件人上右击。

（2）指向“垃圾邮件”，然后单击“将发件人添加到安全发件人列表或将发件人添加到阻止发件人列表或将收件人添加到安全收件人列表”。

7.3.3 任务二 有效拒收垃圾邮件

只要你使用某个电子信箱，该地址迟早会落入垃圾信制造者手中，因为我们不可能不把你自己的邮件地址告诉其他人，况且至少你所申请邮箱的 ISP/ICP 知道，再一个如果不告诉任何人那申请邮件地址又有什么意义呢？所以如果想不让你的邮箱不落入 Spammer 手中确实很难；但我们可以通过一些方法达到拒收这些垃圾邮件的目的，毕竟主动权还是在我们手中！

1．ISP/ICP 发来的垃圾邮件

有些垃圾邮件本身就是一些 ISP 或 ICP 发来的，收到这种垃圾邮件的最好处理方法是先停止使用这个邮箱。这种垃圾邮件一般来说有确切的发信地址，我们可以通过邮件规则来限制这类垃圾邮件的接收，直接在服务器上删除它。

2．一些商业广告垃圾邮件

这类邮件多数是你在申请邮箱时自己申请的，或者是一般购物网站知道你有这方面的需求后向你发信的。对于这类垃圾邮件我们最好的办法还是直接发信给这类网站的管理人员，告诉你已没有某方面的需求了，请他们不要再发信给你，因为这类广告垃圾邮件一般来说所写的发信地址是真实的，因为他们的目的毕竟还是要你与他们联系，购买他们推荐的产品或服务。

3．一些来历不明的垃圾邮件

对于这类垃圾邮件是最让人头痛的，因为他们一般没有明确发信人的邮箱地址，或者所写的邮箱根本就是假的，如果采取上述两种方法显然是行不通的了，我们只好自己努力了。这时候研究信头就是追踪垃圾邮件来源比较方便的方法了。

4．尽可能少的让你的邮箱落入 Spammer 之手

上面拒收垃圾邮件的方法太被动，只有当垃圾邮件来了才能这么做，其实我们还可以更主动一点，就是尽量少的减少自己的邮箱落入 Spammer 手中，这样从很大程度上杜绝了垃圾邮件对你的入侵。这种主动方法主要是针对邮箱泄露的种种根源来采取的。

1）使用特殊的方法书写邮箱地址

前面提到，现在有邮箱地址自动收集机，那些 Spammer 有相当一部分就是通过这种软件来达到收集成千上万个邮箱地址的，针对这种情况我们也有相应的办法。邮箱地址自动收集机自动收集的原则就是根据邮箱地址的特征字符“@”来搜索的。如果我们对自己的邮箱地址进行适当地修改，那么这些自动收集机就会失去作用，如把“@”符号改写为“AT”（与@的英语读法一样），邮箱地址其中的“.”号也用“DOT”（“.”的英语单词）代替，则一般的自动收集机不会识别你的邮箱地址了。当然这也是就目前能做的，因为这些自动收集机的搜集规则也可更改，说不定哪一天在搜集邮箱地址时范围同样包括了以上字符时，这样的更改也就没有作用了，但至少目前这样可行，况且这么多邮箱地址不可能全都一下都改成为上述方法标识，那些自动搜集机的搜集规则根本没有必要进行修改，因为现在邮箱地址太多了，随便搜集一下就会有很多。况且这种更改一般只对与你认识的朋友使用，新朋友还得向他解释。

2）采用“密件抄送”方式发送

当需要给两个以上的朋友发信时，通常在收件人后面填上一大堆单独地址是最不明智的发信方式。

一方面，它毫无意义地增大了信件的长度。这是因为所有的收件人后面的地址都会出现在每个接收者的信件里；另一方面，这种发信方式常常为垃圾信制造者所利用，设想一下假设那 100 个地址里，有一个是垃圾信制造者的，那不是把另 99 个邮件地址免费送上门吗？所以建议使用邮件软件的“密件抄送”功能，这样做就不会有这种麻烦，因为“密件抄送”后面的地址是不会出现在接收方的信头里的，所以每个收信人不会从他收到的 E-mail 中知道其他收信人的地址。

另外，如果你很喜欢在“收件人”中写上这些收件人的名字的话，也可以在地址簿里先创建一个组，把你所有要发信去的朋友的信箱地址都放入这个组中，发信时在“收件人”

后填上这个组名即可，这样接收者仅只可看到组名而看不到其他人的地址了。

7.3.4　阅读材料

有时当我们收到一封邮件，但发信人我们根本就不认识或不知道，我们就怀疑为什么他们会知道自己的邮箱呢？就像我们在书信时代收到一封匿名的信件一样。如果这封邮件真的对你有用那还好说，如果是一点用都没有，如果还是带有病毒之类的垃圾邮件，你一定非常痛恨为那些发信人提供你的邮箱的个人或单位，但我们又有什么办法呢？那么垃圾邮件制造者是如何获取大量的邮箱地址的呢？

一般看来这些垃圾邮件制造者主要通过以下几种途径获取大量的邮箱地址。

1．各类信箱自动收集机

对于一个开放的、四通八达的互联网来说，真是“林子大了，什么鸟儿都有”，大家都知道利用互联网可以做许多原来难以办到的事，正因为有这种需要，所以也就有人专门从事这门职业。如现在所说的邮件地址自动收集机，因为有些个人和单位出于某种目的需要大量邮箱地址，但如凭人工去收集是比较困难的，所以就有人专门开发出一种这样的软件，让软件来代替人自动在网上收集，比人快上不知多少倍，花钱又少，而且准确无误。

有人根据 Altavista 这种网页自动搜索机器人的原理，编了一些软件，没日没夜地在网上爬，收集每个页面上的信箱地址，有许多黄页公司数据库里的大量 E-mail 地址就是这样获得的（当然他们不一定是垃圾信制造者）。其他还有许多专门针对新闻组、BBS 等的专项信箱收集机。此类软件在网上大大小小的 Spammer 站点上到处可以免费下载。更有一些商业网站的网管，在他们的邮件服务器上放置“信头扫描机”，通过扫描出入该服务器的所有 E-mail 的信头，收集信箱地址。

2．人工收集

这类方法当然较前一种笨许多，但也是出于无奈（还没有找到自己收集邮箱地址的软件或不想出那笔钱，或者为了追求实用性），这一方法更多的是一些“技术落后”的个人垃圾信制造者所用。他们主要靠人工收集，靠登录到他人服务器，获取用户列表等方法来收集信箱。此类垃圾信制造者虽然取得的信箱数量不像自动软件那么多，但是他们因为靠人工分析，所获得的邮箱大多是一些真实地址，危害更大。

3．金钱收买

垃圾信制造者有时也许出钱（现在的行情是一个地址几分到几毛不等），或者以信箱换信箱的方式交换他们收集来的地址，也有一些贪财的人，将他们的朋友或朋友的朋友的地址出卖给垃圾信制造者。

4．邮件列表

最后值得一提的是邮件服务器的列表功能，因为常用的邮件列表服务器软件，像 Listserv、Majordomo，如果网管忘了关掉和限制一些“危险”的功能很容易被垃圾信制造者利用，因为我们知道邮件列表本来就是设计成可以通过某个地址向全部订户发信的，还可有选择性地向某个工作组或某一类用户全部发信，如 Msmail Server、Exchange Server 等。

2008 年圣诞的时候，南方一家网络公司的邮件列表不知怎么就被人利用，变成谁都可以通过这个地址，向该公司数据库里的所有 E-mail 地址发信。

7.4 小　　结

本章描述了如何安装和使用防病毒软件、如何防止黑客攻击以及如何防止垃圾邮件等。学习者应具备计算机网络安全知识的能力。

7.5 能力鉴定

本章主要为操作技能训练，能力鉴定以实作为主，对少数概念可以教师问学生答的方式检查掌握情况，能力鉴定调查如表 7-2 所示。

表 7-2　能力鉴定

序号	项　目	鉴 定 内 容	能	不能	教师签名	备注
1	项目一 计算机病毒	安装瑞星				
2		使用瑞星进行杀毒				
3		设置瑞星				
4		自定义安全方案				
5	项目二 防止黑客攻击	使用 Windows 防火墙				
6		使用天网防火墙				
7	项目三 防止垃圾邮件	使用 Outlook 2003 阻止垃圾邮件				
8		有效拒收垃圾邮件				

习　题　7

一、选择题

1. 电子邮件的发件人利用某些特殊的电子邮件软件在短时间内不断重复地将电子邮件寄给同一个收件人，这种破坏方式叫做____。

A. 邮件病毒　　B. 邮件炸弹

C. 特洛伊木马　　D. 蠕虫

2. 预防“邮件炸弹”的侵袭，最好的办法是____。

A. 使用大容量的邮箱　　B. 关闭邮箱

C. 使用多个邮箱　　D. 给邮箱设置过滤器

3. 关于电子邮件不正确的描述是____。

A. 可向多个收件人发送同一消息

B．发送消息可包括文本、语音、图像、图形

C．发送一条由计算机程序做出应答的消息

D．不能用于攻击计算机

4．小王想通过 E-mail 寄一封私人信件，但是他不愿意别人看到，担心泄密，他应该____。

A．对信件进行压缩再寄出去　　B．对信件进行加密再寄出去

C．不用进行任何处理，不可能泄密　　D．对信件进行解密再寄出去

5．在网络中个人隐私的保护是谈得比较多的话题之一，以下说法中正确的是____。

A．网络中没有隐私，只要你上网你的一切都会被泄露

B．网络中可能会泄露个人隐私，所以对于不愿公开的秘密要妥善管理

C．网络中不可能会泄露隐私

D．网络中只有黑客才可能获得你的隐私，而黑客又很少，所以不用担心

6．小李很长时间没有上网了，他很担心自己电子信箱中的邮件会被网管删除，但是实际上_____。

A．无论什么情况，网管始终不会删除信件

B．每过一段时间，网管会删除一次信件

C．除非信箱被撑爆了，否则网管不会随意删除信件

D．网管会看过信件之后，再决定是否删除它们

7．目前，在互联网上被称为“探索虫”的东西是一种____。

A．财务软件　　B．编程语言

C．病毒　　D．搜索引擎

8．现有的杀毒软件做不到____。

A．预防部分病毒　　B．杀死部分病毒

C．清除部分黑客软件　　D．防止黑客侵入电脑

9．保证网络安全的最主要因素是 ____。

A．拥有最新的防毒防黑软件　　B．使用高档机器

C．使用者的计算机有安全素养　　D．安装多层防火墙

二、问答题

1．如何有效地防止计算机病毒？

2．如何有效地拒收垃圾邮件？

第 8 章　常用工具软件

1．能力目标

通过本章的学习与训练，掌握图像浏览器以及电子阅读工具的使用，了解多媒体工具软件 Winamp、RealOne 的安装和使用。

2．教学建议

本章教学计划如表 8-1 所示。

表 8-1　教学计划表

任　务		重点（难点）	实 作 要 求	建议学时
图像浏览与电子阅读工具	任务一　使用 ACDSee 浏览器		会使用 ACDSee 浏览器	4
	任务二　使用 ACDSee 查看器	难点	会使用 ACDSee 查看器	
	任务三　使用 ACDSee 编辑器	难点	会使用 ACDSee 编辑器	
	任务四　Adobe Reader 的基本操作		熟练掌握 Adobe Reader 的基本操作	
多媒体工具	任务一　Winamp 的安装和使用		会安装和使用 Winamp	2
	任务二　RealOne 的安装和使用		会安装和使用 RealOne	
合计学时				6

教学资源准备：

（1）软件资源：IE 浏览器、ACDSee 软件、Adobe Reader 软件、Winamp 软件、RealOne 软件。

（2）硬件资源：安装 Windows XP 操作系统的计算机；每台计算机配备一套带麦克风的耳机。

3．应用背景

小刘是某公司的办公室秘书，经常在网上查看各种资料信息，同时在休闲之余上网看看电影、听听歌。网络就是她的一个好帮手，可以帮助她阅读和休闲娱乐。对于她该如何更快更熟练地掌握上网技巧呢？

8.1　项目一　图像浏览与电子阅读工具

8.1.1　预备知识

ACDSee 是一套运行速度快、功能强大、简单易用的图像管理系统，它非常适合图像处理的非专业人士对数码照片进行常规处理，在使用难度上远低于 Photoshop。它是目前最流行的数字图像浏览软件，广泛应用于数码照片及其他媒体文件的获取、整理、查看、增强及共享。目前最新版本为 10.0。使用 ACDSee，还可以直接从数码相机和扫描仪高效获取图片，并进行便捷的查找、组织和预览。它能够识别 50 多种常用多媒体格式文件，能够比较快速、较高质量显示图片，还配置内置的音频播放器，在用它播放图片幻灯时可以享受配乐。

ACDSee 的用户界面提供便捷的途径来访问各种工具与功能，利用它们可以浏览、查看、编辑及管理相片与媒体文件。它由三个主要部分组成："浏览器"、"查看器"及"编辑模式"。

ACDSee 浏览器是用户界面的主要浏览与管理组件，在浏览器中可以直接将相片从数码相机复制到计算机上，对文件进行分类与评级，以及管理从几百张到几十万张不等的相片集。可以选择查看任意大小的略图预览，或使用详细的文件属性列表给文件排序。它还包含多种功能强大的搜索工具以及"比较图像"功能，可供删除重复的图像。

ACDSee 查看器可以快速显示高质量的图像与媒体文件，并使用完整的分辨率一次显示一张图像。用户可以运行幻灯放映、播放内嵌音频，还能以 50 多种图像与多媒体文件格式中的任一种显示多页图像。

它包含大量的图像简易编辑工具，可用于创建、编辑、润色数码图像，可以使用红眼消除、裁剪、锐化、模糊、相片修复等工具来增强或校正图像。许多图像管理工具（如曝光调整、转换、调整大小、重命名以及旋转等）可以同时在多个文件上执行。

8.1.2　任务一　使用 ACDSee 浏览器

1．下载和安装 ACDSee 10

ACDSee 提供 30 天的评估试用期，用户可以到 ACDSee 的中文网站上下载最新的限时版软件，网址为 http://cn.acdsee.com。当前最新版本为 10.0，约 41MB。

下载完成后，双击安装文件 acdsee10_zh-cn.exe 即启动该软件的安装向导，然后根据安装向导的提示进行选择便可顺利完成安装过程。

2．浏览图片

回到桌面单击"开始"→"所有程序"→"ACD Systems"→"ACDSee 10"进入 ACDSee 的图片浏览器，其工作界面如图 8-1 所示。

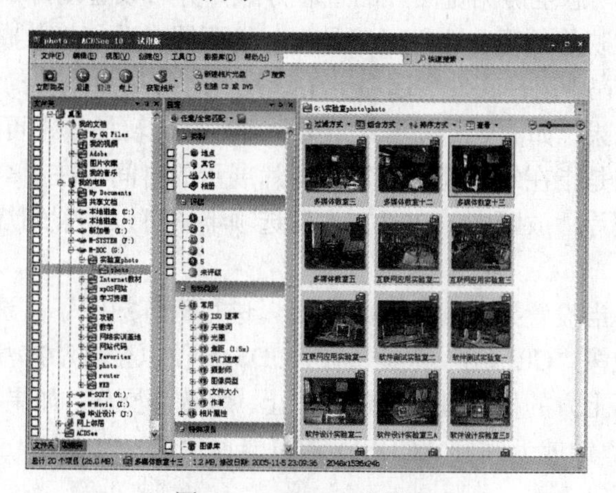

图 8-1　ACDSee 浏览器

使用 ACDSee 的浏览器，可以浏览、排序、管理、处理以及共享文件与图像。可以综合使用不同的工具与窗格来执行复杂的搜索和过滤操作，并查看图像与媒体文件的略图预览。浏览器窗格可以完全自定义，可以移动、调整大小、隐藏、驻靠或关闭，也可以将窗格层叠起来，以便于参考和访问，同时最大化屏幕空间。

如果要浏览指定地方的图片，可以使用文件夹窗格浏览。文件夹窗格显示计算机上全部文件夹的目录树，类似于 Windows 资源管理器。通过在文件夹窗格中选择一个或多个文件夹，可以在文件列表窗格中显示它们的内容。通过 ACDSee 也可以直接浏览数码相机中的照片，方法是选择“文件”菜单，然后选择“获取相片”→“从相机或读卡器”，再根据“获取相片向导”的提示进行操作即可。

浏览图片的操作方法和操作 Windows 资源管理器一样，先在文件夹窗格中选择存放图片的文件夹，选中文件夹后，该文件夹内的所有图片就会以缩略图的方式出现在窗口右边，如图 8-1 所示。

如果要创建和管理文件夹，可在文件夹窗格中右击相应的文件夹名称，便可在右键菜单中进行创建、删除、重命名及移动文件夹，以帮助整理文件。

ACDSee 提供了一套分类浏览的快速浏览图片的方法，该方法可将任何图片按类别、评级、自动类别以及特殊分类等方式进行整理展示。整理窗格显示包括类别、评级、自动类别以及特殊分类的列表。查看经过整理文件的方法是选择一个或多个类别、评级、自动类别或特殊分类，然后相应分类的文件就显示在文件列表窗格中。

设置图片类别和评级的方法是在文件列表窗格中选中要设置的图片，然后右击图片，在弹出的快捷菜单中选择“设置评级”或“设置类别”相应的等级或类型即可完成。

用户可以使用类别来整理与组合文件，而不必创建额外的副本或将文件移动到不同的文件夹，还可以创建新类别、编辑类别、删除现有的类别以及给文件指定多个类别。ACDSee 中可以将图片文件指定 1 到 5 的数字评级，并在数据库中存储这些评级信息。指定评级之后，就可以根据这些评级来搜索、排序以及整理文件。

3．幻灯放映图片

ACDSee 提供了动态全屏浏览图片的查看方式，并可设置幻灯放映的外观。

（1）设置幻灯放映的外观。选择“工具”→“配置自动幻灯放映”菜单项，弹出“幻灯放映属性”窗口。在“选择文件”选项卡中选择要进行幻灯放映的图片内容。在“基本”选项卡中选择转场效果，如图 8-2 所示。如果要启用全部转场效果可选择“全部选择”，其中“图像延迟”时间是指在幻灯播放时每张图片展示的时间。在“高级”选项卡中可以设置转场效果质量和图片播放顺序。在“文本”选项卡中可以设置幻灯播放时在页眉和页脚显示的内容。

（2）幻灯放映。当设置好放映外观后就可以进行幻灯放映了。选择“工具”→“自动幻灯放映”菜单项或按“Ctrl＋S”快捷键，ACDSee 便以全屏动态演示图片内容。在放映时用户可以选择屏幕上方的按钮进行暂停、停止、跳转等操作。如果要退出幻灯放映方式，请按键盘上的“Esc”键就返回到 ACDSee 浏览器窗口。

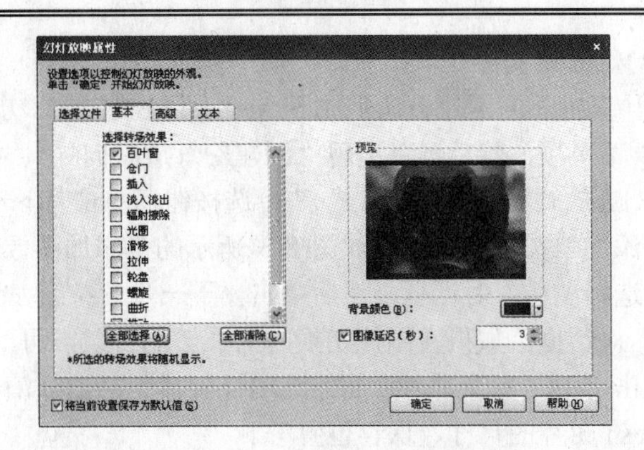

图 8-2　幻灯放映基本属性

4．建立屏幕保护程序

ACDSee 可以将计算机中的图片建立为屏幕保护程序。方法是选择“工具”→“配置屏幕保护程序”菜单项，在弹出的“ACDSee 屏幕保护程序”对话框中选择“添加”按钮即弹出“选择项目”对话框，如图 8-3 所示。用户在文件夹中选择需要生成屏幕保护程序的图片所在文件夹后，该文件夹中的图片自动出现在“可用的项目”框中，然后选择需要的图片单击“添加”按钮，被选择的图片出现在“选择的项目”框中。最后选择“全选”和“确定”按钮，就退回到“ACDSee 屏幕保护程序”对话框，如图 8-4 所示。如果需要设置屏幕保护程序中各图片的转场效果，可单击“配置”按钮，又会出现如图 8-3 所示的对话框。当配置好转场效果后，回到“ACDSee 屏幕保护程序”对话框。单击“设为默认屏幕保护程序”前的复选框后，单击“确定”按钮。此时用户自定义的屏幕保护程序建立完成，当系统启动屏幕保护程序时便会看到自己建立的屏幕保护程序效果。

图 8-3　“选择项目”对话框

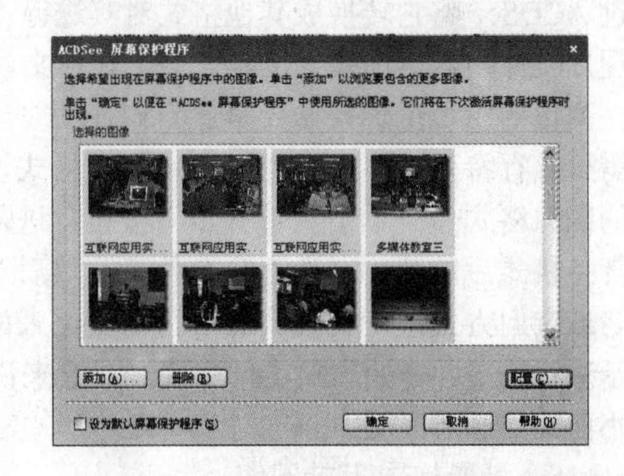

图 8-4　“ACDSee 屏幕保护程序”对话框

5．设置屏幕墙纸

ACDSee 可以将计算机中的某张图片设置为墙纸。方法是先选择好需要设置为墙纸的图片，然后选择“工具”→“设置墙纸”→“平铺”菜单项，当然用户可以根据图片的实际情况选择“居中”或“还原”效果。

6. 建立 Flash 幻灯放映文件

ACDSee 可以将计算机中的图片自动生成 Flash 幻灯放映文件。方法是选择“创建”→“创建幻灯放映文件”菜单项，然后屏幕出现“创建幻灯放映向导”，如图 8-5 所示。选择“Adobe Flash Player 幻灯放映（.swf 文件格式）”单选按钮后单击“下一步”，在出现的选择图像对话框中单击“添加”按钮，又出现如图 8-3 所示的“添加图像”对话框。当选择好添加图像后返回到“选择图像”对话框，然后单击“下一步”按钮，进入如图 8-6 所示的“设置文件特有选项”对话框。如果在图片切换时需要转场特效，可单击“转场:”按钮设置转场效果。然后单击“下一步”进入后面的选项设置，包括幻灯演示时间、演示顺序、背景、转场效果、Flash 图片的尺寸、保存位置等。

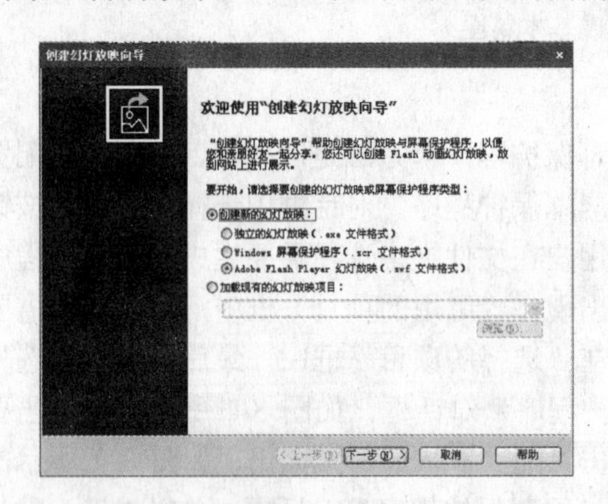

图 8-5　“创建幻灯放映向导”对话框

图 8-6　“设置文件特有选项”对话框

7. 批量转换图片文件格式

由于不同格式的图片内部编码不相同，其所占用的存储空间相差很大，用户可以通过 ACDSee 将它转换成其他格式对其进行“瘦身”。操作很方便，先选中需要转换格式的图片文件，然后选择“工具”→“转换文件格式”菜单项，弹出如图 8-7 所示的对话框，在弹出的“批量转换文件格式”向导的“选择格式”对话框中选择需要转换格式，如果需要进行特殊的格式设置，可选择“格式设置”按钮进行相应的设置。当选择好要转换的图像格式后，单击“下一步”按钮，进入“设置输出选项”对话框，在对话框中输入转换格式后的图片文件存放文件夹，然后对已经存在的图片选择是否替换、忽略、重命名或询问方式进行处理。若不再需要原来的文件，可以选定“替换”选项。最后根据提示进行选择并开始转换文件格式。一般来说，JPG 和 GIF 格式的图片文件所占的空间较小而画质影响不大。

8. 批量旋转/翻转图像

有时需要用数码相机竖立拍摄照片，在浏览时不方便，就需要将其旋转等操作，用户可以通过 ACDSee 将它旋转一定角度方便浏览。操作方法为，先选中需要转换格式的图片文件，然后选择“工具”→“旋转/翻转图像”菜单项，弹出如图 8-8 所示的对话框，然后根据图片的实际情况选择需要旋转的角度或翻转的方向，如果需要替换或另存图片就选择“选项”进行相应的设置。最后单击“开始旋转”按钮，ACDSee 将进行旋转或翻转图像操作。

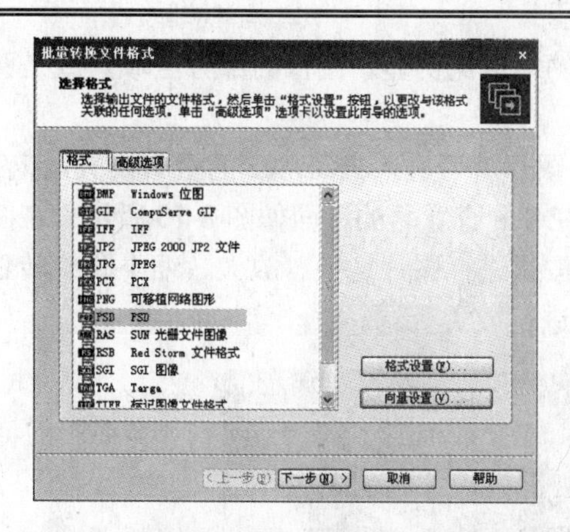

图 8-7　“批量转换文件格式”向导对话框

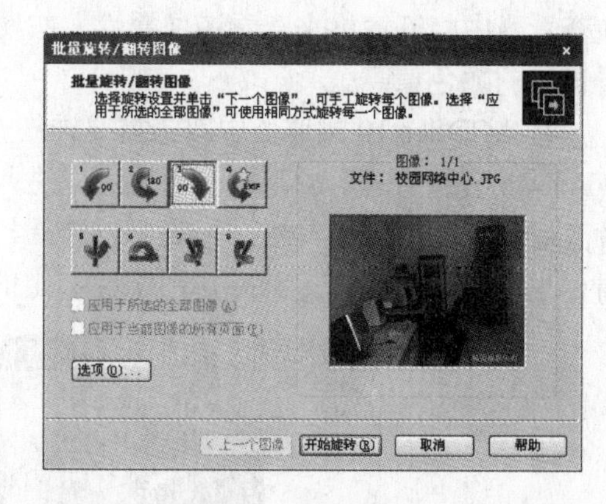

图 8-8　“批量旋转/翻转图像”向导对话框

9．批量调整图像大小

由于现在的数码相机拍摄的照片分辨率普遍较高，如果想把它上传到 Internet 上时需要改变图像尺寸，这就需要进行调整图像大小的操作，用户可以通过 ACDSee 进行处理。操作方法为，先选中需要调整的图片文件，然后选择“工具”→“调整图像大小”菜单项，弹出的“批量调整图像大小”对话框如图 8-9 所示，然后根据需要进行选择。例如需要将图片调整为 800×600 的分辨率，就选择“以像素计的大小”，然后在宽度和高度的输入框中分别填入 800 和 600。如果需要替换或另存图片就选择“选项”进行相应的设置。最后单击“开始调整大小”按钮，ACDSee 将进行旋转或翻转图像操作。

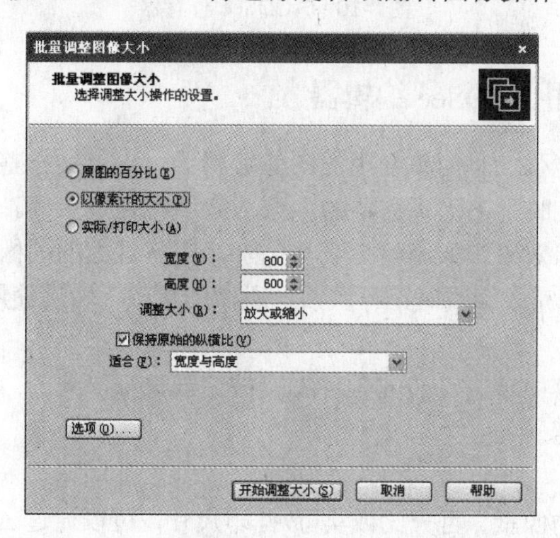

图 8-9　“批量调整图像大小”向导对话框

提示： 在调整图像大小所设定的宽度和高度值一定要保持原来图像的比例。通常数码相机所拍摄照片的宽高比为 4∶3。

8.1.3　任务二　使用 ACDSee 查看器

使用 ACDSee 查看器播放媒体文件，可以用完整的分辨率一次显示一张图像，还可以在查看器中打开窗格来查看图像属性，按照不同的缩放比例显示图像的部分区域，或是查看详细的颜色信息。

在 ACDSee 10 浏览器中双击需要详细查看的图片就可进入 ACDSee 的查看模式，或在 Windows 资源管理器中双击图片也可以进入。ACDSee 查看器的界面如图 8-10 所示。在图片查看器上面有一工具栏，用户可以选择相应的按钮进行图片切换、放大、缩小和旋转查看。也可以用“选择工具”对图像中选定的内容进行放大查看。

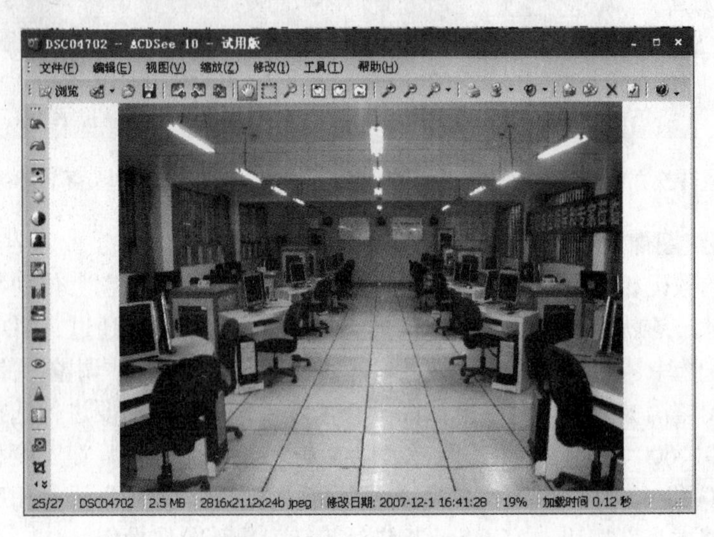

图 8-10　ACDSee 查看器

8.1.4　任务三　使用 ACDSee 编辑器

ACDSee 含有功能强大且简单易用的图像编辑器，它包括一整套实用的工具，可以帮助消除数码图像中的红眼，消除不需要的色偏、应用特殊效果等。它还可以通过一些专业操作来编辑和增强图像效果，如调整亮度与色阶，裁剪过大的图像，旋转或翻转错位的图像，以及调整清晰度。完成编辑时，可以预览所做的更改，然后使用 10 多种不同的格式来保存图像。

在 ACDSee 查看器中单击左边的各种编辑按钮或选择“修改”→“编辑模式”菜单就可进入 ACDSee 编辑器。

1. 图像大小

如果要调整图像的像素、百分比或实际/打印尺寸，可以通过 ACDSee 编辑器中的“调整大小”功能来设置。调整大小时，也可以选择纵横比，以及用于调整大小改变后的图像外观的重新采样滤镜。

在如图 8-10 的窗口中选择“调整大小”按钮即进入图像大小调整模式，其界面如图 8-11 所示。用户可以在“预设值”中选择常用的屏幕分辨率大小如 1024×768、800×600 等。如果需要其他规格的大小可以在下面的宽度和高度数值框中自由设置。也可以通过改变百分比来改变图像大小。如果图像需要打印出来，则应将分辨率至少设置为 300 点/英寸。

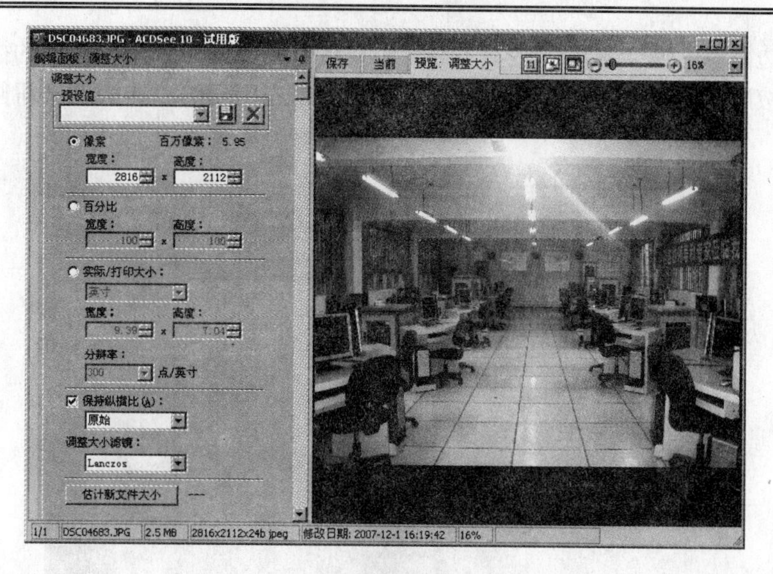

图 8-11 调整图像大小

提示：在修改图像大小时，应保持图像原有的宽高比，否则图像会发生变形。通常的数码照片宽高比为 4∶3。

2. 裁剪图像

如果只需要图像中的某些内容，可以通过 ACDSee 编辑器中的“裁剪”功能来设置。在如图 8-10 的窗口中选择“裁剪”按钮即进入图像裁剪模式，其界面如图 8-12 所示。此时在窗口右边图像区域会出现一个编辑区域，用户可以拖动上下左右四边的编辑线将需要保留的内容框住。设置完毕后单击左下角的“完成”按钮回到图像编辑主窗口。

图 8-12 裁剪图像

3. 旋转图像

当拍摄的照片和水平相倾斜时，可以通过 ACDSee 编辑器中的“旋转”功能来纠正。在如图 8-10 的窗口中选择“旋转”按钮即进入旋转图像模式，其界面如图 8-13 所示。此时在窗口右边图像区域会出现一些参考线，用户可以用左边“调正”栏中的微调按钮进行操作，图像按照一定角度进行旋转。设置完毕后单击左下角的“完成”按钮回到图像编辑主窗口。

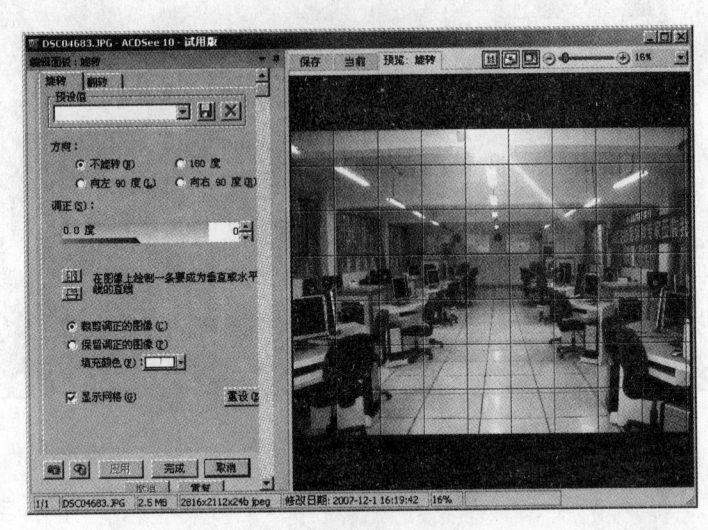

图 8-13　旋转图像

4．添加文本

在“编辑模式”中，可以使用添加文本工具将具有一定格式的文本添加到图像，或添加对话与思考气泡来创建卡通漫画效果；也可以将特殊效果应用于文本来给文本添加艺术气息，并且可以在制作过程中预览所作的更改；可以调整文本的阻光度来创建水印效果。这些设置可以通过 ACDSee 编辑器中的“添加文本”功能来完成。

在如图 8-10 的窗口中选择“添加文本”按钮即进入添加文本模式，其界面如图 8-14 所示。此时在左边的文本框中输入要添加的文字内容，在“字体”框中选择文字字体，并选择文字的颜色，在“大小”处拖动游标改变字号大小等，然后在图像区域将文字拖动到适当的地方。设置完毕后单击左下角的“完成”按钮回到图像编辑主窗口。

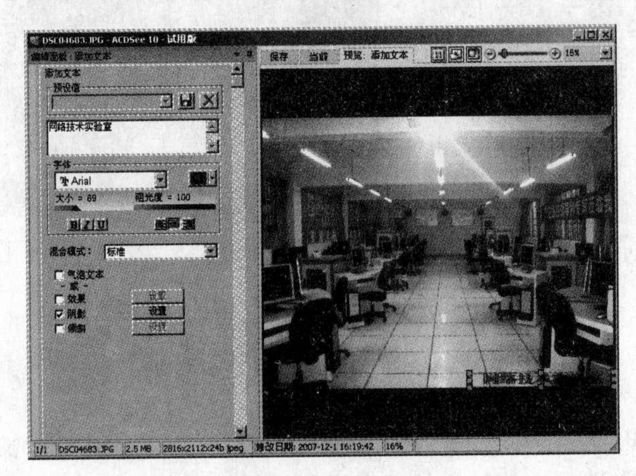

图 8-14　添加文本

8.1.5　任务四　Adobe Reader 的基本操作

1. 下载和安装 Adobe Reader 9

Adobe Reader 是美国 Adobe 公司开发的一款优秀的 PDF 文档阅读软件。可以使用 Reader 查看、打印和管理 PDF 文件。在 Reader 中打开 PDF 后，可以使用多种工具快速查找信息。如果用户收到一个 PDF 表单，则可以在线填写并以电子方式提交。如果收到审阅 PDF 的邀请，则可使用注释和标记工具为其添加批注。使用 Reader 的多媒体工具可以播放 PDF 中的视频和音乐。如果 PDF 文件包含敏感信息，则可利用数字身份证对文档进行签名或验证。

目前 Adobe Reader 最新的版本为 9.0，它共有 Reader 9、Acrobat 9 Standard、Acrobat 9 Pro 和 Acrobat 9 Pro Extended 四种版本，其中 Reader 具备基本的 PDF 阅读功能，属于免费软件。用户可到 http://www.adobe.com/cn/products/acrobat/readstep2.html 下载，安装文件大小为 42.5MB。

下载完成后，双击安装文件“AdbeRdr90_zh_CN.exe”即启动该软件的安装向导，然后根据安装向导的提示进行选择便可顺利完成安装过程。

2. 阅读 PDF 文档

回到桌面选择“开始”→“所有程序”→“Adobe Reader 9”进入 Adobe Reader 的 PDF 浏览器窗口。选择“文件”→“打开”菜单选项，进入“打开文件”对话框，选择要打开的 PDF 文档，单击“打开”按钮，打开的 PDF 文档便自动出现在 Adobe Reader 窗口中，如图 8-15 所示。鼠标指针放在阅读窗口中会变成小手形状，通过鼠标可以上下拖动页面，通过工具栏上的上一页、下一页按钮，可以进行 PDF 文档翻页。

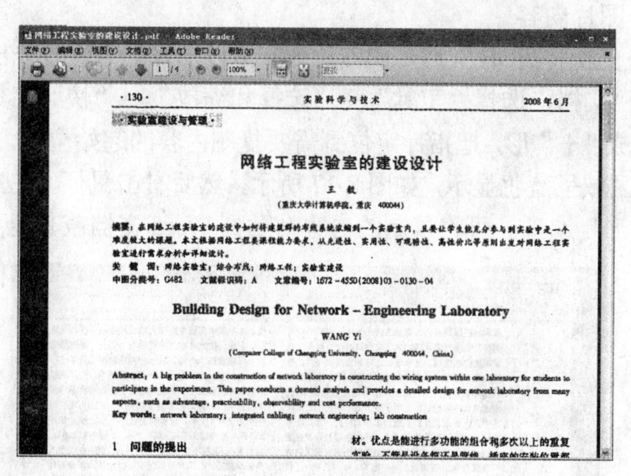

图 8-15　Adobe Reader 窗口

在 Adobe Reader 的左侧选择页面按钮，可以看到 PDF 文档的页面缩略图按顺序排列，如果用户需要阅读某页的内容，可以在“页面”缩略图中选择相应的缩略图。另外在左侧栏中还有注释、附件选项，用户可以根据阅读 PDF 文档的需要选择所需的方式。在阅读文档时还可以单页、单页连续、双联、双联连续方式进行阅读，通过菜单“视图”→“页面显示”选项进行相应的选择。如果需要查看倒放的 PDF 文件，可选择“视图”→“旋转视图”→“顺时针”或“逆时针”菜单项将其旋转正放后再进行查看。

3. 复制 PDF 文档内容

普通 PDF 文档支持文本复制功能，但受保护的除外。打开 PDF 文档，选择“工具”→“选择和缩放”→“选择工具”菜单项，此时鼠标指针就由手形变成“I”形，把指针定位到需要复制文本的起始位置，用鼠标左键拖曳文本内容，将其选中，选中的文字呈蓝色显示，如图 8-16 所示，然后右击鼠标，在弹出的右键菜单中选择“复制”选项。可将复制的内容粘贴到记事本或 Word 文档中。

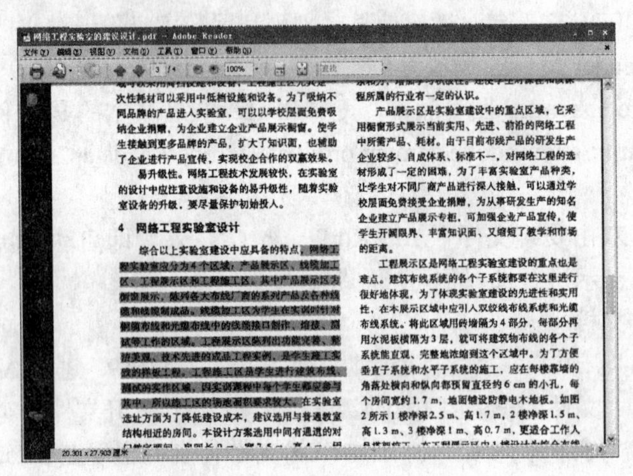

图 8-16　复制 PDF 文本

4. 复制 PDF 图片内容

Adobe Reader 支持将 PDF 文档中的图片或文本以图形的方式复制出来，此工具被称为“快照”。打开 PDF 文档，选择“工具”→“选择和缩放”→“快照工具”菜单项，此时鼠标指针就由手形变成“+”形，把指针定位到需要复制内容的起始位置，按住鼠标左键拖拉，将其选中，选中的区域呈蓝色显示，如图 8-17 所示，然后右击鼠标，在弹出的快捷菜单中选择“复制选定的图形”选项。可将复制的内容粘贴到 Word 文档或其他图形处理软件中。

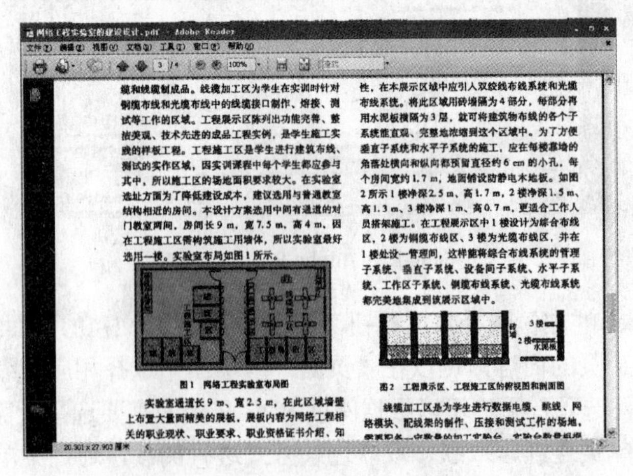

图 8-17　复制 PDF 图形

5. 朗读 PDF 内容

Adobe Reader 支持将 PDF 文档中的文本以声音的形式展示出来。方法是打开 PDF 文档，选择“视图”→“朗读”→“启用朗读”菜单项，此时音箱或耳机会传来该文档的阅读声音。如果选择“仅朗读本页”，就可听到关于本页文档的朗读。如果选择“朗读到文档结尾处”，朗读将在 PDF 文档的结束处停止。如果用户安装了中文版 Office 2003 的语音输入功能（通常在安装中文版 Office 2003 时，如果选择完全安装，则汉语的声音库文件会自动被安装），在 Adobe Reader 中还可以朗读中文内容。

8.1.6　阅读资料

1. iSee

iSee 是一款功能全面的国产免费数字图像处理工具，它能轻松进行图片的浏览、管理、编辑，甚至与人分享。目前的最新版是 iSee3.5.2.5，在图像处理方面具有抠图、照片排版、个性化礼品定制等实用功能。

iSee 的主要功能有：

（1）支持各种常用图形、RAW 原始图片、Flash 动画的快速浏览、编辑、保存、导入、导出。

（2）快速的缩略图预览模式，自由设置壁纸或 Windows 登录背景，简单方便的邮件发送功能。

（3）具有傻瓜式图像处理方法。包括旋转、亮度/对比度/饱和度/RGB 调节、尺寸调节、添加特效文字、图像特效、填充/删除/剪裁/抠图、边缘羽化、背景虚化、去除选区红眼、添加水印等。

（4）具有半专业的色彩调整系列功能，如反转负冲、白平衡调节、曲线调节等。

（5）支持 20 多种图像特效，快速实现各种有趣的图像效果，如锐化、模糊、抽丝、怀旧照片、浮雕/雕刻等。

（6）具有相册处理功能，有强大的照片排版能力，可快速制作贴纸、日历、卡片、信纸等，可合成相册程序、活动壁纸、屏保或 AVI 视频，支持自定义特效和背景音乐。

2. Picasa

Picasa 是 Google 推出的免费图像管理软件。它的组织方法和查看方法与 ACDSee 差别很大。

Picasa 图像管理软件的特点有：

（1）Picasa 提供了全新的图片组织和管理的方法。Picasa 安装后，它会扫描硬盘上全部文件夹或指定的文件夹，并把扫描到的图片以文件夹为组织单位按时间的先后顺序放到图片集“硬盘上的文件夹”中。将硬盘上的图片按照文件夹时间进行排序，即按时间顺序进行查看的方法。

（2）Picasa 采用了一种独特的缓存机制，大大提高了图像显示的速度。

（3）Picasa 预置了基本修正、微调、效果功能来修正和编辑图像，利用这些功能，通过简单的单次单击就可获得震撼的图像效果。

（4）它支持多格式兼容，不仅支持 TIF、TIFF、BMP、GIF、JPEG、PSD、PNG 等图

片文件，还支持 AVI、MPG、ASF、WMV、MOV 等电影格式。

8.2 项目二 多媒体工具

8.2.1 预备知识

多媒体技术是由计算机系统将一些如文字、图形、声音、影像等信息综合处理后再以计算机的格式输出，以达到更好的效果。所以这些文字、图形、声音、影像信息都是以文件的形式存在的，多媒体文件包括音频文件、图像文件和视频文件。

目前普遍使用的音频文件有四种，包括波形文件、CD 音频文件、MIDI 文件、MP3 文件。波形文件是一种用 WAV 格式储存的波形文件，声音通过数字化设备处理后，直接存储或经过某种方式的压缩后的数字化声音文件，我们平常记录的声音就是波形文件。CD 音频文件是以一定 CD 标准将信息记录在 CD-ROM 上的文件。MIDI 文件是一种专为电子乐器设备而设计的一种声音格式文件。MP3 文件是一种 WWW 网上流行的音乐文件。

视频文件包括存放动画的 AVI 格式文件（*.avi）和存放电影的 MPEG 文件（*.mpg），还有 Windows 支持的高清晰 DVD 格式文件。

8.2.2 任务一 Winamp 的安装和使用

Winamp 是一款非常著名的高保真的音乐播放软件，支持 MP3，MP2，MOD，S3M，MTM，ULT，XM，IT，669，CD-Audio，Line-In，WAV，VOC 等多种音频格式。可以定制界面皮肤，支持增强音频视觉和音频效果的插件。Winamp 是一款免费的软件，可以在其官方网站上 http://www.winamp.com/下载。

1. 安装 Winamp

（1）用鼠标左键双击安装程序，出现 Winamp 的安装窗口，要求选择安装的语言类型，如图 8-18 所示。

（2）选择“中文（简体）”，单击“OK”进入 Winamp 的安装界面，如图 8-19 所示。

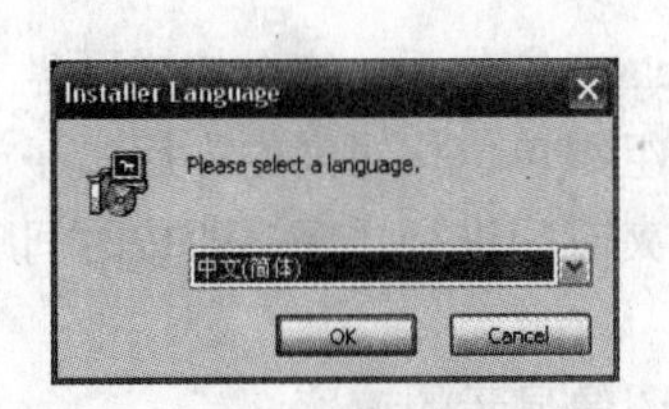

图 8-18　选择安装语言

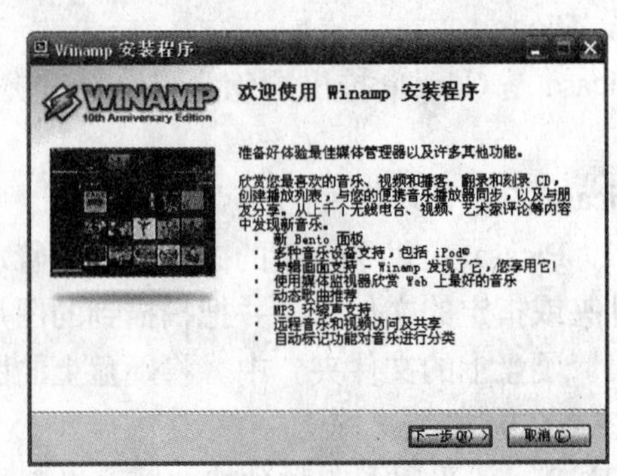

图 8-19　Winamp 安装

（3）单击“下一步”，然后弹出“授权协议”窗口，单击“我接受”，弹出选择安装位置窗口，如图 8-20 所示，如果你想安装在其他目录，可以把 C:\Program Files\Winamp 在这里改成你要安装的目录即可。

（4）单击“下一步”提示选择安装组件，如图 8-21 所示。

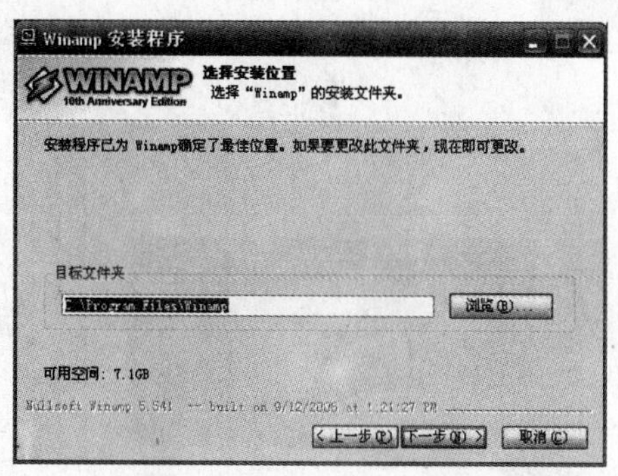

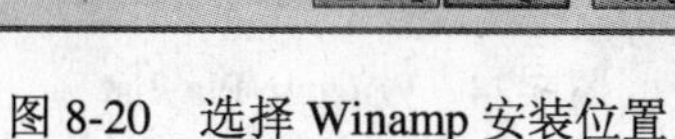

图 8-20　选择 Winamp 安装位置

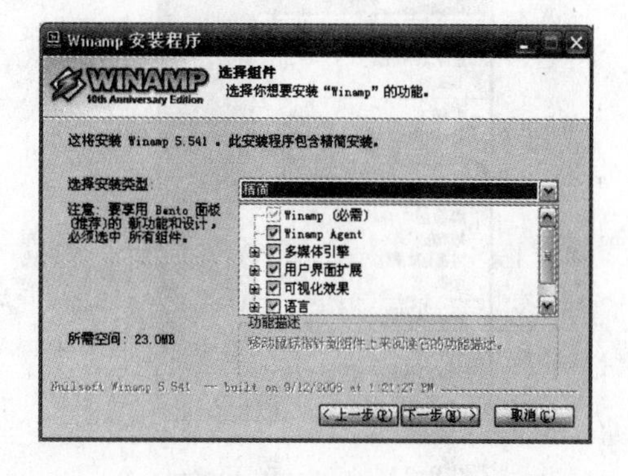

图 8-21　Winamp 选择组件

（5）单击“下一步”按钮后再单击“安装”按钮，开始安装过程，如图 8-22 所示。

（6）单击“完成”按钮安装完毕。

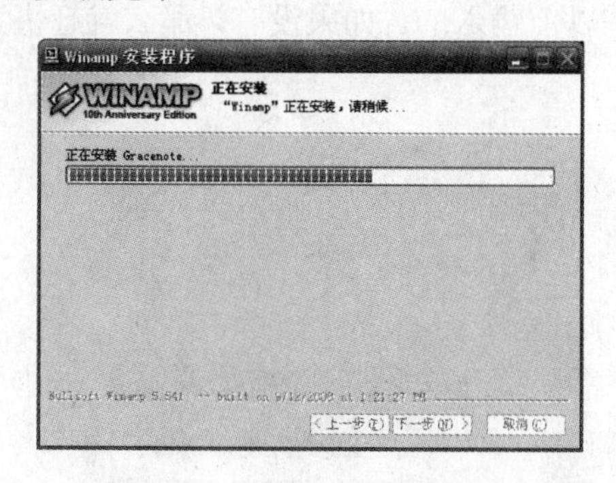

图 8-22　Winamp 正在安装

2. Winamp 的使用

Winamp 之所以是 MP3 播放器中最受欢迎的，不但有近乎音响播放的界面，而且界面还不只一两种，还可播放 MIDI、Wave 音轨等。

1）关于 Winamp

当我们选择了 Nullsoft Winamp 的时候，如图 8-23 所示，就会弹出一个介绍的画面，在这里可以看到 Winamp 的版本资料，连接资料，历史版本，以及快捷键操作对照表等信息，在这里我们是没有必要改动的。

2）打开文件

它的用法和所有的 Windows 打开文件相同，只需要你选择 MP3 文件，单击打开即可收听 MP3 音乐了。

3）输入播放地址

当你单击了播放列表中的 ADD 按钮，然后选择 ，如图 8-24 所示，或者选择“播放”→“URL（U）”菜单项，如图 8-25 所示，Winamp 就会弹出如图 8-26 所示的对话框，输入要播放的 MP3 的位置，在这里可以输入一些有 MP3 音乐的网址，它就会播放网络中的音乐了。

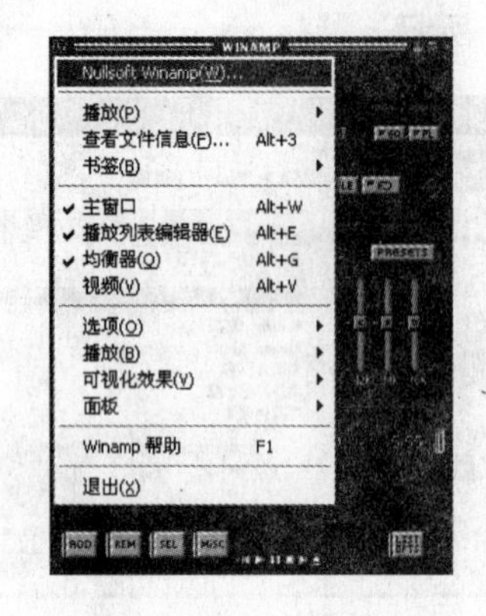

图 8-23　Nullsoft Winamp

图 8-24　Winamp Playlist

4）查看文件信息

选择“查看文件信息（F）”菜单，如图 8-27 所示，可以查看当前你所播放歌曲的详细资料，当然这些资料是你在以前输入的。如果没有，那么就赶快为你的 MP3 音乐输入个人 MP3 资料吧！

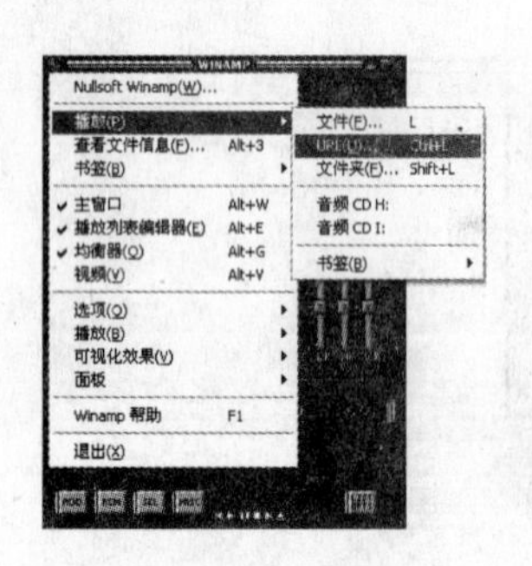

图 8-25　播放

图 8-26　打开 URL

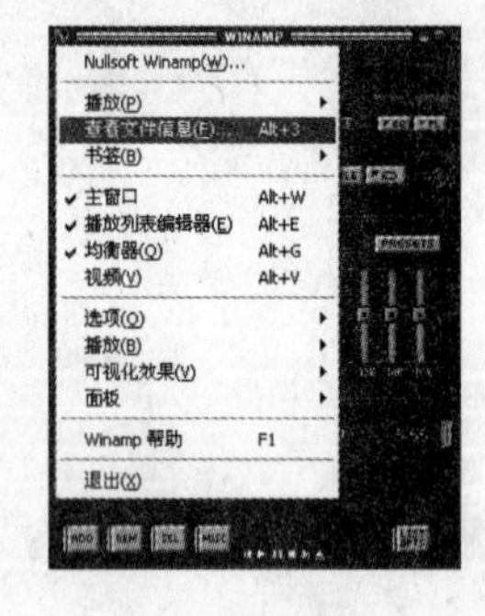

图 8-27　查看文件信息

5）播放列表编辑器

其实编辑播放清单也是蛮不错的，而且相当方便。你可以将你喜欢听的统统选中，保存为一个*.m3u 清单，想听的时候选择这个清单就可以了（当然播放清单也要跟 MP3 文件的路径相符合才行）。方法如下：

如图 8-27 所示，选择“播放列表编辑器”打开编辑器窗口，如图 8-28 所示。单击播放列表中的 ADD 按钮，然后选择最下面的 ADD FILE 按钮，选择你喜欢的歌曲，然后单击 LIST OPTS 按钮，再选择中间的 SAVE LIST 按钮，保存为 M3U 的文件名即可。

另外要注意的是，如果在编辑另一个播放清单之前，一定要先打开新的文件再编辑，这样才不会与播放清单文件混淆在一起了。

6）EQ 均衡器的调节

大家都知道音响有调节重音的地方，而 Winamp 的 EQ 均衡器也是 Winamp 的一大特点，它可以让你调节它的音符，从而让它的声音，更容易让你的耳朵接受。

调节方法很简单，如图 8-27 所示，选择“均衡器”打开均衡器窗口。只要拖动其中的滑块，挑选你喜欢的方式即可，如图 8-29 所示。

图 8-28　播放列表编辑器

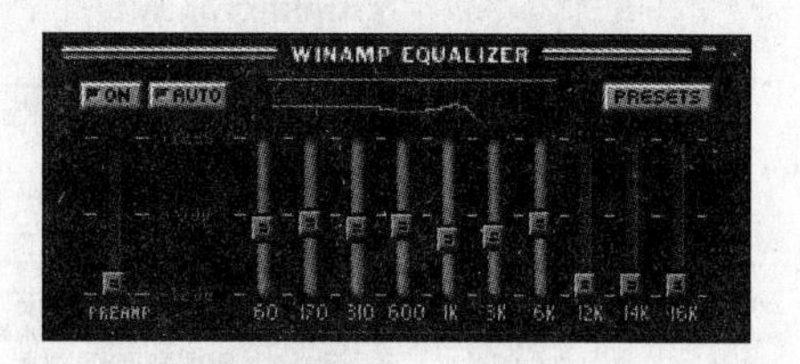

图 8-29　均衡器

8.2.3　任务二　RealOne 的安装和使用

RealOne，是 RealPlayer 和 RealJukebox 的结合体，它支持的媒体格式更多、网络功能更强。它不像 RealPlayer 只是纯粹的播放器，而是把一个生动丰富而精彩的互联网世界展现在我们面前，全新的 Web 浏览、曲库管理和大量内置的线上广播、电视频道实现网友和互联网络的最亲密接触。内容充实的信息中心让我们与互联网轻松实现互动，丰富的媒体格式支持让您再也不必安装其他任何媒体播放软件。

1. RealOne 10.6 安装与启动

（1）运行 RealOne 10.6 的安装文件，将会出现如图 8-30 所示的安装界面。

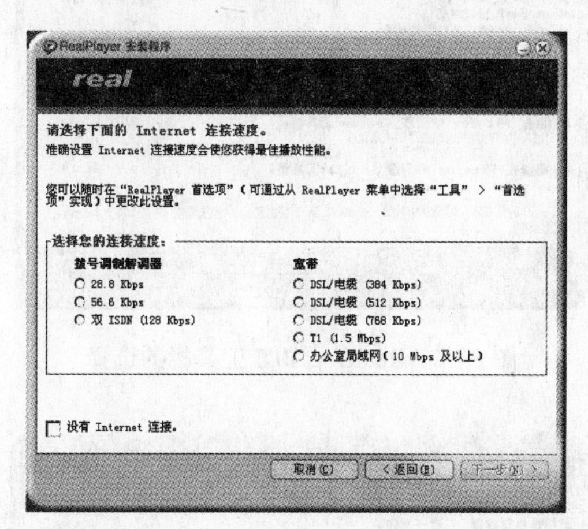

图 8-30　RealOne 10.6 网络连接选择

（2）如果你对网络连接方式很了解，选择适合的网络连接方式，单击“下一步”按钮。则弹出“选择程序位置和桌面设置”的窗口，单击“浏览”按钮选择程序所安装的位置。在“桌面设置”栏目中选择你所喜欢的选项，打上对勾即可，如图 8-31 所示。

（3）单击“下一步”按钮，将会出现 RealOne 10.6 所包含的工具，如图 8-32 所示，在图中根据喜好进行选择，单击“下一步”按钮。

（4）出现默认媒体播放器的选择，如图 8-33 所示，选择好后单击“完成”按钮。

（5）出现 RealOne 的注册界面，如图 8-34 所示。

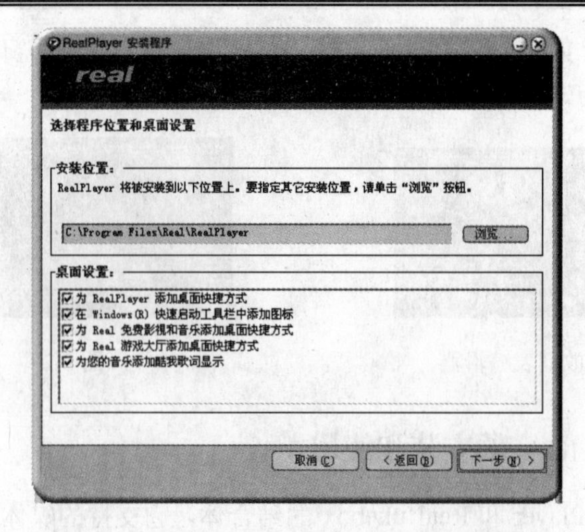

图 8-31　RealOne 的安装程序位置和桌面设置

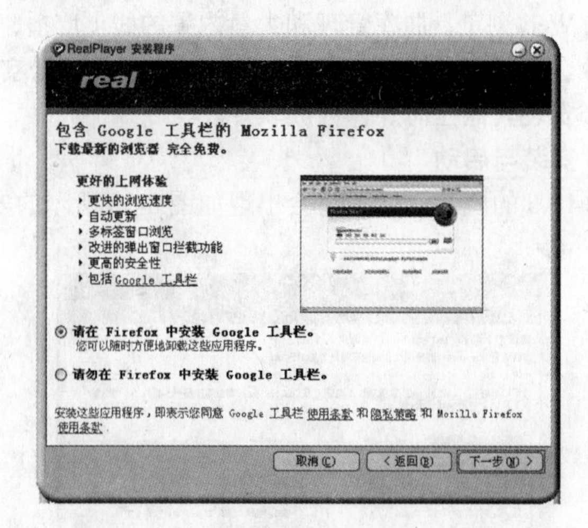

图 8-32　RealOne 10.6 工具栏的选择

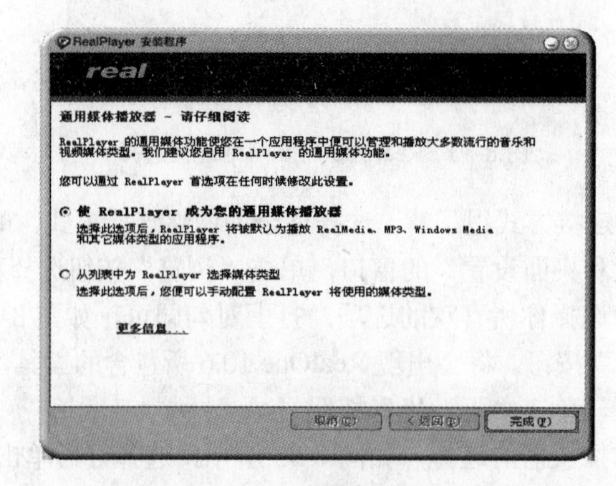

图 8-33　选择默认播放器

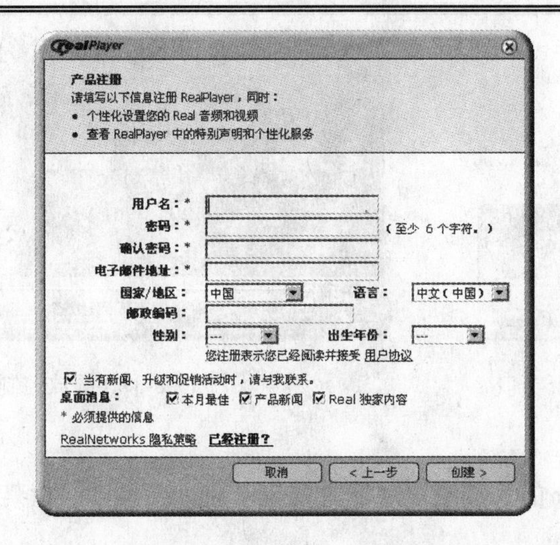

图 8-34　RealOne 10.6 注册

（6）在图 8-34 中输入自己的用户名、密码、电子邮箱地址等信息，然后单击“创建”按钮，如创建成功后，将会出现如图 8-35 所示窗口。

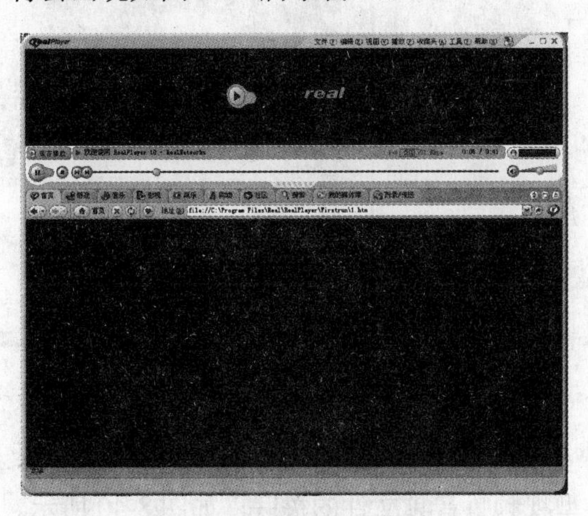

图 8-35　RealOne 运行界面

2. RealOne 10.6 的使用

1）使用 RealOne Player 播放 RM 格式文件

（1）在 Windows“资源管理器”或“我的电脑”中找到与 RealOne Player 关联的视频文件，双击即可用 RealOne Player 来播放它。或者，单击图 8-35 中的“文件”下拉菜单中的“打开”按钮，出现如图 8-36 所示的打开窗口。

（2）在图 8-36 中单击“浏览”按钮，出现打开对话框（与 Windows 打开对话框完全相同），在其中选择 RealOne Player 所支持的视频文件，然后单击“打开”按钮，即可进行视频的播放。

（3）RealOne Player 播放视频文件时，在视频文件播放窗口上右击鼠标，出现进行播放控制的快捷菜单，如图 8-37 所示。

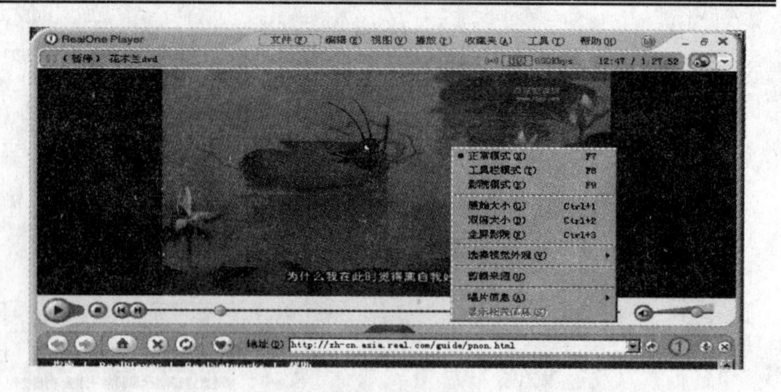

图 8-36　RealOne 打开窗口　　　　图 8-37　播放控制的快捷菜单

2）系统设置

（1）RealOne Player 的系统设置功能主要集中在“工具”下拉菜单中的“首选项”，如图 8-38 所示。

（2）在图 8-38 中单击“首选项”菜单，如图 8-39 所示。

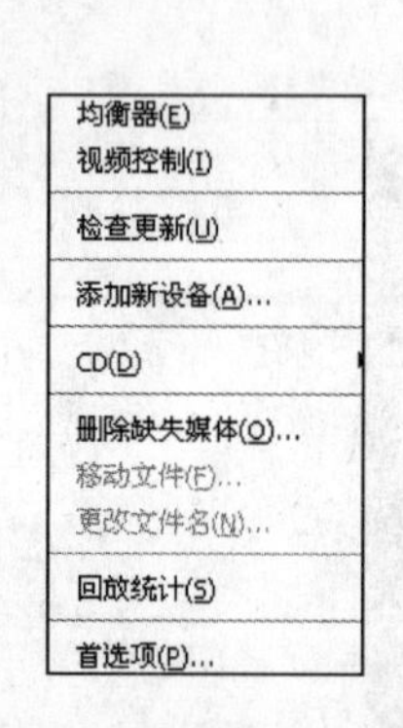

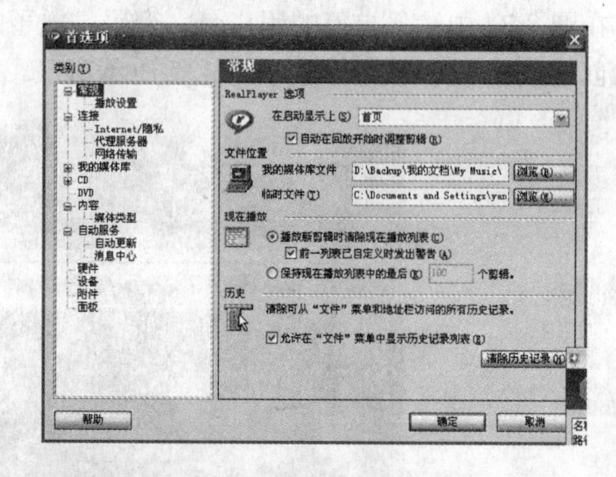

图 8-38　“工具”下拉菜单　　　　图 8-39　“首选项”的“常规”选项卡

（3）“首选项”的“媒体类型”是 RealOne 最常用的设置选项卡，在“媒体类型”中可以改变 RealOne 与各类型视频、音频文件的关联，如图 8-40 所示。

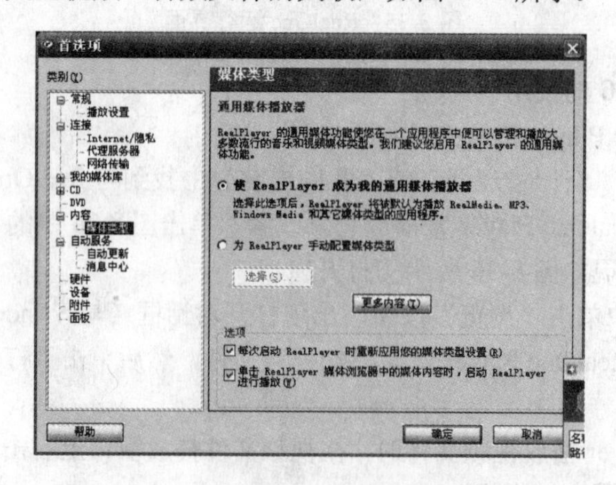

图 8-40　“首选项”的“媒体类型”选项卡

3）其他功能

RealOne 可以自动下载和安装重要更新，图 8-41 就是 RealOne 检测到网络上有 RealOne 的重要更新时给出的提示。选中要更新的选项后，单击“安装”按钮，便能进行 RealOne 的更新，更新后的 RealOne 能够支持更多的媒体类型。

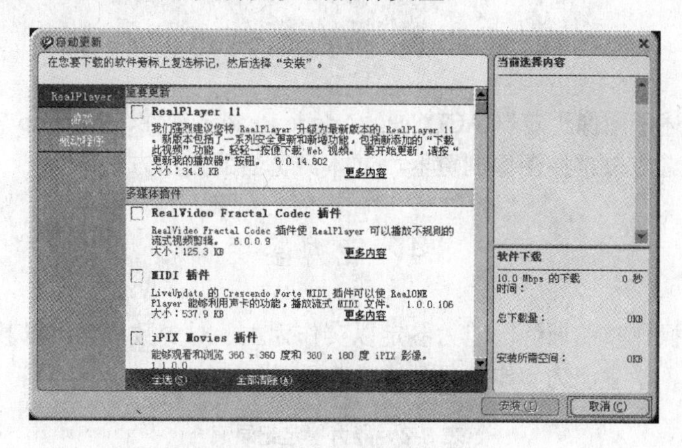

图 8-41　“自动更新”界面

8.2.4　阅读材料

1. 强大的媒体播放器 Windows Media Player

Windows Media Player 是强大的媒体播放机，利用它可以在计算机上轻松地管理、查找、播放 MP3 歌曲，VCD，DVD 等各种数字媒体。Window Media Player 是完全免费的。

2. Windows Movie Maker 2.1

Windows Movie Maker 2.1 使制作家庭电影充满乐趣。使用 Movie Maker 2.1，您可以在个人电脑上创建、编辑和分享自己制作的家庭电影。通过简单的拖放操作，精心地筛选画面，然后添加一些效果、音乐和旁白，家庭电影就初具规模了。之后您就可以通过 Web、电子邮件、个人电脑或 CD，甚至 DVD，与亲朋好友分享您的成果了。您还可以将电影保存到录像带上，在电视中或者摄像机上播放。

3. 暴风影音 2009

暴风影音——全球领先的万能播放器，一次安装、终身更新，再也无须为文件无法播放烦恼。支持数百种格式，并不断更新中，更具生命力！专业媒体分析小组双重更新，持续升级。更专业！更易用！新增动态换肤、播放列表、均衡器等功能。新增在线视频，视频总库 2627 万，高清 12 万，每日新增 500 部。在线视频几乎没有缓冲时间，播放流畅清晰，无卡断。支持 456 种格式，新格式 15 天定期更新。领先的 MEE 播放引擎专利技术，效果清晰。全高清硬解加速，CPU 占用降低 50%以上。

4. 终极解码 2008

“终极解码”是一款全能型、高度集成的解码包，自带三种流行播放器（MPC/KMP/BSP）并对 WMP 提供良好支持，可在简、繁、英 3 种语言平台下实现各种流行视频、音频的完美回放及编码功能。推荐安装环境是 Windows XP、DirectX 9.0C、Windows Media Player

9/10、IE6，不支持 Windows 9x。若需要和 Realplayer（Realone Player）同时使用，请在安装时不要选择 Real 解码器，QuickTime 类似。安装前请先卸载与本软件功能类似的解码包及播放器，建议安装预定的解码器组合，以保证较好的兼容性。

8.3 小　结

本章主要描述了图像浏览器 ACDSee、Adobe Reader 软件、Winamp 软件、RealOne 软件的使用，学习者应该掌握图像浏览器、文本浏览器的使用方法。

8.4 能力鉴定

本章主要为操作技能训练，能力鉴定以实作为主，对少数概念可以教师问学生答的方式检查掌握情况，学生能力鉴定记录如表 8-2 所示。

表 8-2　能力鉴定记录表

序　号	项　目	鉴定内容	能	不　能	教师签名	备　注
1	项目一　图像浏览与电子阅读工具	会使用 ACDSee 浏览器				
2		会使用 ACDSee 查看器				
3		会使用 ACDSee 编辑器				
4		能简单操作 Adobe Reader				
5	项目一　多媒体工具	Winamp 安装和使用				
		RealOne 的安装和使用				

习　题　8

1．现有一张数码相机拍摄的照片，分辨率为 3840×2064，需要将它修改为 600×480 后上传到 Internet，请简述通过 ACDSee 修改该图片大小的操作步骤。

2．如何复制 PDF 图片内容？请简述操作步骤。

3．如何使用 RealOne 播放 RM 格式文件？请简述操作步骤。

举报电话：（010）88254396；（010）88258888
传　　真：（010）88254397
E-mail:　　dbqq@phei.com.cn
通信地址：北京市万寿路 173 信箱
　　　　　电子工业出版社总编办公室
邮　　编：100036

《Internet 应用》读者意见反馈表

尊敬的读者：

感谢您购买本书。为了能为您提供更优秀的教材，请您抽出宝贵的时间，将您的意见以下表的方式（可从 http://www.huaxin.edu.cn 下载本调查表）及时告知我们，以改进我们的服务。对采用您的意见进行修订的教材，我们将在该书的前言中进行说明并赠送您样书。

姓名：________________ 电话：________________

职业：________________ E-mail：________________

邮编：________________ 通信地址：________________

1. 您对本书的总体看法是：

   □很满意　□比较满意　□尚可　□不太满意　□不满意

2. 您对本书的结构（章节）：　□满意　□不满意　改进意见________________

3. 您对本书的例题：　□满意　□不满意　改进意见________________

4. 您对本书的习题：　□满意　□不满意　改进意见________________

5. 您对本书的实训：　□满意　□不满意　改进意见________________

6. 您对本书其他的改进意见：

7. 您感兴趣或希望增加的教材选题是：

请寄：100036　北京万寿路 173 信箱高等职业教育分社　收

电话：010-88254565　　**E-mail：**gaozhi@phei.com.cn